KB090285

항공기 가스터빈엔진 테크놀로지

Aircraft Gas Turbine Engine Technology

김천용 저

NODE MEDIA
노드미디어

머리말

한서대학교로 이직하면서 책장을 정리하다가 누렇게 변색한 Irwin E. Treager가 편찬한 《Aircraft Gas Turbine Engine Technology》를 발견하였습니다. 1976년에 대한항공에 입사하자마자 가스터빈 엔진을 공부해보겠다고 어렵게 구매한 책이었습니다.

45년이 지난 책이지만 다시 한번 찬찬히 살펴보면서 공부했던 흔적들을 되새겨 봅니다. 항공사에서 운영하는 엔진들에 대한 상세한 설명으로 구성된 것을 보면서 우리는 왜 이런 교재를 만들지 못할까 하는 아쉬움이 많이 들었습니다.

1993년 대한항공 직업훈련원 재직시절 사내직업훈련 교재로 《항공기관》을 집필하였으며, 호원대학교 국방기술학부 항공정비 전공 주임교수로 재직하면서 2013년 1990년대 이후에 개발된 엔진들의 새로운 이론과 내용을 포함한 가스터빈 엔진 교재를 집필한 바 있습니다만, 내용이나 구성에 있어서 많이 미진했음을 반성했습니다.

효율성을 극대화 시킨 초대형 A380, B787 및 B777-300ER 항공기 등의 출현과 탄소 배출 등의 환경규제가 강화됨에 따라 항공기 가스터빈 엔진의 기술이 급격하게 변화되고 있습니다. 이러한 변화를 반영하여 2013년 출판했던 《항공기 가스터빈 엔진》을 단순한 가스터빈 엔진 관련 지식뿐만 아니라 지식을 실천적인 응용과 기술을 이용할 수 있도록 《항공기 가스터빈 엔진 테크놀로지》로 완전히 개편하여 역량기반의 진보된 교재를 만들어야겠다는 각오를 다지게 되었습니다.

항공정비를 처음 접하는 학생들이나 항공정비 실무자들이 항공기 가스터빈 엔진을 체계적으로 이해할 수 있도록 4개의 Parts로 구성하였습니다.

Part 1.은 3개의 장으로 구성하여 항공기 제트엔진의 발달역사와 추진이론을 소개하였으며, Part 2.는 7개 장으로 구성하여 엔진 입구부터 배기 부분에 이르기까지 엔진구조에 대한 설명과 최신 엔진에 반영된 신기술들을 소개하였습니다. Part 3.는 가스터빈 엔진 계통을 미국 항공운송협회 매뉴얼 발간규정(ATA SPEC 100)에 따라 9개의 장으로 구성하였으며, 대형 항공사를 비롯하여 저비용항공사 및 공군에서도 운영 중인 CFM56-7엔진을 기본으로 하여 PW4000 엔진 및 GEnx엔진 등의 최신 시스템을 소개하였습니다. 끝으로 Part 4.는 2개의 장으로 구성하여 항공기 엔진 MRO에 필수적인 엔진 오버홀 절차와 엔진 시운전 절차 등에 대해서 소개하였습니다.

본 교재는 저 혼자의 힘으로 집필되지 않았음을 고백합니다.

사실 저 자신이 저자가 되기 전까지는 다른 저서의 머리말을 꼼꼼히 읽지는 않았습니다. 대학에 재직하면서 단독 저자로는 마지막 집필이 될 것 같아 참고하기 위하여 항공정비 분야의 서적들을 살펴보았습니다. 대부분 머리말이 없거나, 책 내용만 짧게 언급된 것에 많은 실망감을 느꼈습니다.

45년 전 대한항공 엔진반에 입사했을 때 엔진 작업 중에 궁금해하는 부분에 대해서 친절하게 가르쳐 주셨던 선배님들은 내 미래의 씨앗을 심어주신 분들이었습니다. 다음으로 대한항공 사내직업훈련원에서 엔진 강의를 할 수 있도록 이끌어 주시고, 미국의 FAA A&P 과정을 이수할 기회를 주신 당시 원장이셨던 이상희 (현)항공우주기술협회장님은 항공정비훈련의 표준을 가르쳐 주셨습니다. 한국항공대학교 대학원에서 사제로 인연을 맺은 故 김칠영 교수님은 학생들을 어떻게 가르치고 사랑하는지를 몸소 실천하시면서 깨닫게 해주셨습니다.

대학에서 연구하고, 강의할 기회를 주신 호원대학교 강희성 총장님은 제 인생의 꽃을 피우게 해주셨고, 한서대학교 함기선 총장님은 제가 40여 전년에 심었던 씨앗처럼 해외 항공후진국의 학생들에게 미래의 씨앗을 심어줄 수 있는 기틀을 마련해 주셨습니다. 학문적 동지이자 같은 목표를 향해 경주하고 있는 최세종 항공 부총장님과 더불어 항공기술교육원 교직원과 함께 항공정비기술교육을 체계화해서 희망의 씨앗을 널리 퍼뜨리고자 합니다.

끝으로 집필과정에서 헌신적인 사랑으로 든든한 힘이 되어준 영원한 동반자 심정숙과 좋은 책을 출판하기 위해 항상 최선을 다하시는 노드미디어 박승합 사장님, 저자의 까다로운 요구에도 불평 없이 편집에 최선을 다해주신 박효서 실장께도 깊은 감사를 드립니다.

2021년 초여름
태안비행장 연구실에서 저자 씀

차 례

■ **머리말**

PART 3. 가스터빈엔진 계통

PART 4. 엔진 시운전과 정비

Aircraft Jet Engine

History & Theory

항공기 제트엔진의
역사와 이론

제1장 제트 추진의 발달과 원리

1 제트 추진의 발달(History of Jet Propulsion)

기원전 150년경에 그리스의 문호이자 수학자인 헤론(Heron)이 이알러파일(aeolipile)이라고 불리는 반작용의 원리를 적용한 회전 장치의 발명으로 거슬러 올라간다[그림 1-1].

이것은 대단히 신기한 것은 아니지만 반작용의 원리에 관해 관심을 가졌다는 측면에서 높이 평가된다.

회전 장치(aeolipile)는 속이 비어 있는 구면이 설치되어 솥으로부터 구면까지 증기가 공급되어 구면의 구부러진 관에서 뿜어져 나오는 증기로 구면을 회전시키게 되어있다.

항공기에 사용되는 제트 추진의 실제 역사는 20세기에 시작되었다.

1900년에 모쓰 박사(Dr. sanford moss)가 가스터빈에 대한 논문을 발표했다. 후에 제너럴 일렉트릭(General Electric)사의 엔지니어인 모쓰는 터보 과급기(turbo-supercharger)의 개발에 커다란 공헌을 하였고, 그의 연구는 후일에 영국의 프랭크 휘틀(Frank Whittle)이 첫 번째로 성

[그림 1-1] 헤론의 회전 장치

공적인 터보제트엔진을 개발하는 데 커다란 영향을 주었다.

1930년에 휘틀(Dr. Whittle)이 제트엔진에 대해 처음으로 특허를 승인받았지만, 11년이 지나서야 첫 비행을 수행할 수 있었다.

휘틀이 개발한 엔진은 순수 반작용 형식 엔진(pure reaction type engine)이었으며, 1941년 5월에 글로스터 모델(gloster model) E28/39 항공기에 장착하여 1,000파운드의 추력을 생산해 냈고, 항공기를 400mph 이상의 속도로 추진시켰다[그림 1-2].

휘틀이 영국에서 가스터빈 엔진을 개발하고 있는 동안 하잉켈(Heinkel)사와 동업 중이던 독일의 엔지니어 폰 오하인(Hans Von Ohain)이 11,000파운드의 추력을 내는 제트엔진을 만들었다. 이 엔진은 1939년 8월 27일 Heinkel He-178의 동력원으로 사용되어 성공적인 비행을 수행, 제트 추진 항공기에 의한 최초의 실용적인 비행으로 인식됐다[그림 1-3].

[그림 1-2] Whittle 터보제트엔진이 장착된 Gloster E28/39

[그림 1-3] 독일 Heinkel He-178

미국에서는 고출력 왕복엔진의 개발과 제작에 모든 노력이 집중되고 있었으므로, 제트 추진에 관한 연구는 뒤떨어져 있었다. 1941년 미국정부는 제너럴 일렉트릭(General Electric:GE)사에게 가스터빈 엔진의 연구와 개발에 대한 약정서를 줬는데, 당시의 GE사는 전력을 생산하는 터빈과 터보 과급기(turbo supercharger)의 생산에 대한 풍부한 경험 등으로 인해 이 중요한 사업에 선정되었다. GE와의 계약의 결과로 약 1,650파운드의 추력을 내는 원심 압축기 형태의 미국 최초의 제트엔진인 GE-1A가 1942년 4월에 시험 생산되었으며, J31 엔진 모델로 Bell XP-59A의 엔진으로 제작되었다[그림 1-4].

제작된 엔진은 1942년 10월에 처녀비행한 Bell XP-59의 동력원으로 사용되었지만, '에어라코멧(airacomet)'는 제트 동력 비행(jet power flight)의 개념을 성공적으로 제공하였지만, 30분의 제한된 비행시간 때문에 전투에는 사용되지 않았다[그림 1-5].

제2차 세계대전 후 패전국 독일의 제트기 및 제트엔진은 승리한 연합국에 의해 광범위하게 연구되었으며, 러시아 및 미국 제트 전투기 개발에 이바지했다.

[그림 1-4] GE I-A 엔진은 미국 최초의 제트엔진인
제너럴 일렉트릭 J31로 생산되어 Bell XP-59A에 장착되었다.

[그림 1-5] 에어라코멧(airacomet) XP-59A

독일에서 연구된 축류 형 엔진은 현용 항공기의 제트엔진에 적용되고 있다는 사실에서 확인할 수 있으며, 원심식 엔진도 기본설계를 바탕으로 개선이 이루어졌다. 특히 베어링 기술의 향상으로 엔진의 샤프트 속도가 증가하여 원심 압축기의 직경이 많이 감소하였으며, 짧은 엔진 길이는 전면 영역보다 전체 크기가 더 중요한 헬리콥터에 사용하는 경우 큰 장점으로 남아 있다. 또한 엔진 구성요소가 더 견고하므로 축류 압축기 엔진보다 이물질 손상에 덜 취약한 강점이 있다.

독일의 축류 형 엔진 디자인은 공기역학적으로도 크게 이바지하였지만, 터빈 블레이드 및 베어링 등과 같은 고 응력 부품에 필요한 금속(텅스텐, 크롬 및 티타늄 등) 기술 등은 후일 축류 형 제트엔진 개발에 크게 이바지하게 되었다.

1950년대까지 제트엔진은 화물, 연락 및 그 밖의 특수 유형을 제외하고 전투기에서 거의 보편적으로 사용되었다. 특히 현재까지도 우리나라의 항공산업기사 등의 실기시험에 사용되고 있는 제너럴 일렉트릭사의 J47 엔진은 F-86 세이버에서 우수한 서비스를 제공한 것으로 정평이 나 있다.

1960년대에는 모든 대형 민간 항공기도 제트엔진으로 전환되었다. 이에따라 대형 왕복엔진은 화물수송과 같은 저가의 틈새역할로 전락하게 되었으며, 이마저도 터보프롭의 끊임없는 개선으로 현재는 경량 항공기와 무인항공기 등의 일부에 사용되고 있다[그림 1-6].

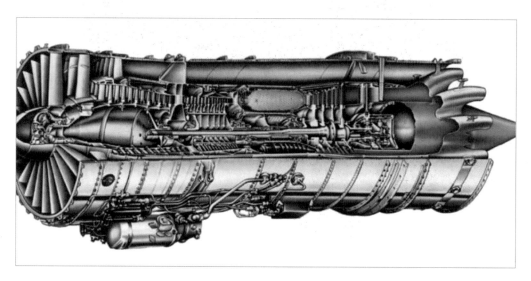

[그림 1-6] 1960년대 개발된 PWA JT8D engine
(B727, DC-9, B737 항공기 등에 장착 운용됨)

1970년대에 프랫 엔 휘트니(PWA) 사의 하이 바이 패스 터보팬 엔진인 JT9D 엔진이 개발되면서 점보제트 시대가 열렸다. B747-100 점보 항공기는 고속과 높은 고도에서 연료 효율이 마침내 최고의 왕복엔진과 프로펠러 엔진을 능가하게 되었고 전 세계를 빠르고 안전하고 경제적인 여행에 대한 꿈이 마침내 도래하게 된 것이다.

제트엔진이 항공기에서 거의 보편적으로 사용되는 데는 20년이 채 걸리지 않았다.

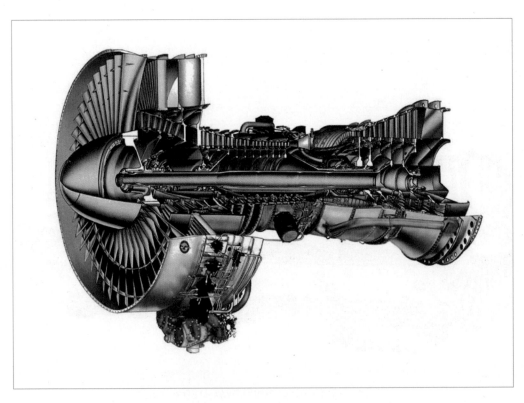

[그림 1-7] 1970년대의 PWA JT9D 고 바이패스 터보팬 엔진

2 　제트 추진의 원리(Theory of Jet Propulsion)

　엔진 출력을 위해서 프로펠러(propeller)를 사용하는 대신 유체(공기)를 오리피스(orifice)[1] 나 노즐(nozzle)[2] 을 통하여 배출함으로써 발생 되는 반작용으로 항공기를 전방으로 추진시키는 형식의 엔진을 제트추진엔진(jet propulsion engine) 또는 반작용 추진엔진(reaction propulsion engine)이라고 한다.

　제트 추진은 뉴-톤(Newton)의 제3운동 법칙[3]을 실용적으로 적용한 것이다. 이것은 노즐(nozzle)을 통한 유체의 가속으로 생성된 반작용을 이용하여 물체를 전방으로 이동시키는 추진 방법이다.

　자연현상에서도 찾아볼 수 있는데 오징어는 물속에서 제트 추진의 형태로 스스로 추진시킨다. 오징어는 근육을 사용하여 물을 몸 안으로 끌어들였다가 물에 에너지를 추가시켜 그 자신을 물속에서 전방으로 향하는 힘을 주기 위한 제트의 형태로 물을 분출시킨다. 오징어는 자신을 이동시

[그림 1-8] 고무풍선의 제트 추진

---

1 일종의 작은 구멍(hole)으로서 오리피스란 말을 사용했을 때 구멍(hole)은 고려해야 할 특별한 특성을 갖는데, 기화기 제트에 있는 오리피스를 예로 들면, 특정의 길이 및 직경, 특수한 접근 및 도착 각도를 가지고 있다.

2 유체가 통과하는 관이나 호스의 끝이 경사져 있는 것. 경사져 있는 부분이 유체가 흐르는 방향에서 수축된 것과 확산된 모양 두 가지가 있다. 수축형은 이곳을 통과하는 유체는 속도가 증가하고 압력이 감소하며, 확산형 노즐을 통과할 때는 속도는 감소하고 압력은 증가한다.

3 물리적으로 작용–반작용의 법칙으로 어떤 힘에 의하여 작용이 일어나면, 방향이 반대인 같은 힘의 반작용이 일어난다는 기본원리.

키기 위한 오리피스(orifice)나 노즐(nozzle) 형태의 배출구를 갖고 있으며, 이를 통한 유체를 가속해서 생성되는 반작용으로 전진한다.

쉽게 설명해서 제트 추진은 고무풍선과 같은 원리이다. 부풀려진 풍선의 입구를 잡고 있다 놓으면 잠깐 사이에 빠른 속도로 공기가 빠져나가며 이동한다는 것을 알고 있다.

고무풍선을 부풀려서 입구를 막으면 풍선 내부의 압력은 모든 방향으로 균등하게 작용하므로 내부 힘의 균형에 의해 움직이지 않는다. 그러나 풍선의 입구를 막고 있던 손을 갑자기 놓으면 입구에서 공기가 배출되는 반대 방향으로 이동하게 되며, 풍선 내부의 공기압이 높으면 더욱 빠른 속도로 날아간다. 이것은 풍선에서 빠져나가는 공기의 반작용에 의한 것으로 제트 추진원리인 것이다.

풍선의 자유비행은 풍선 안쪽의 압력이 빨리 사라지기 때문에 짧을 수밖에 없다. 그러나 자전거펌프와 같은 수동펌프(hand pump)를 이용해서 풍선 내부에 공기압력을 계속 넣어서 공기흐름(air flow)을 유지 시켜 준다면 풍선의 비행은 계속될 것이다[그림 1-9A].

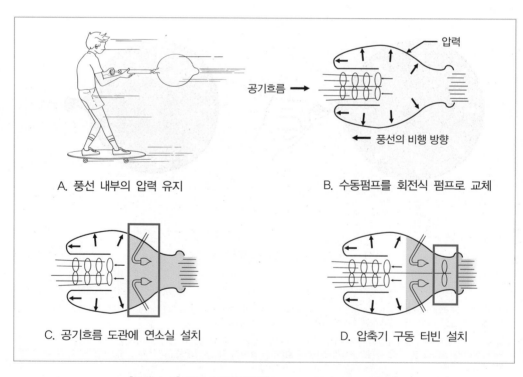

A. 풍선 내부의 압력 유지

B. 수동펌프를 회전식 펌프로 교체

C. 공기흐름 도관에 연소실 설치

D. 압축기 구동 터빈 설치

[그림 1-9] 제트 추진의 원리(theory of jet propulsion)

[그림 1-9B]는 수동펌프 대신에 압축기(compressor)라 불리는 팬(fan) 등으로 대체시켜서 독립된 제트엔진(jet engine)으로 변형시킨 것이다. 압축기가 고속으로 회전한다면, 거대한 양의 고압공기가 풍선 안쪽에 채워지는 동안 풍선의 출구에서 추진력이 발생할 것이다.

[그림 1-9C]와 같이 공기흐름 통로(air-stream)에 연소실을 설치할 경우, 연료의 연소는 공기온도를 급격히 상승시켜 공기 입자의 부피를 증가시킨다.

이렇게 팽창된 공기는 [그림 1-9D]와 같이 추가된 터빈을 구동하게 된다. 터빈의 일부 에너지는 축에 의해 연결된 압축기를 구동시켜 주고, 속도 에너지로 변환되어 배기 노즐(exhaust nozzle)을 통해 고온 가스를 분출하게 된다. 제트엔진은 연료가 연소 되는 한 계속 작동하게 된다.

제트추진엔진의 기본구조는 압축기(compressor), 연소실(combustion chamber), 터빈(turbine)으로 구성되며, 이 부분을 가스 발생기(gas generator)라고 칭한다.

엔진에 연속적으로 흡입되는 공기를 압축기에서 압축하여 연소실 내에서 연료와 함께 정압(constant pressure)을 유지한 상태에서 연속적인 연소로 발생 된 고온 고압가스로 터빈을 구동시킨다. 터빈에서 생성된 출력은 압축기의 구동에 사용되고 남은 에너지가 유효출력이 된다.

이 유효출력은 회전축 출력으로 발전기나 프로펠러 등을 구동하거나 배기가스에 의한 제트에너지(jet energy)로서 항공기를 직접 추진하기도 한다.

연소로 인해 발생 된 열에너지가 왕복엔진에서는 불연속적인 연소가스에 의해서 피스톤의 왕복운동을 얻고, 그것을 크랭크축에 의해 회전력으로 전환하는 것과 달리 터빈엔진은 고온고압의 열에너지로써 터빈을 회전시켜 직접 회전운동을 얻기도 하고 배기가스를 이용하여 분사 추력을 얻는 것이 큰 차이점이다.

제2장 제트추진엔진의 유형과 형태

1 제트추진엔진의 유형

제트추진엔진은 〈표 2-1〉과 같이 유체(공기)를 압축하는 방법, 연소에 사용되는 작동 유체 및 반작용을 일으키는 추력 발생 유체 등에 의해서 분류된다.

〈표 2-1〉 제트추진엔진의 유형

엔진 형식	압축 방법	작동 유체	추력 발생 유체
터보제트	turbine 구동 압축기	연료/공기	연료/공기
터보팬			
터보프롭			공기(propeller)
터보 샤프트			
램제트	Ram 압축		연료/공기
펄스제트	연소에 의한 압축		
피스톤	피스톤의 왕복운동		공기(propeller)
로켓	연소에 의한 압축	산소/연료	산소/연료

로켓(rocket)은 연소를 위해 대기 중의 공기를 이용하지 않고 자체 내에 산화제를 가지고 있다. 로켓은 배기 노즐(exhaust nozzle)을 통해 매우 빠른 속도로 연소가스를 분출한다.

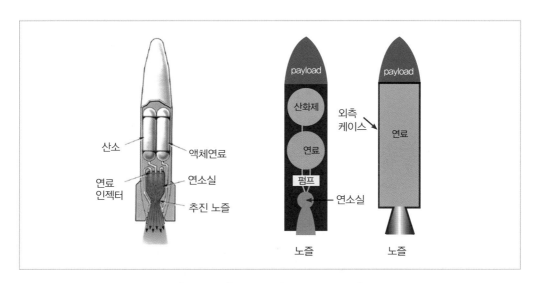

[그림 2-1] 로켓 엔진(rocket engine)

1.1 램제트 엔진(Ram Jet Engine)

램제트 엔진은 가동 부분이 없는 간단한 형태의 제트 엔진으로서 큰 원통에 배기 부분의 면적이 작은 형태로 되어있다. 즉, 연료 노즐, 점화 플러그 및 불꽃을 모아놓기 위한 연소실만 있을 뿐이다.

램제트는 속도가 250mph(402.3km/h)나 되며, 화염 안정기(flame holder)는 연소실 안에서 연료와 공기를 혼합하는 장소로 사용된다. 점화 후에는 서서히 배기 부분으로 통과시키는 역할을 한다.

연료 조절계통은 엔진으로 들어가는 연료량을 조절한다.

이러한 램제트엔진은 터보제트 엔진의 후기 연소기(after burner)[1] 와 같은 형태이다. 즉, 터보제트 엔진의 배기 부분에 연료를 추가시켜 연소시키는 장치와 같은 원리로 구성되어 있다.

---

1 제트 엔진의 재 연소 장치: 제트 엔진의 배기 계통에 장착된 장치로서 항공기가 초음속 비행 등 특수비행을 위해서나 또는 이륙을 위해서 엔진의 출력을 증가시키는 장치.

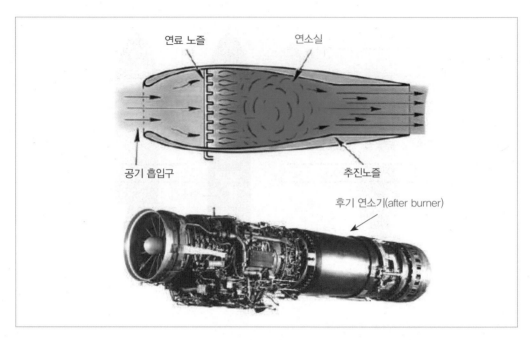

[그림 2-2] 램제트 엔진(ram jet engine)과 후기 연소기(after burner)를 장착한 제트 엔진

1.2 펄스제트 엔진(Pulse Jet Engine)

가스터빈 엔진의 하나인 펄스제트 엔진은 램제트 엔진에 공기 흡입구 부분에 그릴(grill) 또는 셔터(shutter)가 있는 복합엔진이다.

공기를 흡입할 때는 스프링 힘으로 열려 있어 흡입 공기가 연소실로 들어가도록 하며, 연료와 공기 혼합기가 연소 되어 압력이 높아지면 셔터가 닫혀서 연소 된 가스는 앞으로 역류 되지 않고, 테일 파이프(tailpipe)[2]을 통하여 배기 된다. 이때 셔터는 다시 열려 외부 공기를 흡입한다.

이러한 과정이 연속적으로 일어나며 테일 파이프의 길이에 따라 추력이 형성된다. 이러한 펄스제트는 유도미사일 등에 사용된다.

---

2 항공기 왕복엔진이나 가스터빈 엔진의 배기 계통 부품으로 엔진으로부터 배기가스가 지나가는 통로이며, 가스터빈 엔진의 경우, 터빈 노즐 또는 터빈 슬리브 등으로 칭하기도 한다.

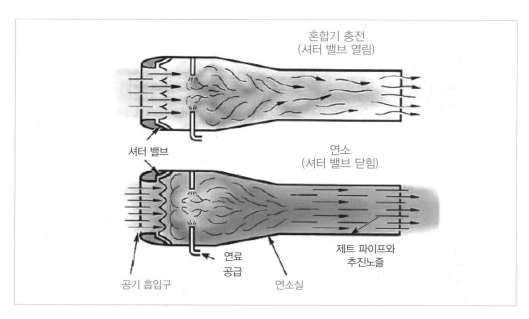

혼합기 충전
(셔터 밸브 열림)

셔터 밸브

연소
(셔터 밸브 닫힘)

연료
공급

제트 파이프와
추진노즐

공기 흡입구

연소실

[그림 2-3] 펄스제트 엔진

2 / 항공기 터빈엔진의 종류(Types of Aircraft Turbine Engine)

항공기에 사용되는 터빈엔진의 형식은 추력을 발생시키기 위하여 두 가지 형태의 반작용 원리를 적용하고 있다. 하나는 연소가스가 노즐(nozzle)을 통하여 분사되는 반작용으로 직접 추력을 발생시키는 추력 생성 엔진(thrust producing engine)과 연소가스를 분사시켜 터빈에서 토크(torque)를 이용하여 회전 날개(rotor blade) 또는 프로펠러(propeller)를 회전시켜서 추력을 얻는 토크 생성 엔진(torque producing engine)으로 분류할 수 있다.

추력을 생성하는 엔진은 주로 전투기에 사용되는 터보제트엔진(trubojet engine)과 상업용 항공기에 사용되는 터보팬 엔진(turbofan engine)으로 다시 나뉘고, 토크를 생성하는 엔진은 중·단거리용 프로펠러 항공기에 장착되는 터보프롭엔진(turbo prop engine)과 헬리콥터에 사용되는 터보샤프트 엔진(turboshaft engine)으로 구분할 수 있다.

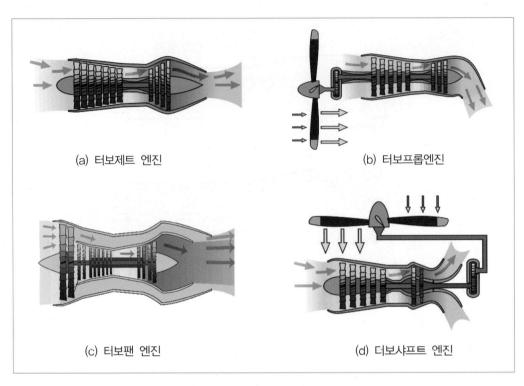

| (a) 터보제트 엔진 | (b) 터보프롭엔진 |
| (c) 터보팬 엔진 | (d) 터보샤프트 엔진 |

[그림 2-4] 항공기 터빈엔진의 종류

2.1 터보제트 엔진(Turbojet Engine)

영국의 프랭크 휘틀(Frank Whittle) 경에 의해 1930년대에 최초로 특허 출원된 터보제트 엔진은 원심 압축기, 애뉼러 연소기(annular combustor)와 1단 터빈(single stage turbine)을 가지고 있었다.

오늘날에는 터보제트 엔진 설계에 있어 여러 가지 다양한 설계 방법을 통하여 여러 유형의 엔진들이 제작 사용되고 있지만, 아직도 그 기본 구성품은 압축기, 연소실 및 터빈이다.

터보제트 엔진의 특징으로는 비교적 소량의 배기가스를 고속으로 분출시킴으로써 추진력을 얻기 때문에 비행 속도가 빠를수록 추진효율이 우수하다.

특히 초음속(마하 1.2~3.0) 및 고고도에서 우수한 성능을 나타낸다.

그러나 아음속(마하 0.6~0.9)에서는 연료 소비율이 높아지고, 소음이 증가할 뿐만 아니라, 엔진

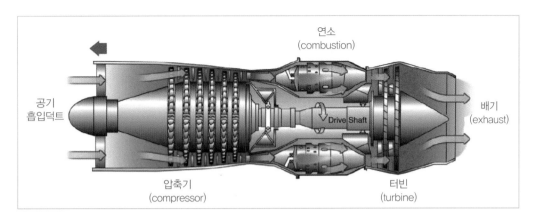

[그림 2-5] 터보제트 엔진의 주요 구성

효율을 높이기 위해서 적당한 항공기 속도에 대한 램 압력(ram pressure)[3]이 필요하여 항공기 이륙 활주 거리가 길어지는 문제 등으로 인하여 상업용 비행기에는 거의 사용되지 않고 있다.

하지만, 배기 노즐(exhaust nozzle)에 후기 연소기(afterburner)를 추가함으로써 초음속 비행이 가능하므로 주로 군용 전투기 엔진으로 사용된다.

2.2 터보프롭엔진(Turboprop Engines)

터보프롭엔진의 추력은 가스터빈에서 얻은 동력으로 감속장치를 통해 프로펠러를 구동하여 전체 추력의 80~90%를 얻고 10~20%의 추력은 배기가스를 통해 얻는다.

근본적으로 터보프롭엔진은 터보제트와 비슷하며 압축기, 연소실, 터빈 및 제트 노즐(jet nozzle)을 갖고 있다. 그러나 터보프롭엔진에서는 프로펠러에서 충격파가 발생하는 것을 방지하기 위해 회전수를 제한할 필요가 있으므로 감속기어(reduction gear)를 엔진의 전방에 장착하게 된다.

프로펠러를 구동하는 터빈이 압축기를 구동하는 터빈과는 별도로 독립된 형식을 자유 터빈 형식(free/power turbine type)이라고 한다. 자유 터빈(free turbine)은 압축기 설계 점에서 최적의 속도를 갖도록 만들어진다. 이에 대한 장점은 프로펠러를 저속으로 유지할 수 있으며 소음을 감소시킬 수 있다. 또한, 엔진 시동이 쉽고 프로펠러의 진동이 가스 발생기(gas generator)로 직접 전

---

3 항공기가 앞으로 전진할 때 흡입 덕트를 통해서 들어오는 공기의 압력으로 밀도와 속도의 제곱에 비례한다.

달되지 않으며, 엔진을 정지하지 않고도 로터 브레이크(rotor brake)를 사용하여 프로펠러를 정지시킬 수 있다.

터빈은 압축기와 보기(accessory)들을 작동시키고, 축과 감속기어 장치를 통해서 프로펠러를 구동시켜서 추력을 얻는데, 감속기어와 프로펠러를 구동시키기 위해서는 더 많은 터빈 단(turbine stage)이 필요하다.

배기가스는 항공기의 추진을 얻기 위한 제트 추력으로는 부족하나 일부 보탬이 된다고는 할 수 있다.

터보프롭엔진은 터보제트나 터보팬 엔진보다 추진효율이 높으므로 마하 0.6까지의 비행 속도에서 주로 상업용 중·단거리 항공기에서 널리 사용되고 있다. 프로펠러 설계상 마하 0.6 이상에서는 효율이 급격히 감소하므로 마하 0.6 이상의 아음속 장거리용 항공기에서는 터보프롭엔진이 널리 사용되지 못하고 추진효율이 좋은 터보팬 엔진이 사용되고 있다.

1980년대부터는 마하 0.8 정도의 비행 속도로 프로펠러의 효율을 80% 이상 얻기 위하여 많은 연구가 진행되었다.

이러한 결과로 연료 소비율을 15~20% 절약을 할 수 있는 큰 후퇴익(swept back)을 가진 6~10개의 블레이드(blade)를 사용하는 프로 팬(propfan)에 관한 연구가 진행되고 있다.

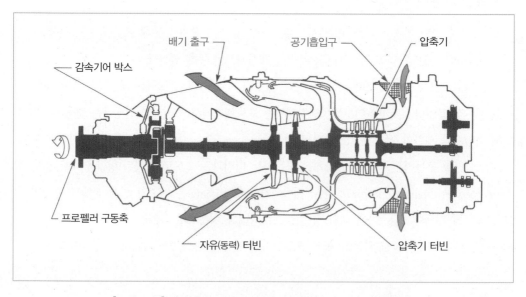

[그림 2-6] 캐나다 Pratt and Whitney사의 PT6 터보프롭엔진

이러한 형태의 엔진을 UHB(Ultra High Bypass) 프로 팬 또는 UDF(Unducted Fan) 엔진이라고 부른다.

프로 팬을 사용하는 항공기는 터보프롭엔진보다 더 큰 동력이 요구되며 대형 엔진으로 제작하기 위해서는 기어박스(gear box)의 설계 문제가 가장 큰 과제로 직면하고 있다.

객실에 전달되는 프로펠러의 소음 문제는 객실 후방에 프로펠러를 위치시키는 추진식(Pusher)을 채용하여 해결하고 있다.

GE(General Electric)와 PWA(Pratt & Whitteny) 사에서는 가변 피치(variable pitch) 기구를 장착한 2중 반전(counter-rotating) 프로펠러를 이중 반전 터빈에 연결하는 UDF 엔진에 대한 실용화를 추진하고 있다.

[그림 2-7] ATR72-500 항공기 터보프롭엔진

[그림 2-8] GE-36 프로 팬 엔진(MD-81 demonstrator)

2.3 터보샤프트 엔진(Turboshaft Engine)

터빈에서 생산되는 출력의 100%를 프로펠러가 아닌 헬리콥터의 주 회전 날개(main rotor blade)나 발전기 등을 작동시키는 것을 터보샤프트 엔진(turboshaft engine)이라고 한다.

기본적인 구조는 [그림 2-6]의 터보프롭엔진과 거의 유사하다.

대부분 헬리콥터는 높은 추력-중량비로 인하여 왕복엔진 대신에 터보샤프트 엔진을 사용하고 있다. 동일 출력의 왕복엔진과 비교했을 때 무게가 4~5배 정도 가벼우며, 연료 소비율은 거의 비슷하기 때문이다.

헬리콥터의 주 회전 날개(main rotor blade)는 압축기를 구동시키는 터빈과 결합 되어 직접 구동되거나, 별도의 터빈에 의해서 구동된다.

대부분의 회전 날개는 압축기를 구동시키지 않는 출력 전용 터빈에 의해 구동된다. 동력 발생을 위한 별도로 분리된 터빈을 사용하는 엔진을 자유-터빈엔진(free-turbine engine)이라고 한다.

엔진은 가스 발생기(gas generator)와 자유-터빈(free-turbine)으로 구분되며, 가스 발생기의 기능은 자유-터빈 시스템을 구동시키기 위한 에너지를 생산한다.

터보샤프트 엔진의 출력은 회전축의 동력 출력이기 때문에 추력 대신에 마력(horsepower)으로 측정되고 있다.

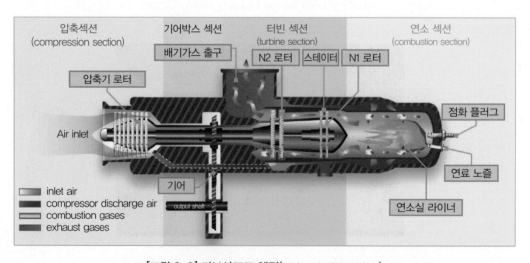

[그림 2-9] 터보샤프트 엔진(turboshaft engine)

2.4 터보팬 엔진(Turbofan Engine)

현행 상업용 항공기에 주로 사용되고 있는 터보팬 엔진은 기본적으로 터보제트와 터보프롭엔진의 가장 좋은 특징들을 절충하여 개발되었다. 즉, 터보제트의 순항 능력과 터보프롭의 단거리 이륙 특성의 장점을 반영한 엔진이다.

프로펠러가 축류-형(axial flow) 다중 팬 블레이드(multiple fan blade)로 교체되어 덕트(duct)로 둘러싸인 것을 제외하면 터보프롭엔진의 작동원리와 유사하다.

팬(fan)을 통과한 비교적 저속·저온의 2차 기류(secondary airflow)를 별도의 노즐을 통과시켜 가속, 분사하여 추진효율의 향상으로 추력 당 중량비가 낮으며, 연료소모율이 감소 되어 경제성이 우수하다. 특히 아음속(Mach 0.6~0.9)에서 엔진 효율이 우수하며, 배기가스의 분출 속도가 느려서 터보제트 엔진보다 배기 소음의 감소 효과가 크다.

팬은 압축기와 직접 볼트로 연결되어 같은 속도로 회전하거나, 감속기어 장치를 통해서 압축기와 연결할 수 있으며, 분리된 터빈에 의해 구동되고 압축기와 독립적으로 회전되기도 한다. 일부 엔진의 팬은 터빈 블레이드가 확장된 형태의 터빈 부분에 장착되어 있기도 하다.

터보팬 엔진은 팬의 장착 위치나 팬 방출 기류에 따라 분류된다.

2.4.1 전방 팬과 후방 팬(Forward Fan & After Fan)

터보팬 엔진은 팬의 장착 위치에 따라 전방 팬(forward fan)과 후방 팬(after fan)으로 분류할 수 있다. 전방 팬은 압축기의 전방에 팬을 장착한 것이며, 후방 팬은 터빈의 후방에 팬을 장착한 엔진이다.

전방 팬 엔진은 엔진으로 흡입되는 외부 이물질이 팬 배기를 통해 방출되므로 거의 팬에서만 FOD[4]가 발생 된다.

후방 팬의 압축기는 FOD에 의해 쉽게 손상될 수 있으나 전방 팬보다 팬 덕트(fan duct)와 역추력장치(thrust reverser)의 구조를 간단하게 할 수 있는 이점이 있다. 그러나 팬 블레이드(fan blade)와 터빈 블레이드(turbine blade)가 단일 구조로 뿌리(root) 부분은 고온(약 500~600℃) 터빈 블레이드로, 팁(tip) 부분은 저온(약 100℃)의 팬 블레이드로써 작동되므로 열팽창, 가스누설, 열응

---

4 Foreign Object Damage - 가스터빈 엔진이 작동 중에 공기 흡입구로 외부물질(지면에 있는 물체, 얼음 또는 새 등)이 빨려 들어가 엔진에 손상을 주는 것.

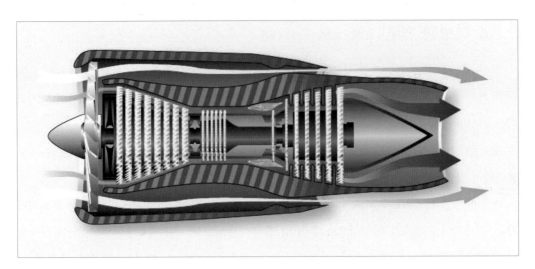

[그림 2-10] 터보팬 엔진

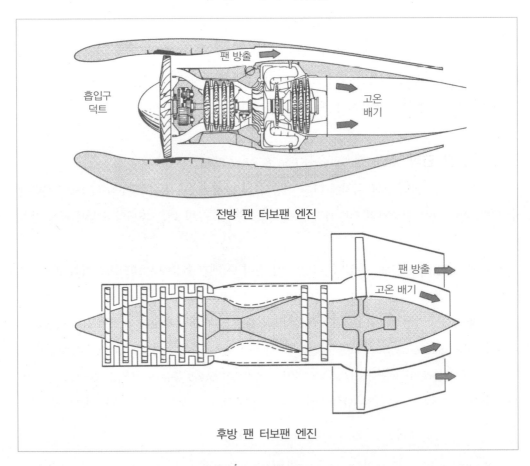

전방 팬 터보팬 엔진

후방 팬 터보팬 엔진

[그림 2-11] 전방 팬과 후방 팬(after-fan) 엔진

력 등의 문제 때문에 일부 실용화는 됐지만, 현재 사용 중인 민간항공용 터보팬 엔진 대부분은
전방 팬을 사용하고 있다.

2.4.2 바이패스 부분(Bypass Section)

터보팬 엔진의 팬에서 압축된 공기는 팬 출구 베인(fan ext vane)을 거친 후, 팬 방출 덕트(fan
discharge duct)를 통해서 대기 중으로 배출된다.

이러한 팬 배기의 흐름 통로 부분을 바이패스 부분(bypass section) 혹은 팬 방출 부분(fan
discharge section)이라고 한다.

팬 공기를 팬 부분의 바로 후방에서 방출시키는 쇼트 팬 덕트(short fan duct) 방식과 엔진 전
체 길이를 따라 만들어진 롱 팬 덕트(long fan duct)를 통해서 배출시키는 방식이 있다.

롱 팬 덕트 방식에는 팬 방출 공기와 터빈 배기가 따로 배출되는 비 혼합 배기식과 팬 배기와
터빈 배기가 혼합되어 함께 제트 노즐(jet nozzle)에서 대기 중으로 배출되는 혼합 배기식이 있다.

팬 배기는 비교적 저압, 저온이므로 팬 출구 베인과 팬 방출 부분은 대부분 알루미늄 합금 또
는 티타늄 합금을 사용한다.

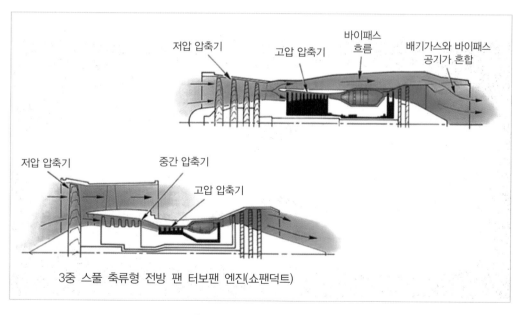

3중 스풀 축류형 전방 팬 터보팬 엔진(쇼팬덕트)

[그림 2-12] 팬 덕트의 유형

유입 공기가 코어 부분(core section) 즉, 압축기와 연소실을 거쳐서 터빈을 구동하고 배기구로 분출되는 공기흐름을 일차 기류(primary air flow)라 하고, 단지 1단의 팬을 거쳐 팬 배기 부분을 통해 방출되는 공기흐름을 이차 기류(secondary air flow)라고 한다.

일차 기류와 이차 기류의 흐름의 비를 바이패스비(bypass ratio)라고 부른다.

항공용 터보팬 엔진은 바이패스비(Bypass Ratio:BPR)에 따라 저(低) 바이패스(1:1 이하), 중간 바이패스(2~3:1), 고(高) 바이패스(4:1 이상)로 분류된다.

이러한 바이패스비는 공기 흐름양과 관계되며, 대략 추력의 비와 비슷하다.

저 바이패스 엔진(low bypass engine)에서 팬과 압축기 부분은 대략 같은 질량의 기류(air flow)를 이용하지만, 팬의 방출(fan discharge)이 일반적으로 압축기 방출(compressor discharge)보다 약간 크다.

중간 정도의 바이패스 엔진(medium or intermediate by-pass engine)은 2:1에서 3:1의 바이패스비를 가지고 있고, 대략 바이패스비와 같은 추력 비를 가지고 있다. 이러한 엔진에 사용되는 팬은 지 바이패스 엔진보다 큰 지름을 가지고 있다.

고 바이패스 터보팬 엔진(high by-pass turbo gan engine)은 4:1 이상의 팬 비율(fan ratio)을 갖고 있고, 좀 더 많은 공기를 이동시키기 위해 더욱 큰 지름을 가지고 있다.

고 바이패스 터보팬 엔진은 여러 종류의 터보팬 엔진 중에서도 연료 소모량이 가장 낮으면서

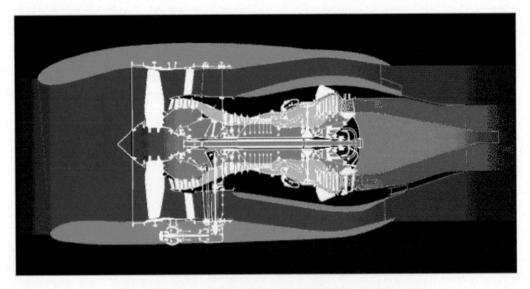

[그림 2-13] 1차 공기흐름(청색)과 2차 공기흐름(노랑/빨강 부분)

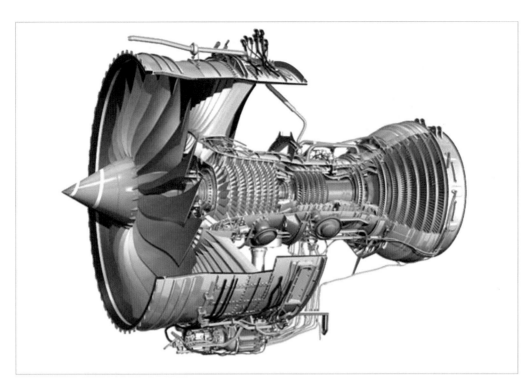

[그림 2-14] BPR 11:1의 고 바이패스 Trent 1000 터보팬 엔진(Rolls-Royce)

도, 높은 추력을 발생한다.

B737 항공기에 장착되는 CFM56-7B 엔진을 비롯한 PW4000 엔진의 경우는 총 추력의 80%가 팬(이차 기류)에서 발생 되고, 나머지 20%가 코어 엔진(일차 기류)에 의한 추력이다.

최근의 터보팬 엔진의 발달 동향을 보면, 폭이 넓은 팬 블레이드(wide chord fan blade)의 개발로 바이패스비가 더욱 커지고 있다. 실례로 B787 항공기에 사용 중인 Rolls-Royce Trent 1000 엔진의 경우, 11:1의 고 바이패스비를 가지고 있다.

2.4.3 기어구동 터보팬 엔진(Geared Turbo Fan Engine)

기어구동 터보팬 엔진(geared turbo fan engine)은 가스 발생기(코어 엔진)와 팬 사이에 감속기어를 사용하는 터보팬 엔진의 일종으로, 가스 발생기 압축기는 충분한 효율을 얻는 속도로 회전하며, 동시에 감속기어를 사용하여 팬은 팁 속도가 음속 이하로 서서히 회전시키는 터보팬 엔진이다.

기어구동 터보팬 엔진은 높은 엔진 성능을 가졌음에도 불구하고 기어 재질 문제로 초소형 항

[그림 2-15] 팬 구동기어 시스템

공기 엔진에만 적용하였었다. 그러나 일부 엔진 제작사에서 팬 구동기어 시스템을 차세대 항공기 엔진의 핵심기술로 채택하였다. 이는 과거에 비해 신소재 및 초경량 합금 기술이 기어 재질 문제를 충분히 극복할 수 있을 정도로 크게 발전했기 때문이다.

터보팬 엔진의 열효율 특성은 팬은 저속, 압축기와 터빈은 고속 운용 조건에서 최대 열효율이 발생한다. 하지만 일반적으로 터보팬 엔진은 고속으로 회전하는 압축기와 터빈의 속도에 따라 팬이 회전한다. 이러한 터보팬 엔진은 팬의 빠른 속도 때문에 불필요한 연료 소모와 큰 소음이 발생한다.

이에 기어구동 터보팬 엔진은 최적의 열효율을 발생시키기 위하여 팬 부분과 저압 압축기 사이에 감속기어(reduction gear)를 적용하여 고속으로 회전하는 압축기와 터빈의 회전력을 1/3로 감속시켜 팬 부분을 저속으로 구동시킨다. 이러한 회전력의 차이는 각 모듈을 최적의 운용 효율 범위에서 작동시켜 엔진 열효율을 향상되게 한다.

2.4.4 첨단 덕트 엔진(Advanced Ducted Engine)

터보팬 엔진을 기본으로 [그림 2-8]의 프로 팬(propfan)과 유사한 감속기어 장치와 아주 큰 후퇴익형 팬 블레이드(swept fan blade)[5]를 갖춘 첨단 덕트엔진(advanced ducted engine)이 개발되고

---

5 로터 스테이지를 통과하는 공기흐름의 축 방향에 비례하여 팬 블레이드의 전연부를 비틀어 놓은 형태이다. 이러한 비틀림은 팬 블레이드 반경에 따른 블레이드 속도 차이를 보상해준다.

있다.

프로 팬 엔진의 바이패스비는 90:1인 반면, 첨단 덕트 엔진은 15~25:1 정도이며, 가변 피치 모델(variable pitch model)로서 기존의 터보팬 엔진보다 낮은 연료 소모량을 갖고 있으며, 터보프롭의 작동 유연성과 높은 아음속 순항속도를 갖고 있다.

프로 팬이 단거리나 중거리 항공기에 가장 경제적이지만, 첨단 덕트 엔진은 장거리 항공기에 더욱 이점이 있을 것으로 기대하고 있다.

[그림 2-16] 첨단 덕트 엔진(advanced ducted engine)

제3장 제트추진이론

1 / 에너지 변환 사이클(Energy Transformation Cycle)

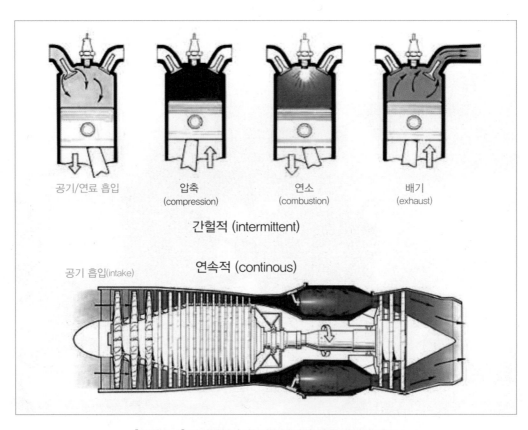

공기/연료 흡입　　압축　　연소　　배기
　　　　　　　　(compression)　(combustion)　(exhaust)

간헐적 (intermittent)

연속적 (continous)

공기 흡입(intake)

[그림 3-1] 터빈엔진과 피스톤 엔진의 작동 사이클 비교

가스터빈 엔진은 추력을 내기 위한 작동기로 공기(air)를 사용하는 열기관이다. 이 엔진은 제트 연료(jet fuel)에서 생성되는 열에너지를 터보 프로펠러(turbo propeller)를 구동시키는 기계적 에너지 즉, 고속으로 분출되는 형태의 운동에너지로 전환 시켜 준다.

브레이턴 사이클(brayton cycle)은 연료가 에너지로 방출되는 터빈엔진 안에서 일어나는 행정으로 설명할 수 있다. 에너지가 가해졌을 때 공기는 일정한 압력으로 있는 반면에 공기의 속도는 빨라진다. 이것은 엔진을 빠져나오는 공기의 속도를 증가시킨다. 브레이턴 사이클은 정압 사이클(constant pressure cycle)로 알려져 있다.

2 / 사이클 다이어그램

엔진에서 어떤 구성품의 효율이 향상되면 추력 비 연료소모율은 낮아질 것이다. 사이클 효율과 에너지가 어떻게 가용 형태로 변하는지 설명하기 위해서 다양한 형태의 사이클 다이어그램을 사용한다.

2.1 압력 온도 다이어그램

엔진 사이클을 보여주는 방법 중, 하나는 질량 유동이 엔진의 구성품들을 지나면서 압력과 온도가 어떻게 변하는지 그래프로 보이는 것이다[그림 3-2(a)].

공기가 압축기로 들어가면서, 상응하는 온도 상승과 함께 압축된다(A). 연소실에서 연료가 연소 되면서 온도가 상승하는 동안 압력을 일정하게 유지 시키려 한다(B). 엔진을 통과하는 동안 주목할 만한 온도와 압력의 하강이 있다(C). 이 사이클을 완료하기 위해서 공기는 제트 노즐을 통해 지나가면서 제트 웨이크'의 압력과 온도로 떨어진다. 그림에서 A, B, C, D로 둘러싸인 부분을 유

---

1 흐름 속에 있는 물체의 뒷부분의 전압이 줄어드는 지역, 혹은 항공기 같은 물체의 뒤쪽

용출력 지역이라고 한다. 유용출력 지역의 증가는 추력을 위해 더 많은 에너지가 가용 될 수 있음을 의미한다.

이 다이어그램으로부터 압축기 압력비의 상승이 유용출력 부분의 넓이를 늘릴 수 있다는 것을 쉽게 알 수 있다.

최대 한계온도 근처에서 엔진을 작동시키고 있으므로 연료 흐름을 높이는 것은 불가능하다. 그러므로 압축기 압력비를 높이는 것은 정해진 양의 연료로부터 유용한 일을 더 얻어냄으로써 추력 비 연료소모율을 낮출 수 있는 것이다.

압축기 압력비가 증가하면, 온도도 증가하므로 압축을 더 하면 할수록 최대 한계온도를 유지시키면서 더 적은 연료를 태울 수가 있다. 이것은 우리가 단지 압축기 압력비를 연료 흐름(열에너지)이 줄어드는 특정 지점까지 올림으로써 엔진의 경제적 추력의 생성 기회를 단순화할 수 있다.

2.2 브레이턴 사이클 다이어그램

엔진에서 사이클 작동을 알아보는 방법 중에 또 다른 사이클 다이어그램은 브레이턴 사이클로 알려진 압력-체적 다이어그램이다[그림 3-2(b)].

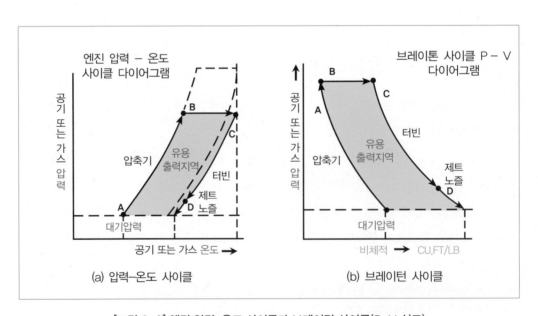

[그림 3-2] 엔진 압력-온도 사이클과 브레이턴 사이클(P-V 선도)

이 그래프에서는 압력에 대해 비체적(1파운드가 차지하는 부피) 점을 찍는다. 앞의 온도-압력 다이어그램과 매우 유사하지만, 방향이 바뀌어 있다. 온도 상승에 따라 체적은 반대로 움직이기 때문이다.

공기가 압축기로 들어가면서 체적은 줄고 압력은 상승한다(A). 연소실에서는 연료를 주입하고 체적은 증가한다. 체적의 증가는 엔진에서 속도의 증가로 나타나므로 체적은 이 지점에서 크게 변하지 않는다(B). 터빈을 통해 가스가 정해진 만큼의 부피 증가와 압력 하강을 하면서 확장된다(C). 압축의 증가는 유용출력의 면적을 증가를 불러온다.

브레이턴 사이클은 한계온도를 알려주지는 못한다. 그러나 높은 압축비의 필요성을 설명하는 데에는 유용하다. 엔진 효율을 위해 여전히 다른 구성품들도 발전의 여지가 많지만, 추력 비 연료 소비율을 위해선 아직도 압축기가 가장 큰 잠재력을 가지고 있다.

3 추력 산출

터빈엔진에서 열에너지가 추력으로 변환되는 방법을 알아보기 전에 몇 가지 물리법칙과 터빈엔진 작동에 관련된 상관 법칙들을 알아야 한다.

3.1 속도와 압력의 변화

베르누이(bernoulli) 원리는 단면이 다른 관 속에 흐르는 액체의 운동을 설명할 때 이용되었다. 이런 방법으로 제작된 관을 벤투리관(venturi tube)이라고 한다.

단면적이 감소하는 곳의 통로는 수축형 덕트(duct)라고 하며 통로가 팽창하기 시작하면 확산형 덕트라고 불린다.

액체, 즉 유체가 벤투리관 안에 흐를 때 A, B, C 지점의 계기는 액체의 속력과 정압을 기록하기 위해 장착하였다. [그림 3-3]에서 보여준 것과 같이 벤투리로서 베르누이 원리를 설명할 수 있는데, 유체, 즉 액체 또는 기체의 정압은 유체의 속력이 증가하는 곳에서 감소한다. 물론 유체에

어떠한 에너지가 추가되거나 감소하지 않았음을 가정한 상태이다. 공기의 속력은 운동에너지며, 공기의 정압은 위치에너지이다.

그림에서 지점 A와 지점 C의 벤투리 단면이 큰 곳에서는 액체가 저속으로 움직이므로 이 두 곳에서는 높은 정압이 발생한다. 중앙에서 단면은 작아지지만 양쪽 끝부분에서 액체의 체적은 같아야 한다. 따라서 이러한 좁은 부분에서는 액체가 더 고속으로 이동하기 때문에 지점 B의 압력은 지점 A 또는 지점 C에서의 압력보다 낮다.

베르누이의 원리는 일부 시스템이 어떻게 항공기에 적용되는지, 비행기의 날개가 어떻게 양력을 발생시키는지, 특히 아음속 비행기의 터빈엔진 공기 흡입구 덕트가 왜 확산형인지를 이해하는 데 대단히 중요하다.

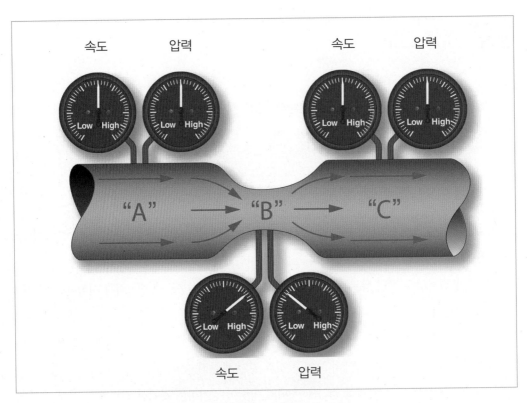

[그림 3-3] 베르누이의 원리와 벤투리

3.2 압력 · 체적 · 온도 사이의 관계

터빈엔진이 작동하는 동안 공기는 열을 받거나 버림으로써 압력이나 체적, 온도를 변화시킨다. 이러한 변화는 보일-샤를 법칙을 사용하여 설명할 수 있다.

압축성(compressibility)은 기체의 가장 중요한 특성이다. 영국 과학자 보일(robert boyle)은 이런 기체의 특성을 제일 먼저 연구한 사람으로, 이것을 '공기의 탄성'이라고 불렀다.

기체 온도를 일정하게 유지 시키고 압력을 2배로 하면, 체적은 1/2로 감소하는 것을 증명하였다. 즉, 가해진 절대 압력이 감소하였을 때, 결과로서 일어나는 체적은 증가하였다.

보일은 이 관찰로써 일정 온도에서 밀폐된 기체의 체적과 절대 압력의 곱은 일정하다는 것을 알았다. 보일의 법칙은 밀폐된 기체의 체적은 온도를 일정하게 유지 시키면 그 압력에 반비례한다. [그림 3-4]는 이러한 관계를 간단하게 설명하고 있다.

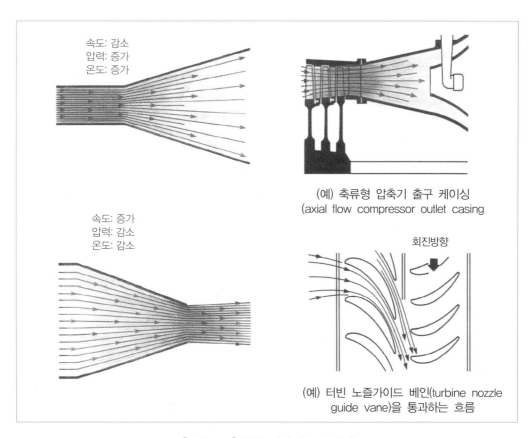

[그림 3-4] 압력, 체적, 온도의 관계

3.3 추력 계산

터보제트 엔진에서의 추력은 엔진에서 생성되는 공기의 연료가 연소 됨으로써 에너지를 가해 팽창된 공기로부터 발생한다. 팽창된 가스는 엔진을 빠져나감으로써 가속되는데 엔진으로 들어오고 엔진에서 나가는 시간 동안에 공기의 속도 변화가 추력을 발생시킨다. 힘의 질량(mass)과 가속도(acceleration)의 곱에 비례한다는 뉴턴의 제2법칙에서 도출될 수 있다.

뉴턴의 운동 제2법칙은 가속도에 관한 것이며, 터빈엔진에서 생성되는 추력을 설명할 수 있는 법칙이다. 가속도는 힘과 비례하고 체적에 반비례하는 질량에 힘이 가해져서 생긴다.

이것을 다음과 같이 공식으로 나타낼 수 있다.

$$F = M \times a = \frac{Wa}{g} \times a$$

터빈엔진의 추력을 계산하기 위한 공식을 보면 추력이 생기는 양은 F 파운드(pound)로 나타나며, 추력 공식에서의 질량은 엔진을 통과하는 공기의 총량으로 나타내어지고, 가속도는 엔진 입구를 통과하여 배기 되는 동안의 차로 표현되어 진다.

기본적인 추력 공식은 다음과 같다.

$$F = M_s \frac{(V_2 - V_1)}{g}$$

3.3.1 총 추력(Gross Thrust)

총 추력은 엔진이 움직이지 않을 때의 추력이다. 엔진 가스의 가속도는 엔진 입구로 들어오는 공기와 배기 노즐로 나가는 공기속도의 차이이다. 이런 경우에는 엔진이 움직이지 않는 곳에서 입구의 속도는 항상 '0'이다.

이 공식 적용 방법을 살펴보면, 상업용 제트 항공기가 활주로에서 이륙출력을 내기 위해 엔진을 구동시키고 있다고 가정하자. 따라서 항공기는 아직 움직이고 있지 않다. 이때 엔진으로 초당 50파운드의 공기가 유입되고 있다면, 이것이 중량 유량(Ms)이다.

---

2 운동하는 물체의 단위시간에 대한 속도의 변화를 나타내는 량. 속도변화를 단위시간으로 나눈 것.

항공기가 움직이고 있지 않기 때문에 V_1은 0, 그러나 배기속도 V_2는 1,300ft/s라면

$$F_g = M_s \frac{(V_2 - V_1)}{g} \quad F_g = 50 \frac{(1,300 - 0)}{32.2}$$

$$= 2018.6 \text{lb s.thrust}$$

3.3.2 진 추력(Net Thrust)

항공기가 비행 중일 때, 항공기의 유입 공기는 초기의 운동량을 가지게 되고, 엔진을 통과하는 동안 변하는 속도는 많이 감소할 것이다. 이때, 계산했던 항공기와 총 추력이 같고, 또한 500mile/h로 날고 있다고 생각해 보자. 이 항공기의 진 추력은 다음과 같이 기본 공식을 사용하여 계산할 수 있다.

$$F_N = M_s \frac{(V_2 - V_1)}{g} \quad F_N = 50 \frac{(1,300 - 734)}{32.2}$$

$$= 50 \frac{566}{32.2}$$

$$= 878.9 \text{lb s.thrust}$$

4 | 추력에 영향을 주는 요소(Factors Affecting Thrust)

엔진은 해면 고도부터 아주 높은 고도까지, 정지에서 초고속까지, 어떠한 대기 조건의 변화에서도 효율적으로 작동해야 한다. 그러므로 대기 환경, 설계(design) 및 작동 등의 요인들은 터빈엔진에서 발생 되는 추력에 영향을 끼친다.

4.1 온도(Temperature)

터빈엔진의 추력은 앞에서 설명했듯이 엔진을 통과하는 공기의 총량에 의해서 결정되어 진다. 엔진으로 들어가는 공기 온도는 밀도에 영향을 준다. 공기가 뜨거울수록 밀도는 감소하게 되어 부피로 나타내어지는 질량이 줄어들기 때문에 유입 공기가 뜨거우면 추력은 감소한다.

엔진 제작자에 의해 제공된 모든 추력의 계산을 표준 온도인 59℉ 또는 15℃를 전제로 하고 있으며, 모든 성능 계산은 비표준 온도에 대하여 보정 하여야 한다.

4.2 고도(Altitude)

지구 주위의 대기는 공기 압력과 온도에 따라 밀도가 변화되는 압축성 기체이다.

해면상 표준상태에서 공기는 14.69psi의 압력을 갖고 있는데, 이 압력은 고도가 증가함에 따라 감소한다. 20,000feet 상에서는 6.75psi로 내려가고 30,000feet에서는 4.36psi로 떨어진다. 공기 압력이 감소 됨에 따라 밀도도 떨어진다. 따라서, 추력에 대한 고도의 영향도 밀도와 온도의 영향과 같이 논의될 수 있다.

고도 증가는 압력과 밀도의 감소를 일으킨다. 고도가 증가하고 밀도가 감소 될 때 온도 감소율은 압력 감소율보다 적다. 비록 온도가 낮아지면 추력이 증가하지만, 밀도 감소의 영향은 차가운 온도의 영향보다도 더 크다. 최종적인 결론은 고도 증가에 따라 추력 출력은 감소하게 된다.

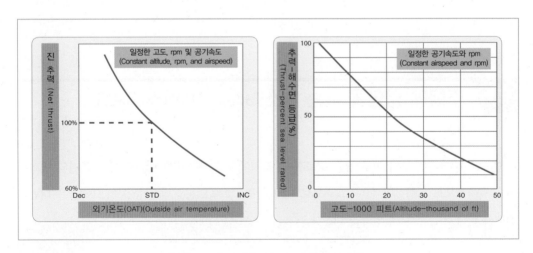

[그림 3-5] 외기온도/고도와 추력의 영향

36,000ft 부근에서는 흥미로운 점이 있다. 공기 온도가 –69.7℉(-56.5℃)로 일정한데 그보다 더 상승해도 공기는 더 이상 밀도가 증가하는 온도의 떨어짐이 없다. 이러한 고도에서, 공기의 밀도는 보다 빨리 감소한다.

이러한 이유로 장거리 제트 비행기는 36,000ft가 비행하기에 최적의 고도이다. 이 고도 아래에서는 밀집된 공기(air)가 공기 역학적 항력을 만들어 내고, 그 이상 고도에서는 밀도가 떨어지게 되어 엔진 추력을 감소시킨다.

4.3 공기속도(Air Speed)

전술한 바와 같이 추력의 공식은 엔진을 지나는 공기의 질량 가속도(V_2-V_1)이다.

항공기의 속도 V_1이 증가하면 추력의 크기는 감소할 것이다. 속도의 영향을 나타내는 그림에서 추력 곡선이 아래쪽으로 경사지는 것을 알 수 있다.

그러나 거기에는 항공기가 대기에서 날아갈 때 흡입관(inlet duct)에 압축된 공기로 인해 보상되는 효과가 있다. 이것을 램(ram) 효과라 한다.

이 선이 직선이 아니라, 대기 속도가 증가함에 따라 위쪽으로 올라가는 것에 주목해야 한다. 가속도에 의한 손실과 램에 의한 이득을 합치면 추력에 대한 대기 속도의 실제적 효과를 알 수 있다.

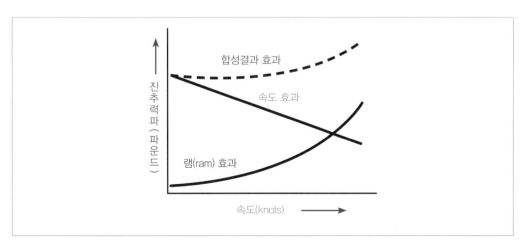

[그림 3-6] 공기속도의 영향

4.4 엔진 회전수(Engine RPM)

엔진 RPM[3]은 엔진에 의해 발생 되는 추력에 1차 적인 영향을 미치지는 않는다. 낮은 RPM에서의 추력은 낮다. 그러나 RPM이 증가하면 압축기의 공기 역학적 효과가 엔진을 통과하는 공기의 양을 많게 하고 공기흐름의 양이 증가함에 따라 추력 또한 증가하게 된다.

엔진 RPM에서는 제한이 있는데, 이러한 제한은 압축기의 공기 역학적인 문제 때문이다. 압축기의 블레이드 끝단(blade tip) 속도가 마하 1이나 그 이상의 음속에 도달하면 압축기의 효율은 떨어진다. 압축기의 설계는 블레이드가 그러한 속도로 회전하지 않게 하고, 공기흐름이 심한 충격의 실속 상태로 가지 않도록 하여야 한다.

이것을 2,800RPM으로 회전하는 GE사의 GEnx 엔진의 팬 부분처럼 큰 직경(111인치)을 가진 팬 블레이드의 낮은 회전 속도와 압축기 속도가 50,000RPM 이상인 작은 직경의 터빈엔진의 높은 회전 속도로 각각 설명할 수 있다.

4.5 팬 효율(Fan Efficiency)

대부분 항공사에서는 터보제트 엔진 대신에 터보-팬 엔진으로 교체되었고, 현재 많은 상업용 제트 항공기에 쓰이고 있다. 이러한 이유는 터보팬 엔진이 연료 효율이 우수하고 소음이 적기 때문이다.

터보제트와 터보팬 엔진이 같은 비율의 추력을 낸다면 터보팬 엔진은 추진효율이 우수하여 적은 양의 연료를 소모할 것이다.

B747-8 항공기 GEnx-2B 엔진은 팬 바이패스비가 9.5:1로써 팬 바이패스비가 5:1인 B747-400에 장착된 PW4056에 비해 17% 이상 연비가 향상되어 연료 효율성도 높아졌으며 탄소배출도 17% 줄어들게 되었다. 이는 팬 효율이 우수하므로 가능한 것이다.

---

3 RPM(Revolution Per Minute)은 1분간의 회전 속도를 표시하는 단위로서 분당 회전수를 나타낸다.

[그림 3-7] GEnx-2B 엔진(B747-8)

Aircraft Jet Engine
Structure & Design

가스터빈 엔진의
구조와 설계

제4장 항공기 파워플랜트 (Aircraft Powerplant)

엔진 제작사에서 제작된 기본적인 엔진(basic engine)은 추력을 발생시키는데 필요한 부품들로 구성된다. 항공기에 엔진을 장착하기 위해서는 엔진 마운트(engine mount)를 비롯한 나셀과 항공기 시스템을 위한 여러 부품으로 구성된 QECA(Quick Engine Change Assembly) 또는 EBU(Engine Build-up Unit)[1]을 장착하여야 한다. 이렇게 기본 엔진에 QECA가 장착된 형태를 파워플랜트(powerplant)라고 한다.

파워플랜트는 항공기와 인터페이스(interface) 되어 추력 발생뿐만 아니라 항공기에서 필요한 전력(electrical power), 유압(hydraulic power), 공압(pneumatic power) 등을 제공해주고, 엔진의 작동상태를 조종실에서 감시(monitoring)할 수 있도록 디지털 데이터와 아날로그 시그널 등을 항공기로 보내준다.

QECA 및 EBU는 상용 항공기의 대형 터보팬 엔진 운용에 널리 사용하고 있으며, 이를 적용하는 절차는 준비된 엔진에 항공기에서 필요한 부품을 장착하여 QECA를 만드는 QECA 조립 절차(buildup procedure)와 조립된 QECA를 항공기에 장착하는 절차(installation procedure)로 나뉘어 있다.

항공기와 엔진의 형식에 따라 QECA 및 EBU의 구성 요소가 다르며, 다음은 일반적인 QECA를 구성하는 나셀 품목과 항공기 계통 부품이다.

---

1 QECA 개념은 보잉(Boeing)사 개념이며, 에어버스(Airbus)사에서는 EBU(Engine Buildup Unit)라고 한다.

1 엔진 나셀(Engine Nacelle)

나셀(nacelle)은 항공기의 엔진이 장착되는 부분으로 포드(pod)라고도 하는데, 기본적으로 엔진과 엔진의 구성부품을 수용하기 위한 공간이다.

나셀은 강한 기류(air flow)에 노출되므로 공기 역학적 항력을 감소시키기 위하여 일반적으로 원형이거나 또는 타원형으로 되어있다. 대부분 단발 엔진 항공기의 나셀은 동체의 전방 끝에 있다. 다발항공기의 엔진 나셀은 날개에 설치되어 있거나, 동체 꼬리 부분(empennage)에 부착된다. 일부 다발항공기에서는 객실의 동체 후방을 따라 나셀을 설치하기도 한다.

나셀은 장착 위치와 관계없이 엔진과 액세서리, 엔진 마운트, 구조부재, 방화벽이 들어가며, 공기흐름을 위한 외피와 엔진 카울(cowling)을 포함하고 있다.

대부분의 항공기 엔진은 항공기 날개 아래의 유선형 나셀의 내부에 장착되어 있으며, 나셀은 항공기 날개 나셀(wing nacelle)과 엔진 나셀(engine nacelle)로 구분된다.

항공기 날개 나셀은 항공기의 날개 구조물에 장착된 팬 카울(fan cowl)과 역 추력 카울(reverser

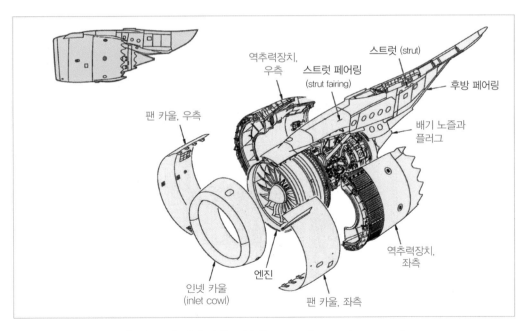

[그림 4-1] 엔진 나셀 구성품(B747-8/GEnx-2B engine)

cowl)로 엔진 외부에 장착된 오일 계통, 연료 계통, 유압 계통, 공압계통의 도관과 부품 등과 엔진 작동을 위한 각종 링 키는지(linkage)와 제어장치(controls) 등을 감싸는 역할을 한다.

엔진 나셀은 항공기 날개 구조물로부터 분리되어 조립된 부분으로 일반적으로 엔진 흡입구 쪽의 인넷 카울(inlet cowl)과 배기구에 장착된 배기 노즐 및 플러그(exhaust nozzle&plug) 등을 말한다.

2 엔진 마운트[Engine Mounts]

엔진 마운트(engine mount)는 엔진을 지탱하고 엔진에 의해 발생 된 추력을 항공기 구조물에 전달하는 기본적인 기능을 수행한다.

대형항공기의 엔진 마운트는 전방 엔진 마운트(forward cnginc mounts)와 후방 엔진 미운트(after engine mounts)로 구성되어 있으며, 엔진을 버팀대(strut)에 단다. 또한, 후방 엔진 마운트는 엔진 추력을 항공기에 전달한다.

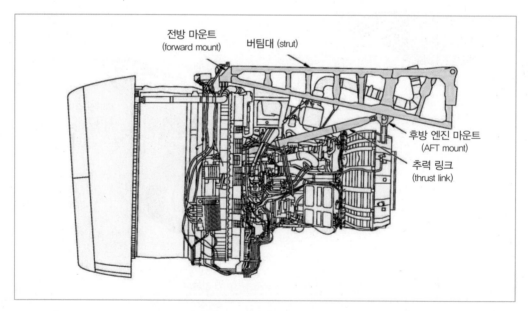

[그림 4-2] 엔진 마운트(B737/LEAP-1B engine)

전방 엔진 마운트 어셈블리(front engine mount assembly)는 팬 프레임에 장착되며, 상부(upper)와 하부(lower)로 나누어져 있다. 전방 상부 마운트는 버팀대의 한 부분이며, 하부 엔진 마운트는 수직 장력 볼트(vertical tension bolts) 4개로 후방 팬 프레임(after fan frame)을 버팀대에 연결한다. 팬 프레임(fan frame)은 일차구조 하중(primary structural loads)을 담당한다.

후방 엔진 마운트 어셈블리(after engine mount assembly)는 터빈 케이스(turbine case)에 장착되어 있으며, 상부와 하부로 나누어져 있다. 후방 상부 엔진 마운트는 버팀대의 한 부분으로 엔진을 버팀대에 부착하고 버팀대에 추력 하중(thrust loads)을 전달한다. 후방 하부 엔진 마운트는 4개의 수직 장력 볼트로 터빈 후방 프레임(turbine rear frame)을 버팀대에 연결한다.

두 개의 추력 링크(thrust links)는 후방 마운트의 아래쪽 피팅과 엔진의 팬 허브 프레임(Fan Hub Frame: FHF)에 부착되어 있다. 추력 링크는 토크 부하를 엔진에서 후방 엔진 마운트로 전달한다.

엔진 마운트 볼트(mount bolts)와 너트(nuts)는 엔진을 스트럿(strut)에 부착시켜 주며, 전방 및 후방 엔진 마운트(forward & aft engine mounts)에 있다.

엔진 장탈 중에 엔진 마운트 볼트 및 너트는 형광 염료 침투검사(fluorescent dye penetrant inspection) 등을 통하여 균열 여부를 확인하여야 한다. 균열은 허용되지 않으며, 균열이 발견되면

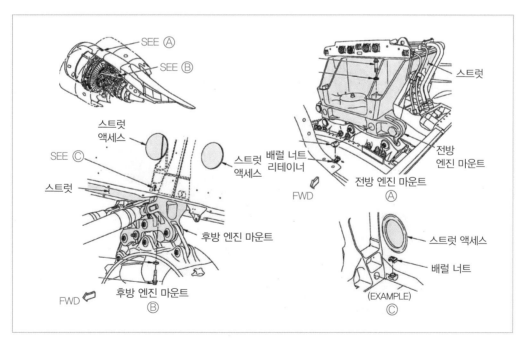

[그림 4-3] 엔진 마운트 볼트와 너트(mount bolts & nuts)

새로운 엔진 마운트 볼트와 너트로 교체하여야 한다. 또한, 볼트가 장탈 된 상태에서 볼트 구멍 (hole)의 편 마모(elongation) 여부를 점검하고 확인해야 한다.

일부 상용 항공기 운영 절차는 엔진 마운트 부품들은 매우 중요하기 때문에 별도로 결함이 없는 것으로 확인된 부품으로 장착하고, 장탈 된 엔진의 마운트 부품은 엔진과 함께 공장으로 입고하여 위와 같은 검사 절차를 수행한다.

3 ㅣ 엔진 카울(Engine Cowling)

엔진 카울은 엔진과 엔진 액세서리에 접근할 수 있도록 부분별로 분리할 수 있는 일종의 카울 패널(cowl panel)로서 일반적으로 알루미늄 구조물로 만든다.

카울은 엔진을 둘러싸고 있는 덮개로서 정비 시에 열고, 닫을 수 있으며, 장탈·장착이 가능하며, 인넷 카울(Inlet Cowl), 팬 카울(Fan Cowl) 및 역추력장치(Thrust reverser) 등으로 구성되어 있다.

[그림 4-4] 엔진 카울(engine cowling)

3.1 인넷 카울(Inlet Cowl)

인넷 카울은 노즈 카울(nose cowl)이라고도 부르는데 엔진 팬 케이스 전방 플랜지에 장착되어 있으며, 부드럽고 충분한 공기흐름이 엔진으로 유입되도록 제어하고, 나셀 외부표면으로 공기흐름을 부드럽게 해 준다.

인넷 카울의 안쪽 표면은 흡음재(acoustic materials)를 사용하여 엔진 소음을 줄여주고, 카울의 앞쪽 가장자리(cowl lip)는 엔진 블리드 공기를 사용하여 엔진을 방빙(engine anti-icing)하기 위한 방빙 덕트(anti-icing duct)가 내장되어 있다.

인넷 카울에는 지상에서 조종실과 통화할 수 있는 인터폰 잭이 있으며, 엔진으로 유입되는 공기 온도를 측정할 수 있는 T12 프로브(probe)가 통합되어 있다.

3.2 팬 카울(Fan Cowl)

팬 카울은 인넷 카울(inlet cowl)과 역추력장치 카울(thrust reverser cowl) 사이의 엔진 팬 케이스(fan case) 주변에 장착된다.

팬 카울은 엔진 스트럿(engine strut) 또는 파일론(pylon)에 장착되고 정비를 위해 열고, 닫는 것이 가능하다. 좌·우측 각각의 팬 카울은 정비를 위해 팬 카울을 열린 위치에서 두 개의 홀드 오픈 로드(hold open rod)에 의해 고정된다. 팬 카울 걸쇠(latch)는 좌·우측 팬 카울을 닫힌 상태로 유지한다.

3.3 역추력장치(Thrust Reverser)[3]

역추력장치(thrust reverser)의 주요 기능은 항공기 착륙 시 속도를 감속시켜서 착륙거리를 줄이는 것이다.

역추력장치는 엔진 코어(engine core)를 공기 역학적 흐름 경로로 둘러싸고 팬 배출 공기(이차 공기흐름)의 팬 배기 덕트와 노즐 출구를 제공한다.

---

2 PWA 엔진 계열에서는 엔진 입구 압력과 온도를 측정할 수 있는 Pt2/Tt2 probe가 장착되어 있다.

3 본 장에서는 팬 역추력장치(fan thrust reverser)를 보여주고 있으며, 자세한 역추력장치에 대한 설명은 본서의 제17장. 배기 계통을 참조할 것.

제5장 엔진 공기 흡입구 덕트 (Engine Air Entrance Ducts)

일반적으로 공기를 흡입하는 엔진 입구인 공기 흡입구 덕트(air-inlet duct)는 엔진 부품이 아니라 기체 구조물인 나셀 부품으로 분류되지만, 엔진 전체의 성능 및 적정한 추력을 만들기 위하여 엔진에서 아주 중요하다. 특히 가스터빈엔진은 왕복엔진보다 월등히 많은 공기가 필요하므로 공기가 들어가는 입구가 엔진의 추력에 상응하여 크다.

[그림 5-1] 터빈엔진 흡입구(turbine engine inlet)

터보팬 엔진에서 높은 공기흐름에서도 원활한 공기흐름이 가능하게 하려면 덕트는 당연히 직선으로 디자인되어야 한다. 덕트 흡입구의 선택은 항공기 운항을 위해 설계된 속도, 고도, 자세와 항공기 엔진의 위치에 따라 결정된다.

비효율적인 흡입구 덕트(inlet duct)는 다른 엔진 부품들의 성능에 막대한 부담을 줄 수 있다. 즉, 공기흐름이 일정하지 않을 경우, 압축기 실속(stall)이나, 터빈 내부 온도가 과도하게 상승하는 경향이 있다.

공기 흡입구는 압축기로 공기가 유입될 때 발생하는 항력이나 램 압력에 의한 에너지의 손실이 최소치가 되도록 설계되어야 한다. 즉 압축기로 들어가는 공기의 흐름은 최대의 작동효율을 얻을 수 있도록 난류(turbulence)가 없어야 한다.

엔진을 통과하여 지나가는 공기의 양은 다음 세 가지 요소에 달려있다.

- 압축기 회전 속도(RPM)
- 항공기 전진 속도(forward speed)
- 대기(주위의 공기) 밀도(density)

1 아음속 흡입구(Subsonic Inlets)

사업용과 상업용 제트기에서 볼 수 있는 흡입구 덕트는 고정된 형태이고 확산형이다. 확산형 덕트(diverging duct)는 [그림 5-2]와 같이 앞에서 뒤로 갈수록 안지름이 점차 커진다. 이 덕트는 흡입구 디퓨저(inlet diffuser) 라고도 부르는데 이것은 압력에 대한 흡입구의 영향 때문이다.

공기 역학적인 형상의 흡입구로 대기압력(ambiente pressure)의 공기가 들어가면, 압축기에 도달할 때는 대기보다 압력이 약간 증가한다.

항공기가 원하는 순항속도에 이르면 흡입구의 압력증가는 공기 유량을 증가시킨다. 여기서 압축기는 공기역학적설계점에 도달하게 되고 최적 압축과 최상의 경제 연료 상태에 이른다. 이 점에서 흡입구, 압축기, 연소기, 터빈, 테일 파이프(tailpipe)는 서로 조화(matching)가 되도록 설계된다.

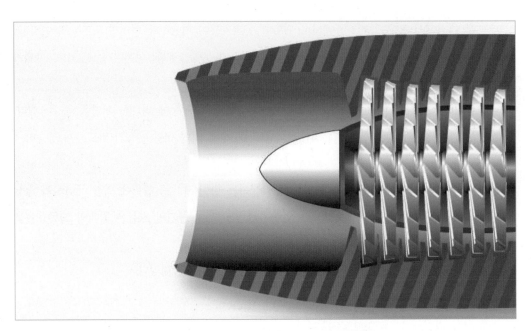

[그림 5-2] 디퓨저 역할을 하는 아음속 흡입 덕트

[그림 5-3] 터보팬 엔진 공기 흡입구(CFM56-7엔진)

어느 한 부분이라도 조화가 안 되면 어떤 경우라도 엔진 성능에 영향을 미칠 것이다. 터보팬 흡입구는 공기흐름 일부만 엔진으로 유도하고 나머지는 팬으로 지나간다는 것만 제외하고 터보제트의 설계와 유사하다.

2 | 램(Ram) 압력회복

가스터빈엔진이 지상에서 작동할 때, 고속의 공기흐름으로 인해 흡입구 내에 부압(negative pressure)이 생긴다. 그러나 항공기가 전진하면 램 공기가 흡입구로 들어와서 압력을 증가시키게 된다. 이러한 램 압력의 증가는 어떠한 속도에서도 흡입구 내부 압력이 낮아지는 것을 억제하여

흡입구 립
(intake lip)

[그림 5-4] 피토 형 흡입구(pitot-type intake)

입구 압력을 대기압력으로 돌아오게 한다. 즉, 흡입 덕트로 들어가는 램 공기의 밀도가 증가하기 때문에 일어나는 현상으로서 램 회복(ram recovery)이라고 한다.

비행 중에 항공기 속도가 더 빨라지면 흡입구는 더 큰 램 압축을 발생시키고, 엔진은 이 점을 이용해서 압축기의 압축비를 증가시켜서 보다 적은 연료를 소비하여 더 많은 추력을 얻게 된다.

아음속이나 낮은 초음속으로 비행하는 항공기의 터보제트 엔진에 적합한 이상적인 공기 흡입구는 램 효과를 극대화할 수 있도록 짧은 피토-유형(pitot-type)의 원형 흡입 덕트[그림 5-4]를 사용한다. 그러나 초음속에 도달되면 흡입구 립(intake lip)에서 충격파가 발생하여 효율이 떨어지기 시작한다.

3 | 초음속 흡입구(Supersonic Inlets)

3.1 고정형 수축-확산형 흡입구

군용기의 분리된 입구는 표면 마찰로 인한 압력 저하가 작도록 매우 짧은 덕트 사용을 허용하고 있다. 군용기는 마하 1 이상의 속도에서 비행할 수 있지만, 엔진에서의 초음속 공기흐름은 엔진을 파손시킬 수 있으므로 엔진을 통과하는 공기흐름은 항상 마하 1 이하가 되도록 하여야 한다.

수축형(convergent)-확산형(divergent) 덕트를 사용함으로써, 공기흐름은 엔진에 들어가기 전에 아음속으로 떨어지도록 조절된다. 초음속 흡입구는 공기가 엔진으로 들어가기 전에 마하 1보다 느려진 공기가 엔진에 천천히 유입되도록 한다.

수축-확산형(고정 또는 가변형) 흡입 덕트는 모든 초음속기에 필요하다. 예를 들어 초음속 여객기는 항공기 속도에 상관없이 엔진 압축기 입구에서 아음속으로 속도가 느려지는 형상의 입구를 갖고 있다. 회전하는 에어포일의 충격과 축적을 없애려면 압축기로 아음속 흐름이 들어가도록 함으로써 압축 과정을 순조롭게 한다.

고정된 형태(non-adjustable)의 수축-확산형(C-D) 덕트에서의 초음속 공기흐름은 공기 압축으로 느려지며 목 부분(throat area)에서 충격파를 형성한다. 일단 마하 1로 낮아지면, 공기흐름은 아음

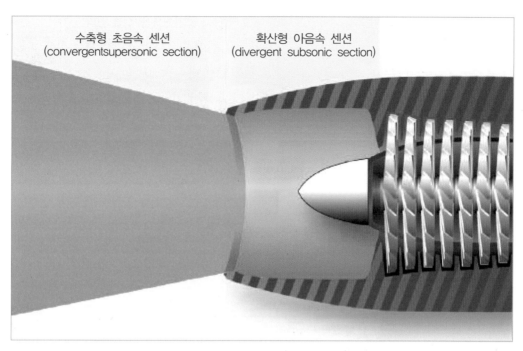

수축형 초음속 센션
(convergentsupersonic section)

확산형 아음속 센션
(divergent subsonic section)

[그림 5-5] 흡입 덕트의 뒤쪽 부분은 아음속 디퓨저로 작동

속 디퓨저 부분에서 엔진 압축기로 들어가기 전에 속도는 더 줄어들고 압력은 증가한다.

마하 2 정도로 설계된 일부 군용기는 이 형식의 흡입구를 사용한다.

3.2 가변형 수축–확산형 초음속 흡입구

초음속 디퓨저형 흡입구는 공기속도를 줄이는 충격파를 형성하고, 이륙에서 순항까지의 다양한 조건에 맞게 가변 C-D 모양을 만든다. 공기속도는 마지막 충격파의 뒤에서 거의 마하 0.8로 떨어지고, 다시 확산으로 마하 0.5가 된다.

[그림 5-6(A)]는 높은 순항 충격파 상태에서의 가변형 흡입구(variable-geometry inlet duct)를 보여주고 있다. 또한 움직이는 스파이크(movable spike)가 전방 위치에서 더 큰 C-D 효과를 만들어 내는 것을 보여준다.

[그림 5-6(B)]는 움직이는 쐐기형(movable wedge)으로, 수축, 확산과 유사한 기능을 하고, 충격파를 만들어 준다. 이것은 또한 스필 밸브(spill valve)가 있어 고속에서 원치 않는 램 공기는 밖으

로 버린다. 많은 고성능 항공기는 순항속도에서 필요 이상의 공기흐름을 갖고 있다.

[그림 5-6(C)]는 또 다른 초음속 흡입구로, 움직이는 플러그(movable plug)를 갖고 있다. 특히, 매우 높은 속도의 비행에서, 흡입구는 램 효과로 인해 너무 많은 공기를 받는다. 이 흡입구는 공기흐름이 엔진으로 들어가기 전에 아음속 속도로 낮춰서 충격 형성을 조절할 뿐만 아니라, 흡입구로의 공기흐름을 제한한다.

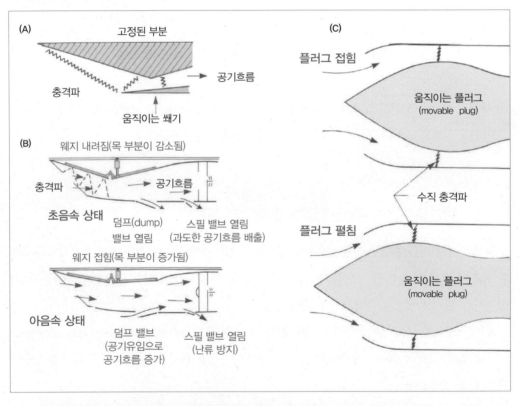

[그림 5–6] (A) 가변형 수축 – 확산형 초음속 흡입구 – 이동식 스파이크(variable geometry convergent–divergent supersonic inlet–movable spike). (B) 가변 목 면적 흡입구(variable throat area inlet), (C) 이동식 플러그 삽입(movable plug insert)

3.3 분할 입구 덕트(Divided-Entrance Duct)

고속이 요구되고 하나 혹은 두 개의 엔진을 장착한 군용기는 조종석이 앞부분(nose) 동체 아래에 있으므로, 현대 항공기에서 잘 사용되지 않는 옛 형태인 단일입구(single-entrance) 덕트를 사용하기보다는 동체의 양쪽 옆 또는 좌우 날개 근저(wing-root inlet)로부터 공기를 취하는 분할 흡입구(scoop)를 적용한다[그림 5-7]. 하지만 두 형태 모두 단일입구 덕트보다는 항력이 커서 항공기 설계에 어려움이 따른다. 내부적으로는 단일입구 덕트에서 당면했던 것과 똑같은 문제에 부딪히게 되기 때문에 필요한 길이의 덕트를 만들면서 굴곡을 최소한으로 줄여야 한다.

동체 양쪽의 흡입구 형태가 일부 전투기에서 사용되고 있는데, 이러한 사이드(side) 흡입구는 단일입구 덕트의 특성을 살리고 압축기 입구로 점진적인 곡선 모양을 주기 위하여 가능한 한 앞쪽에 있다. 흡입공기의 와류를 방지하고 들어오는 공기를 바르게 해 주기 위하여 사이드 흡입구 입구에 가변 베인(turning vane)을 적용하기도 한다.

[그림 5-7] 분할 흡입 덕트(divided-entrance duct)

4 벨 마우스 흡입구(Bellmouth Inlets)

벨 마우스 흡입구는 수축형으로 헬리콥터와 램 회복 속도 이하로 비행하는 저속의 항공기와 엔진 성능시험을 시행하는 시 운전실(test cell)에서 사용하고 있다.

벨 마우스는 공기 역학적 고효율을 얻기 위하여 설계되며, 그 흡입구는 공기 저항성이 없도록 둥근 벨 모양을 하고 있다[그림 5-8]. 덕트 손실은 미미하여 제로로 간주 된다. 그러므로 항공기 흡입구 덕트에 장착할 때의 손실과 같은 문제없이 엔진이 작동된다.

정격추력(rated thrust) 또는 연료소모율 같은 엔진 성능 데이터는 벨 마우스 흡입구를 사용하여 얻을 수 있다.

때때로 이물질 흡입 방지 스크린(anti-ingestion screen)이 함께 장착된다. 이 경우 공기가 스크린을 지날 때 효율이 저하되므로 매우 정확한 엔진 데이터를 얻기 위해서는 이러한 사실을 고려해야 한다.

[그림 5-8] 스크린을 장착한 벨 마우스 압축기 흡입구와 시운전 중인 엔진의 벨 마우스 흡입구

5 흡입구 스크린(Inlet Screen)

대형 터보팬 엔진보다 상대적으로 작은 규모인 터보프롭 및 터보 샤프트 엔진들은 완전히 다른 모양의 공기흐름이 적은 흡입구로 구성되어 있으며, 대체로 터보프롭, 보조동력장치(APU) 및 터보 샤프트 엔진들은 외부물질의 유입으로 인한 피해(FOD)를 방지하기 위하여 스크린(screen) 형태의 흡입구를 사용한다.

터보프롭과 터보 샤프트는 엔진으로 들어가는 얼음이나 파편을 걸러내는 필터링 효과를 도와주기 위해 인넷 스크린(inlet screen)을 사용할 수 있다. 디플렉터 베인(deflector vane)을 사용하고 흡입구 테두리(lip)를 가열하는 것은 얼음이 생성되는 것을 방지하여 얼음조각이 엔진으로 들어가는 것을 막기 위한 것이다.

5.1 압축기 흡입구 스크린(Compressor Inlet Screens)

엔진 흡입구로 쉽게 빨려 들어가는 이물질 흡입을 방지하기 위하여 흡입구 스크린(inlet screen)을 설치하기도 한다. 흡입구 스크린이 갖는 장단점을 살펴보면, 축류 형 압축기에 알루미늄 블레이드를 장착하고 있는 경우는 내부가 쉽게 손상되기 때문에 흡입구 스크린은 필수적이다. 그러나 스크린은 흡입구 덕트의 압력을 다소 감소시키고 결빙되기 매우 쉬우며 피로 결함이 문제가 될 수 있다. 때때로 흡입구 스크린에 결함이 발생하면 스크린을 장착하지 않았을 때보다 더 심한 손

[그림 5-9] 스크린을 장착한 헬리콥터 엔진과 보조동력장치(APU)

상을 입히는 원인이 되기도 한다.

어떤 경우에는 스크린을 장탈할 수 있게 만들어 이륙 후 또는 결빙 상태를 벗어났을 때 제거하게 할 수도 있다. 그러한 스크린은 기계적인 고장이 나기 쉽고 중량이나 부피 등으로 인한 장착 상의 문제점이 있다. 쉽게 손상되지 않는 철이나 티타늄으로 만든 압축기 블레이드(blade)를 장착한 대형 엔진에서

[그림 5-10] J47 엔진 스크린 섹터(screen sector)

는 장점보다는 단점이 더욱 많으므로 일반적으로 흡입구 스크린(inlet screen)을 사용하지 않는다.

5.2 이물질 분리기

외부의 이물질이 들어오는 것을 막기 위해 항공기에 스크린을 설치할 때는, 흡입구 덕트나 엔진 압축기 흡입구의 외부 또는 내부에 설치해야 한다.

엔진 작동 중에 모래 혹은 얼음조각 등을 제거하여 엔진으로 유입되지 않도록 분리기를 장착한 항공기도 있다.

[그림 5-11]과 같은 모래와 이물질 분리기의 흡입 부분은 모래 입자와 다른 작은 파편들이 원심하중에 의해 침전 트랩(sediment trap)으로 바로 보내지도록 한다.

모래와 얼음 분리기의 다른 형태가 [그림 5-12]에 나타나 있다. 이 장치는 움직이는 베인(movable vane)이 흡입구 공기흐름 안쪽으로 나와 있다. 이것이 엔진 흡입구 공기의 방향을 급전환 시켜서 모래나 얼음 입자가 그들의 보다 큰 운동량으로 인해 밑으로 빠져나가게 한다. 이 베인은 조종실에서 조종핸들로 작동된다.

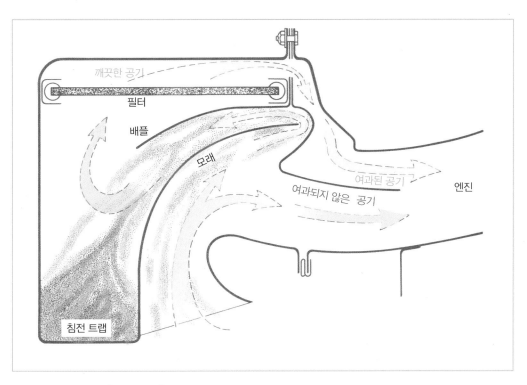

[그림 5-11] 터빈으로 구동되는 헬리콥터의 모래와 이물질 분리기

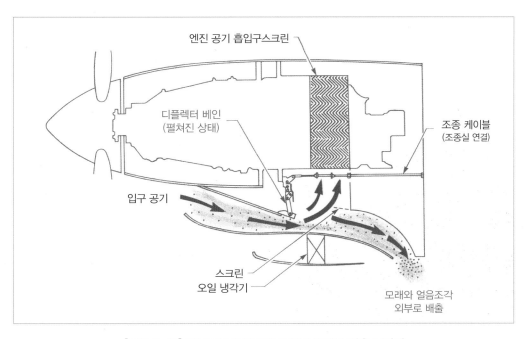

[그림 5-12] 터보프롭 항공기에 장착된 모래와 얼음 분리기

6 엔진 흡입구 와류 분산기(Engine Inlet Vortex Dissipater)

일부 가스터빈엔진 흡입구는 지상과 항공기 흡입구 사이에 와류를 형성한다. 이 와류가 만드는 흡입(suction)은 물, 모래, 작은 돌멩이, 너트, 볼트 등을 지상에서 끌어올릴 만큼 강해서, 이것이 곧바로 엔진으로 들어가면, 압축기 침식과 손상을 일으킨다.

이런 문제는 날개의 포드(pod)에 장착된 엔진에서 자주 발생하는데, 이것은 많은 최신의 고 바이패스 터보팬에서 볼 수 있듯이 지상과 엔진 사이의 거리가 매우 가깝기 때문이다. 이 문제를 해결하기 위해 '와류 분산기(voltex dissipater)' 또는 'blow-away jet'를 설치한다.

와류를 분산시키기 위해 [그림 5-13]과 같이 압축기 방출 공기(compressor discharge air)의 작은 제트(jet)가 엔진 카울(engine cowl)의 아래쪽에 있는 방출 노즐(discharge nozzle)에서 흡입구 아래의 지면을 향해 쏘아준다.

이 시스템은 일반적으로 착륙장치(landing gear) 스위치에 의해 작동되는데, 이것은 엔진이 작동하면서 주 착륙장치(main landing gear)에 중량이 있을 때 엔진 압축기 블리드 포트(bleed port)와 분산기 노즐(dissipater nozzle) 사이의 밸브를 연다.

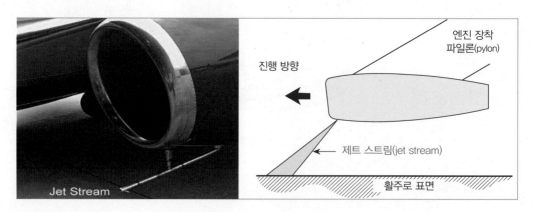

[그림 5-13] 와류 분산기 작동

7 흡입구 안내 베인(Inlet Guide Vane) 공기 흡입구

엔진 본체의 최전방 부분에서 압축기로 흡입 공기가 통과하는 부분을 공기 흡입구 부분(air inlet section)이라 부른다. 이 공기 흡입구 부분은 보통 에어포일 단면을 한 다수의 흡입구 안내 베인(inlet guide vane)을 가진 공기 흡입구 케이스(air inlet case)로 구성되어 있다.

흡입구 안내 베인은 [그림 5-14]와 같은 고정식과 흡입 공기의 유입속도(압축기의 회전 속도)에 맞게 장착 각이 변하는 가변 스테이터 식(variable stator type)이 있지만, 어느 쪽이든 압축기로 유입된 공기가 최적의 유입 각도를 갖도록 설계되어 있다. 그리고 엔진 본체에서 이 공기 흡입구 부분이 가장 결빙되기 쉬우므로 일반적으로 압축기에서 뽑아낸 브리드 고온 공기를 중공 구조의 흡입구 안내 베인 내부로 흘러 들어가도록 되어있다.

보통의 경우, 공기 흡입구 케이스의 내부는 메인 베어링을 구성하고 있고 압축기 로터 축의 전단 부분을 지지하는 역할도 겸하고 있다.

공기 흡입구 케이스는 티타늄 합금으로 된 용접 구조가 많이 이용되고 있다.

최근의 고 바이패스비 터보팬 엔진에는 엔진 흡기 소음의 감소 및 엔진 중량의 경감 때문에 흡입구 안내 베인이 없는 구조가 일반화되어 있다.

흡입구 안내 베인(IGV)

[그림 5-14] 엔진 공기 흡입구 안내 베인(inlet guide vane)

8 터보프롭 및 터보 샤프트 엔진 압축기 흡입구 (Compressor Inlets)

터보프롭엔진 흡입구는 프로펠러 구동축, 허브(hub), 스피너(spinner) 등을 추가로 고려해야 하므로 다른 가스터빈엔진보다 더 어렵다.

덕트 배열은 공기흐름과 공기 역학적 특성의 관점에서 보면 터보프롭엔진의 흡입구가 가장 좋은 디자인으로 알려져 있다.

터보프롭엔진 대부분은 흡입구 앞(lip)부분에 전기적 요소를 사용하여 방빙 처리를 한다.

엔진의 흡입구까지 공기흐름을 보내는 것이 덕트이며, 흡입구로 들어오는 얼음을 막거나 이물질이 못 들어오게 하는 데 디플렉터 도어(deflector door)가 사용되고, 공기는 스크린을 통과하여 엔진으로 들어간다.

터보프롭 및 터보팬 엔진의 입구에 얼음이 생겨 커지는 것을 방지하기 위하여 원뿔형의 스피너(spinner)가 사용된다. 이러한 경우에 흡입구 덕트와 스피너는 엔진의 운용 및 성능에 매우 중요한 역할을 한다.

[그림 5-15] 터보프롭엔진 흡입 덕트와 디플렉터 도어(deflector doors)

9 터보팬 엔진 흡입구(Turbofan Engine Inlet Sections)

터보팬 엔진의 인넷 카울(inlet cowl)은 엔진의 지상 작동 및 비행 중에 팬으로 들어가는 공기흐름 속도를 감속시켜서 엔진으로 원활한 공기흐름을 제공해준다.

고 바이패스 터보팬 엔진은 일반적으로 압축기의 앞쪽 끝에 팬이 장착되며, 인넷 카울은 엔진 전방(flange 'A')에 볼트로 장착된다.

카울의 안쪽은 알루미늄/벌집형(aluminum/honeycomb) 구조의 흡음판(acoustic panel)으로 되어 있어 카울의 무게를 줄이면서 소음을 감소시켜주고 있다. 인넷 카울의 상부에는 엔진의 입구 압

흡음판
(acoustic panel)

P2/T2 프로브

고무 스트립
(rub strip)

팬 블레이드

인넷 콘
(inlet cone)

카울 립(lip)

[그림 5-16] 고 바이패스 터보팬 엔진 인넷 카울(inlet cowl)

력과 온도를 측정하는 P2/T2 프로브가 장착되어 있으며, 하부에는 조종실과 통신을 위한 인터폰 잭이 설치되어 있다.

최신 터보팬 엔진의 거대한 팬은 유입되는 공기가 접촉되는 항공기의 첫 부분이므로, 결빙 방지 장치가 반드시 마련되어야 한다.

방빙을 위하여 엔진 압축기 내부에서 추출된 뜨거운 블리드 공기(bleed air)가 흡입구 립(lip)의 내부를 순환한다. 이것은 흡입구 앞전(leading edge)에 얼음이 생성되어 엔진으로 유입되는 것을 방지한다.

팬 허브(fan hub) 또는 스피너는 따뜻한 공기로 가열되거나 앞서 언급한 것처럼 원뿔형으로 되어있다.

팬 블레이드 끝단 근처 흡입구 내부는 갑작스러운 움직임으로 짧은 시간 동안 팬 블레이드가 끝단에 닿아 마찰하더라도 문제가 없도록 마모될 수 있는 고무 스트립(rub-strip)으로 되어있다.

압축기(Compressor)

제6장

가스터빈엔진의 압축기 부분은 많은 기능이 있다.

첫째 기능은 연소실에서 요구하는 충분한 양의 공기를 공급하는 것이다. 특히 그 목적을 충분히 달성하기 위해서는 공기 흡입구 덕트로부터 많은 양의 공기를 받고, 받은 공기에 압력을 증가시켜서 필요한 양과 압력으로 연소실에 보내주어야 한다.

둘째는 엔진과 항공기에 여러 가지 목적을 위하여 블리드 공기(bleed Air)를 공급하는 것이다. 블리드에어는 엔진의 여러 압력단계에서 뽑아내서 쓸 수 있다. 물론, 블리드 배출구의 정확한 위치는 특수한 작업을 수행하기 위한 압력과 온도에 따라 달라진다.

압축기의 일반적인 필요조건으로는 대량의 공기를 처리할 수 있어야 하며, 높은 압력비를 얻을 수 있어야 하고, 안정 작동범위가 넓고 효율이 높아야 한다. 또한, 이 물질에 의한 손상(FOD)이 적어야 하며, 제작이 쉽고 가격이 저렴하여야 한다.

현재 터빈엔진에서 사용되고 있는 압축기의 중요한 형식은 원심식(centrifugal flow)과 축류식(axial flow)이다.

원심식은 원심 압축기로 유입되는 공기를 취해서 원심력으로 공기를 바깥 방향(outward)으로 가속해서 목적을 달성시키는 반면, 축류 압축기의 공기는 원래의 들어온 방향으로 계속해서 흘러가는 동안에 압축되므로, 회전 때문에 발생하는 에너지 손실을 방지할 수 있다.

1 원심 압축기[Centrifugal Compressor]

방사형 외부 흐름 압축기(radial outflow compressor)로도 불리는 원심 압축기는 가스터빈 보조동력장치(gas turbine auxiliary power unit)와 같은 소형엔진에 주로 사용되고 있다.

원심 압축기는 [그림 6-1]과 같이 임펠러(impeller), 디퓨저(diffuser) 및 매니폴드(manifold)로 구성되어 있으며, 원심력을 이용하여 공기를 압축시킨다.

알루미늄 합금 주물로 만들어진 임펠러는 고속으로 회전하면서 임펠러의 중심(hub) 근처의 공기 흡입구로부터 공기를 흡입하여 회전에 의한 원심력을 이용하여 바깥으로 밀어내면서 속도를 증가시켜 디퓨저 부분으로 보내준다.

디퓨저는 다수의 베인(vane)으로 되어 매니폴드로의 확산 통로(divergent passage)를 만들어 주는 원통의 공간(annular chamber)이다. 디퓨저 베인(diffuser vane)은 임펠러에 의하여 최대 에너지가 전달되도록 설계된 각도로 매니폴드에 공기를 직선으로 보낸다.

압축기 매니폴드는 내부 부품인 디퓨저로부터 공기흐름을 연소실로 보내준다. 매니폴드는 공기가 균일하게 나누어지도록 연소실마다 한 개씩의 출구를 갖고 있다.

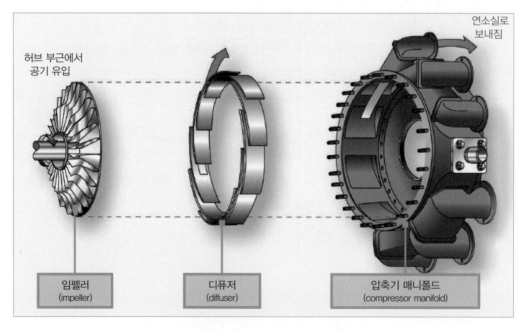

[그림 6-1] 원심 압축기의 주요 구성품

압축기 출구 엘보는 각각의 출구에 볼트로 고정되어 있다. 이러한 공기 배출구는 덕트 모양으로 되어있고 공기 출구 덕트(air outlet duct), 출구 엘보(outlet elbows), 또는 연소실 흡입 덕트(inlet duct) 등과 같이 여러 이름으로 불린다. 사용되는 용어의 정의와 관계없이, 이 출구 덕트는 확산 과정에 있어서 매우 중요한 역할을 한다. 즉 확산 과정이 끝난 곳에서 방사 방향(radial direction) 흐름의 공기를 축 방향(axial direction)으로 바꾸어 준다.

출구 엘보의 효율이 좋은 상태에서 기능을 수행할 수 있도록 회전 베인(turning vane)이나 캐스케이드 베인(cascade vane)을 때때로 엘보 안에 장착하는 경우가 있다. [그림 6-2]에서 보는 것과 같이, 이들 베인은 방향 전환을 매끄럽게 만들어 공기압의 손실을 줄여준다.

공기를 받아서 디퓨저 바깥쪽으로 가속하는 기능을 가진 임펠러는 단면 흡입식(single entry type)과 양면 흡입식(double entry type)의 두 가지가 있다. 이 두 가지 형식 사이의 주요한 차이점은 임펠러 크기와 덕트 구조 배열이다. 양면 흡입식은 작은 직경을 갖고 있지만, 충분한 공기흐름을 위하여 더 빠른 회전 속도로 작동된다.

[그림 6-3]과 같이 단면 흡입식 임펠러 중심(impeller eye) 또는 유도 베인(inducer vane)에 직선으로 덕트 구조를 쉽게 배열할 수 있지만, 반대로 양면 흡입식은 후방 부분 공기흐름을 좋게 하려고 더 복잡한 덕트 구조를 갖는다. 비록 단면 흡입식은 공기를 받아들이는 데 조금은 효율적이

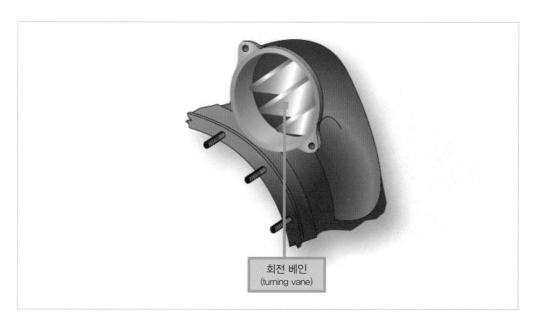

회전 베인
(turning vane)

[그림 6-2] 공기 출구 엘보(air outlet elbow)

지만, 양면 흡입식과 같은 양의 많은 공기를 보내기 위해서는 직경이 커져야만 한다. 물론, 이러한 것은 엔진의 전체적인 직경을 증가시키게 된다.

양면 흡입 압축기의 엔진에는 덕트 구조에 속하는 공기실(plenum chamber)이 있다. 이 공기실은 양면 흡입 압축기에 있어서 공기가 엔진 축에 대하여 거의 직각으로 들어가게 하려면 반드시 필요하다. 그러므로 좋은 흐름을 주기 위해서는 압축기에 들어가기 전에 정상적인 압력의 공기가 엔진 압축기를 둘러싸고 있어야 한다. 공기실에 필요한 것으로 때때로 보조 공기 흡입 도어(air-intake door)나 블로우인-도어(blow-in door)가 쓰인다.

지상에서 엔진을 작동하는 동안에 엔진에서 공기 흡입구로 들어오는 공기흐름보다 더 많은 공기량이 있어야 하는 경우, 블로우인-도어를 통해서 엔진 내부로 공기가 들어가게 한다. 엔진을 작동하지 않을 때는 스프링 작용으로 공기 흡입 도어는 닫히게 되어있다. 그렇지만 작동하는 동안은 엔진 내부의 압력이 대기압보다 떨어질 때는 언제든지 자동으로 열린다. 이륙 또는 비행하는 동안에는 엔진 내부에 있는 램 공기압은 도어가 스프링 힘으로 닫혀 있도록 도와준다.

원심 압축기는 단(stage)당 압력비가 4 정도로 효율이 높아서 안정 작동범위가 넓고 견고하며 이물질의 흡입에도 강하고, 제작이 쉽고 가격이 싸기 때문에 제트 엔진의 개발 초기에는 상당히 널리 사용되었다.

원심 압축기의 문제점으로는 고압력을 얻을 때 다단화와 구조의 복잡성 때문에 2단 이상이 곤

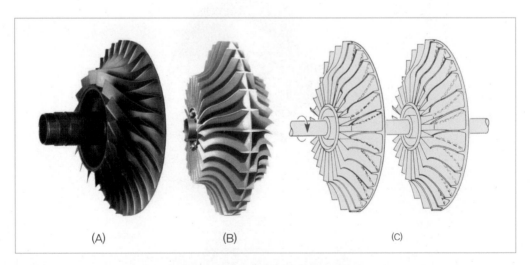

[그림 6-3] 원심 압축기의 임펠러 유형.
(A) 단면 흡입식, (B) 양면 흡입식, (C) 이단(two-stage) 단면 원심식 압축기

란하여 대량의 공기를 처리할 수 없으며 전면 면적이 커서 항력이 증가한다. 즉 대형화할 수 없는 점 등의 결점을 갖기 때문에 최근의 고출력, 고성능 엔진에는 거의 사용되지 않고, 단지 소형의 터보프롭엔진(turbo-prop engine)과 터보 샤프트 엔진(turbo-shaft engine), 보조 동력 장치(APU) 등의 일부에 사용되고 있다.

축류 형 압축기와 비교 시 원심 압축기의 장단점은 〈표 6-1〉과 같다.

〈표 6-1〉 원심식 압축기의 장단점

장점	단점
• 단당 압축비가 높다. ☞ 1단은 5~10:1, 2단은 15:1 정도 • 넓은 회전 속도 범위에서 효율이 높고, 안정하다. • 구조가 간단하고 제작비용이 저렴하다. • 무게가 가볍고 시동 동력(starting power)이 낮다. • 구조가 견고하여 외부 이물질에 의한 손상(FOD)에 대한 저항력이 강하다.	• 높은 압축비를 얻을 수 없다. • 유량 당 전면면적(frontal area)이 크다. • 2단 이상은 효율 저하로 실용적이지 못하다. • 많은 공기량을 처리할 수 없다.

2 축류 압축기[Axial Flow Compressor]

    축류 압축기는 [그림 6-4]와 같이 로터(rotor)와 스테이터(stator) 2개의 중요한 부분으로 구성되어 있다. 로터는 디스크(disk)와 블레이드(blade) 세트로 구성되며, 디스크의 원주 면에 다수의 로터 블레이드(rotor blade)와 결합하여 있다. 이 디스크는 축 방향으로 배열되어 있고, 디스크에 장착된 블레이드들은 공기 역학적인 작용으로 프로펠러(propeller)와 같은 방식으로 고속으로 회전하면서 공기를 후방으로 밀어 보낸다.

    유입되는 공기는 고속으로 회전하는 로터에서 가속되어 운동에너지를 공기로 전달하면 스테이터 베인에서 확산하여 운동에너지를 압력상승으로 변환한다. 즉, 로터의 역할은 터빈에서 전달되는 기계적 에너지를 사용하여 압력을 높이는 것이며, 스테이터 베인은 로터 블레이드 뒤쪽에 배치되어 고속으로 공기를 받고 디퓨저 역할을 하여 운동에너지를 압력에너지로 변환하는 것이다. 또한, 스테이터 베인은 알맞은 각도로 다음 압축 단계의 로터로 공기흐름을 보내주는 역할도 한다.

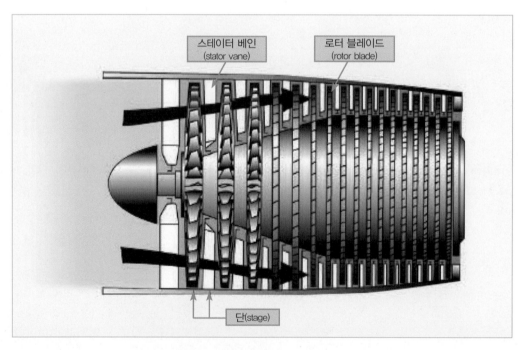

[그림 6-4] 축류 압축기(axial flow compressor) 구조

압력 단(pressure stage)은 연속적으로 배열된 로터 블레이드와 스테이터 베인(stator vane)의 한 쌍으로 구성한다. 축류 압축기에는 1열(row)의 로터와 1열의 스테이터를 합하여 1단(stage)이라 부르며, 단수를 증가시킴으로써 높은 압력을 얻을 수 있다.

블레이드 단(stage)의 수는 필요로 하는 공기량과 총 압력에 의해서 결정된다. 매우 높은 압축비를 가지고 있는 원심 압축기와 달리 축류 압축기의 단당 압축비는 대략 1.25에 불과하다. 그러므로 만족할 만한 압축비는 압축기의 단 수를 증가시켜 얻을 수 있다. 즉 단계가 많으면 많을수록 압축비는 높아지게 된다.

[그림 6-5]는 축류 압축기 내의 에어포일(airfoil)이 연속적으로 배열되어 저압력 공기가 고압력 영역으로 흘러 들어가는 캐스케이드 효과(cascade effect)를 보여주고 있다.

로터 블레이드와 스테이터 베인은 캐스케이드 구조로서 로터 블레이드의 높은 압력 지역의 공기가 스테이터 베인의 낮은 압력 지역으로 공급되며, 이는 베인의 앞전(leading edge)과 블레이드의 앞전(leading edge) 방향이 서로 반대이므로 펌핑(pumping) 현상이 발생 된다.

스테이터 베인의 높은 압력 공기는 다음 단의 로터 블레이드의 낮은 압력 구간으로 공급하며, 이러한 과정이 계속된다.

로터 블레이드 고압 및 저압 구간은 서로 혼합될 때 서로 상쇄될 수 있는 것처럼 보일 수 있지만 흐름 경로의 확산 형상의 캐스케이드 효과는 속도는 감소하면서 정적 압력이 증가한다.

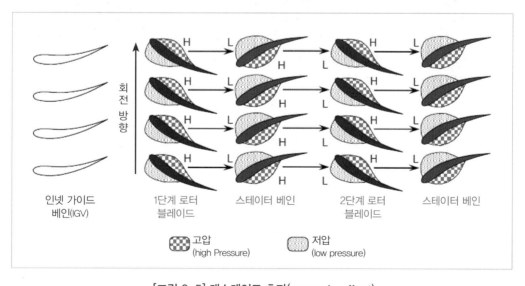

[그림 6-5] 캐스케이드 효과(cascade effect)

[그림 6-6]은 축류 압축기를 통하는 공기흐름의 압력과 속도 변화를 보여주고 있다.

축류 압축기는 먼저 공기를 가속한 다음 이를 확산시켜 압력증가를 얻음으로써 작동 유체를 압축한다. 유체는 일렬의 로터에 의해 가속되고 일렬의 스테이터에 의해 확산된다.

스테이터의 확산은 로터 블레이드에서 얻은 속도 증가를 압력 증가로 변환한다. 압력이 급격히 상승하더라도 속도는 상대적으로 일정하게 유지된다.

압축기 출구 속도는 연소실의 화염 안정성을 위해 압축기 진입 속도보다 낮다.

압축기의 후방으로 갈수록 로터 블레이드의 길이가 짧아지고 통로가 수축 테이퍼(taper) 형태로 좁아지는 것을 볼 수 있다. 이러한 유량 면적의 감소는 압축된 유체 밀도의 증가를 보상하여 일정한 축 속도를 허용한다.

대형 가스터빈에서는 안정적 운전이 가능하도록 단당 압력비를 낮춘다. 예를 들어, 단 당 압력비가 1.2일 경우 전체 압축기 압력비는 전체 단의 수를 곱하여 구할 수 있다.

축류 압축기는 대량의 공기를 처리할 수 있고 다단화가 쉬워서 고 압력비를 얻을 수 있으며, 또한 압축기 효율이 높은 점 등의 장점이 있어서 최근에는 모든 형식의 엔진에 사용되고 있다. 그러나 구조가 복잡해서 제작비가 비싸고 이물질의 흡입으로 블레이드가 손상을 받기 쉽고, 입구

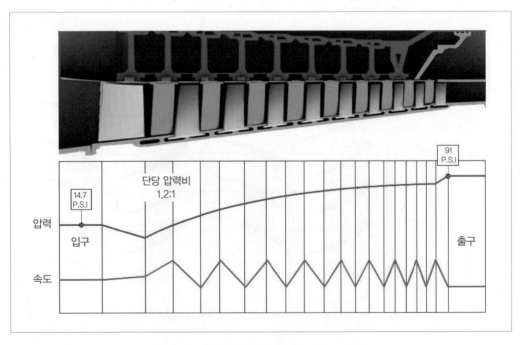

[그림 6-6] 축류 압축기의 압력과 속도 변화

와 출구 속도가 거의 같은 속도를 유지하여야 하는 설계 문제로 인해 단당 압력상승이 제한되는 등의 문제도 있다.

〈표 6-2〉는 원심 압축기와 비교 시 축류 압축기의 장단점을 보여주고 있다.

〈표 6-2〉 축류 압축기의 장단점

장점	단점
• 대량의 공기를 처리할 수 있다.	• 제작이 어렵고 비싸다.
• 다단화가 쉬우며 효율이 높다.	• 비교적 중량이 무겁다.
• 단(stage)을 추가하여 더 높은 압력이 가능하다.	• 높은 starting power가 요구된다.
• 전면면적(frontal area)이 작아 항력이 작다.	• 단당 압력상승이 낮다(약 1.25:1).

2.1 다축 압축기(Multi-Spool Compressor)

터보팬 엔진은 고 압축비, 급가속 및 압축기 실속 특성 개선 등의 운영상의 유연성을 위하여 2축(dual-spool)과 3축(triple-spool) 압축기를 사용하고 있다. 이러한 특성들은 단축 압축기에서는 불가능하다.

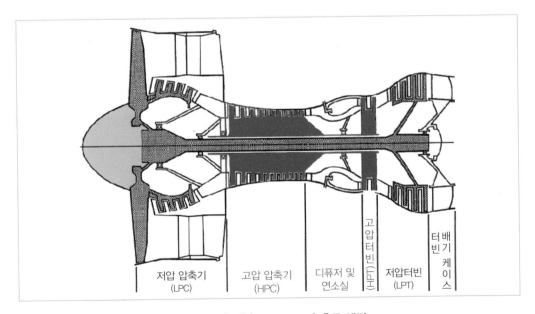

[그림 6-7] 2축(dual-spool) 축류 엔진

[그림 6-7]은 2축(dual-spool) 엔진을 보여주고 있다.

전방 압축기는 저압(low pressure), 저속 혹은 N_1 압축기(compressor)라고 부르며, 터빈 또한 같은 방식으로 부른다. 후방 압축기는 고압(high pressure), 고속 혹은 N_2 압축기라고 부른다.

팬을 포함한 저압 압축기(Low Pressure Compressor: LPC)는 저압터빈(Low Pressure Turbine: LPT)과 고압 압축기(High Pressure Compressor: HPC)는 고압터빈(High Pressure Turbine: HPT)과 각각 연결되어 독립적으로 회전한다.

3축(triple-spool)은 일부 고 바이패스 터보팬 엔진을 위해 개발되었다. [그림 6-8]과 같이 팬(fan)을 N_1 혹은 저속 압축기(low speed compressor), 다음의 압축기를 N_2 또는 중간 압축기(intermediate compressor)라고 하고, 가장 안쪽의 압축기는 고압 압축기 또는 N_3 압축기라고 부른다.

그러나, 축이 증가할수록 축류 압축기 전체의 고 압축비 및 효율이 높아지지만, 베어링의 증가에 따라서 베어링 구조가 복잡화되고 중량도 증가하므로 현재 사용되는 대부분의 터보팬 엔진은 2축 엔진(dual-spool engine)이 가장 많이 사용되고 있다.

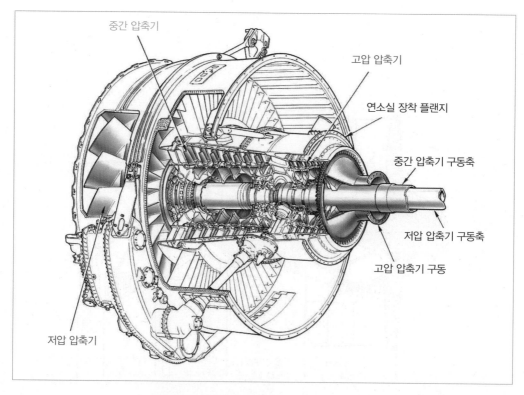

[그림 6-8] 3축(triple-spool) 축류 엔진

2.2 압축기 로터 블레이드(Compressor Rotor Blades)

로터는 회전체인 디스크(disk)와 주조로 만들어진 로터 블레이드로 구성되어 있다. 이러한 로터는 터빈 또는 터빈 단의 회전하는 회전축에 연결되어 함께 구동되는 압축기로서 로터 블레이드는 공기의 흐름을 직선으로 유도하는 역할을 한다.

축류 압축기에 사용되는 로터 블레이드는 다양한 형태의 붙임 각(angle of incidence)이나 비틀림(twisting) 형상을 가진 날개꼴(airfoil) 모양의 단면을 가지고 있다. 이러한 비틀림은 블레이드 반경에 따른 블레이드 속도 차이를 보상해준다. 회전축으로부터 멀리 떨어진 블레이드 끝단에서의 움직임은 더욱 빨라진다.

즉, 공기속도가 빨라지면 블레이드 표면을 따라서 흐르고 있던 공기가 블레이드 표면에서 박리하여, 난류가 되어 후방(오른쪽)으로 흐르면서 공기 저항이 커져 엔진의 효율을 떨어뜨리게 된다.

축류 압축기는 팬(fan)을 포함하여 일반적으로 10~18단으로 구성되어 있다. 길이가 긴 블레이드의 경우에는 [그림 6-10]과 같은 미드 스팬 슈라우드(mid-span shroud)가 장착되어 강한 기류에 의한 굽힘 작용에 대하여 블레이드를 서로 지지하게 하여 굽힘을 방지한다.

압축기 블레이드의 뿌리(root) 부분은 조립을 쉽게 하고, 진동을 흡수하기 위하여 압축기 디스

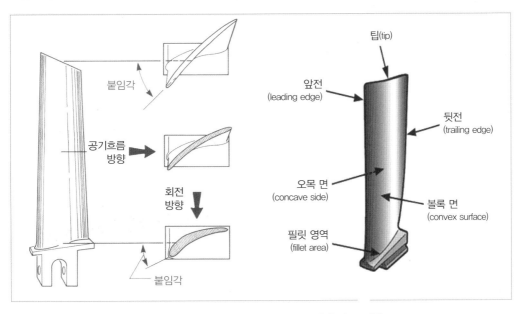

[그림 6-9] 압축기 블레이드의 비틀림과 각부 명칭

크(disk)에 느슨하게 고정하여 유격을 준다. 압축기 블레이드는 도브 테일(dovetail) 방식으로 장착하고 핀(pin)과 고정 탭(lock tab)이나 로커(locker)로 고정한다.

도브 테일 로크 방식은 [그림 6-11]과 같이 디스크의 축 방향에 같은 간격으로 가공한 도브 테일 모양의 홈에 도브 테일 모양으로 가공한 블레이드의 루트(root)를 끼워 넣고, 블레이드 로크(blade lock) 또는 블레이드 리테이너(blade retainer)를 사용해서 블레이드가 축 방향으로 이동하지 않도록 고정하는 방식으로 가장 일반적인 방식이다.

[그림 6-12]는 CFM56-7B 엔진의 드럼(drum) 형식의 디스크에 저압 압축기 로터 블레이드를 장착하는 방식을 보여주고 있다.

각 단은 하나의 로딩 슬롯(loading slot)과 고정 러그(locking lug)를 위치시키기 위한 2개의 작은 슬롯이 있다. 블레이드 루트(root)는 로딩 슬롯에 끼워져서 단이 다 찰 때까지 이동시키고, 마지막 단계에서 블레이드 측면이 파여진 4개의 블레이드를 고정 러그에 의해서 블레이드를 고정한다.

고정 러그는 블레이드가 슬롯을 따라

미드 스팬 슈라우드
(mid-span shroud)

[그림 6-10] 미드 스팬 블레이드(mid-span blade)

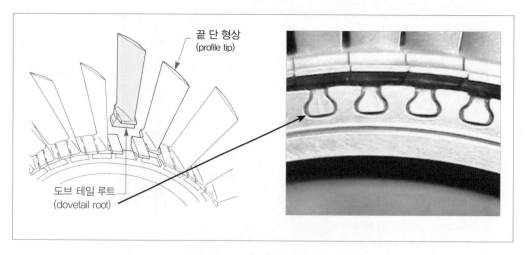

끝 단 형상
(profile tip)

도브 테일 루트
(dovetail root)

[그림 6-11] 압축기 블레이드 장착(도브 테일 방식)

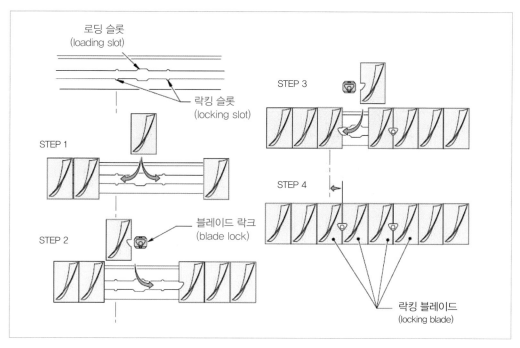

[그림 6-12] CFM56-7B 엔진 압축기 블레이드 장착

회전하는 것을 방지해주는데 고정 러그의 위치는 부스터의 정적 균형을 위해 단계별로 120° 간격으로 어긋나게 위치시켜야 한다.

압축기 블레이드의 구조 재료는 그 작동 온도에 맞추어서 저 압력 단(low pressure stage)에는 가볍고 견고한 티타늄 합금(titanium ally)이 사용되고 고압력 단(high pressure stage)에는 고온 강도가 우수한 스테인리스(stainless steel) 혹은 니켈 합금(nickel based alloy) 강이 사용된다.

2.3 블리스크(Blisk)

최근에 개발되어 운영 중인 GP7200 및 GEnx 엔진의 경우에는 고압 압축기 1단은 [그림 6-13]과 같이 블레이드와 디스크를 합체하여 하나의 부품으로서 제작하였으며, 블레이드와 디스크의 합성어인 블리스크(blisk)라고 부르고 있다.

기존의 터빈 압축기 블레이드는 디스크와 별도로 제조된 다음 블레이드의 뿌리는 압축기 디스크의 가공 슬롯에 기계적으로 함께 조립되었다. 따라서 각 블레이드와 디스크 사이가 분리되어

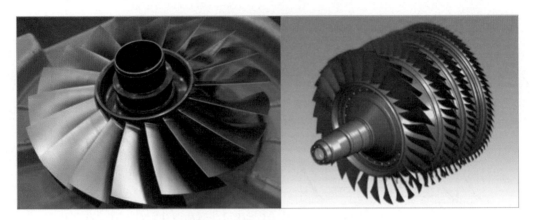

[그림 6-13] 블리스크 로터(blisk rotor)

디스크는 블레이드 루트의 무게를 지탱해야 하므로 무게가 무거워질 수밖에 없었다.

블리스크는 블레이드와 디스크를 단일 금속구조로 제작하여 블레이드는 디스크에 접합되어 부품 수가 적어져서 약 30% 정도의 무게를 감소할 수 있을 뿐만 아니라 외부에서 침입한 이물질에 의한 손상(FOD)에 대해서도 강한 장점이 있다. 또한, 디스크와 일체형으로 디스크 슬롯(도브 테일)의 마모가 없어서 높은 신뢰성을 기대할 수 있다.

2.4 압축기 스테이터 베인(Compressor Stator Vane)

스테이터 베인(stator vane) 역시 같은 모양의 날개 꼴(airfoil) 모양을 하고 있으므로 스테이터를 통과한 유입 공기도 같은 모양으로 압력상승을 얻는다. 또한 확산으로 감소한 유입 공기의 속도는 로터의 회전운동에 의해 회복된다. 이와 같이해서 각 단마다 압력상승이 누적되어 높은 압력상승을 얻게 된다.

이러한 스테이터 베인의 목적은 공기흐름의 방향을 변화시켜 로터 블레이드에 알맞은 각도로 유입시키고, 또한 압축기 로터 블레이드에 압축된 공기는 다음 단계의 스테이터 베인에 보내지므로 공기흐름의 와류(turbulence)를 최소로 하는 역할을 한다.

저압 부분의 스테이터 베인은 주로 알루미늄 합금 및 티타늄 합금(titanium alloy)이 사용되며, 온도와 압력이 함께 높은 고압이 작용하는 고압 부분에는 주로 스테인리스강(stainless steel)이나 니켈 합금강(nickel base alloys)이 사용되고 있다.

스테이터 베인은 고정식 스테이터 베인과 각도가 조절되는 가변식 스테이터 베인이 있으며, [그림 6-14]와 같이 압축기 케이스에 고정되거나, 스테이터 베인 리테이닝 링(retaining ring)에 의해 압축기에 고정된다. 끝부분에는 슈라우드(shrouds)가 장착되어 각각의 단계마다 발생하는 공기 흐름의 손실을 방지시킨다.

축류 형 터보제트 엔진의 흡입구 안내 베인(inlet guide vanes)은 압축기 첫 번째 단계에 있으면서 엔진의 작동 조건에 따라 적당한 각도로 변화하여 압축기로 들어가는 공기 흐름의 방향을 변화시키는 역할을 한다.

즉, 엔진 회전 속도가 낮은 속도에서 압축기 첫 번째 단계에 더 많은 양의 공기가 흘러 들어가면 후방 단계의 압축기가 그 처리를 하지 못하는 경향이 발생하고 이에 따라 압축기 실속(compressor stall)에 들어가게 되는 경향이 있으므로 흡입구 안내 베인의 각도가 변하여 엔진으로 들어가는 공기량을 조절하여 압축기 실속을 방지하여주는 역할을 한다.

[그림 6-15]에서 보는 것과 같이 하나의 축을 가진 터보제트 엔진에서의 높은 압축비를 얻기 위해서는 압축기 설계에 유도공기 흐름 제어가 필요하며, 이러한 방법은 1단계의 흡입구 안내 베인(inlet guide vanes)을 가변으로 설치하고, 그 뒤로 여러 단계의 스테이터 베인을 가변으로 만들게 되었다.

압축기 속도를 설계속도보다 감소시키기 위해서는 압축기 로터 블레이드(rotor blade)의 회전

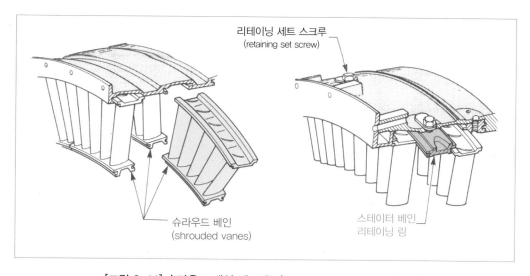

[그림 6-14] 슈라우드 베인 세그멘트(shrouded vane segments)

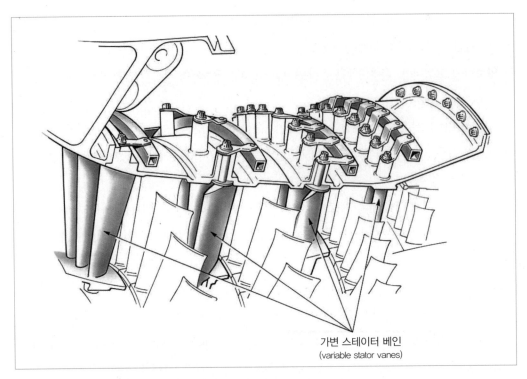

가변 스테이터 베인
(variable stator vanes)

[그림 6-15] 가변 스테이터 베인(variable stator vanes)

속도에 따라 받아들이는 공기흐름의 각도를 일정하게 유지하기 위해서 고정 베인은 닫히는 쪽으로 작동시킨다.

가변 스테이터 베인의 작동은 연료제어장치(FCU: Fuel Control Unit)가 압축기 입구 온도와 엔진속도의 신호를 받아 피치 각을 조절하여 이루어진다. 이렇게 작동되는 가변 스테이터 베인의 효과는 압축기 내부의 각각의 단계마다 공기흐름의 방향을 교정하여 압축기 실속을 방지하는 역할을 한다.

2.5 팬 압력비(Fan Pressure Ratio)

1단의 저 바이패스 팬(low by pass fan)의 팬 압축비(fan compression ratio)는 약 1.5:1이고, 고 바이패스 팬(high by pass fan)은 1.7:1 정도이다.

초기의 고 바이패스 엔진(팬 바이패스비가 4:1 이상)은 종횡비가 큰 블레이드로 설계되었다. 이는 길고 좁은 코드(narrow chord)의 형태이다.

그러나 최근에 개발된 엔진들은 [그림 6-16]의 우측의 팬 블레이드와 같이 미드 스팬 슈라우드가 없어서 외부 이물질이나 조류 충돌(bird strike) 등의 손상에 강한 종횡비가 적은 와이드 코드 팬 블레이드(wide chord fan blade)를 사용하고 있다.

와이드 코드 팬 블레이드의 구조상 무게가 무거워지는 문제점을 보완하기 위하여 블레이드 안쪽은 속이 빈 티타늄 블레이드나 [그림 6-17]과 같이 복합소재로 만든 블레이드가 개발되어 사용되고 있다.

이러한 블레이드들은 팬 블레이드들을 서로 지지해주는 미드 스팬 슈라우드(mid-span shroud)가 필요 없으며, 흐름 면적이 커짐에 따라 더욱 많은 공기흐름을 만들어 낼뿐만 아니라, [그림 6-18]과 같이 코어 엔진으로 들어가는 외부 이물질을 팬 블레이드 팁쪽으로 이동시켜서 2차 공기흐름을 통해서 빠져나가게 하므로 FOD에 의한 손상을 감소시킬 수 있다.

최근에 개발된 엔진들은 슈라우드가 없는 와이드 코드(wide chord) 팬 블레이드가 주류를 이루고 있으며, 기존의 폭이 가늘고 긴 팬 블레이드(narrow 또는 clapper형)에 비하여 효율이 대폭 향

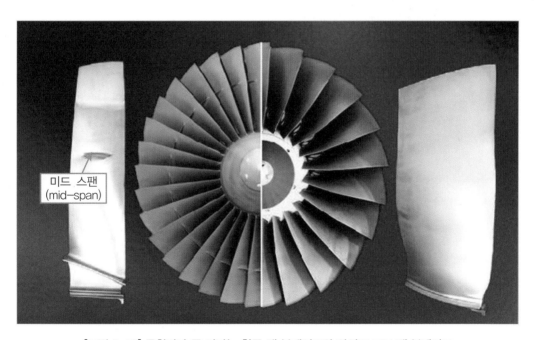

[그림 6-16] 종횡비가 큰 티타늄 합금 팬 블레이드와 와이드 코드 팬 블레이드

상되었고, 외부물질에 의한 손상(F.O.D)에도 강한 것으로 나타나 있다.

팬 블레이드 재질 또한 기존의 티타늄 합금에서 복합소재를 사용하여 무게를 감소시키고, 효율을 증대시키는 기술이 개발되어 사용 중이다.

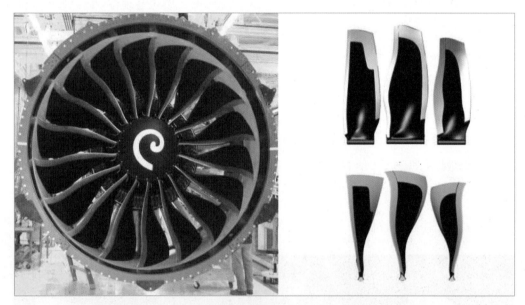

[그림 6-17] 와이드 코드 복합소재 팬 블레이드

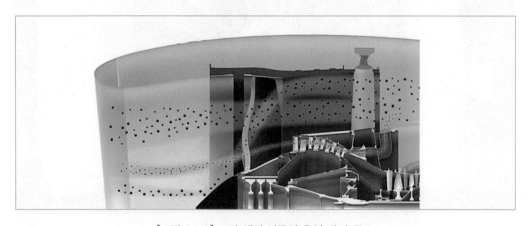

[그림 6-18] 코어 엔진 이물질 유입 방지 구조

3   복합 압축기[Combination Compressor]

원심 압축기와 축류 압축기의 단점은 제거하고 장점만 취하여 조합형 축류-원심식(axial-centrifugal flow) 압축기가 개발되었다. 이 엔진은 현재 소형 사업용 제트와 헬리콥터에 사용되고 있다.

[그림 6-19]는 가렛(garrett)사의 TFE731 터보팬 엔진으로서 대표적인 복합 압축기 엔진이다. 팬은 과속을 방지하기 위하여 감속기어를 통하여 구동되므로 저압 압축기는 더욱 효율적인 속도로 작동될 수 있다. 저압 압축기는 축류 압축기, 고압 압축기는 1단의 원심 압축기로 되어있다. 압축기의 전체 압축비는 15:1이고, 연소실은 역류형(reverse flow type)의 애뉼러형을 채택하여 엔진 길이를 감소시켰다.

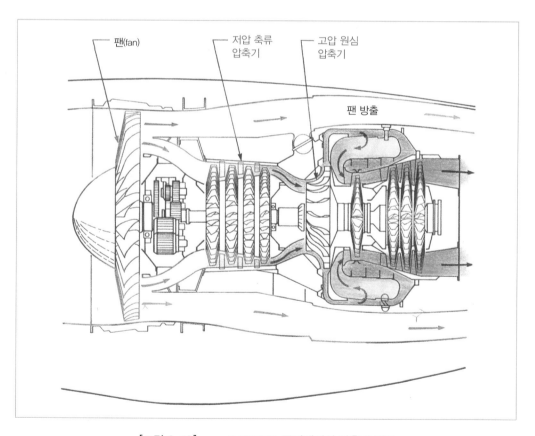

[그림 6-19] garrett TFE731 콤비네이션 압축기 엔진

4 / 압축기 공기 블리드[Compressor Air Bleeds]

압축기의 이차적 역할은 엔진과 항공기에 여러 가지 목적을 위하여 고압, 고온 공기를 공급하는 일이다. 이러한 공기를 블리드 에어(bleed air) 또는 커스터머 블리드 에어(customer bleed air)라고 부른다.

블리드에어는 압축기의 여러 단계에서 빼내어 사용할 수 있다. 특별한 일을 수행하기 위해 요구되는 압력과 온도의 공기는 블리드 포트(bleed port)의 위치에 따라 결정된다.

블리드 포트는 특정 단계의 공기를 추출(bleed)하기 위하여 압축기 케이스(case) 외부에 작은 통로들을 가지고 있어서 여러 크기의 압력이나 온도를 적절하게 사용할 수 있다.

아주 높은 압력과 온도를 사용하기 위해서는 가장 마지막 단계의 압축공기를 뽑아서 사용하는데 때로는 이 높은 압력의 공기를 냉각시킬 필요가 있다. 과도한 열은 객실여압이나 다른 목적에 사용하면 불쾌하거나 해로우므로 냉각장치를 통하여 보내진다.

압축기 블리드 에어의 용도는 다음과 같다.

- 객실의 여압 및 냉, 난방(cabin pressurization, heating, and cooling)
- 방빙 및 제빙 장치(deicing and anti-icing equipment)
- 연료 등의 가열과 고온 부분의 냉각(heating and cooling)
- 엔진 공압식 시동(engine pneumatic starting)
- 계기 작동을 위한 동력(power for operating instruments)
- 압축기 공기흐름 조절(compressor air flow control)
- 베어링 시일 가압(bearing seal pressurization)
- 보조 구동장치(auxiliary drive units)

[그림 6-20]은 PW4000 엔진의 고압 압축기 부분으로서 단계(stage)별 블리드 공기의 공급계통을 보여주고 있다.

케이스 외부에는 다수의 블리드 포트(bleed port)가 있어서 압축기 내부의 블리드에어를 뽑아낼 수 있게 되어있다.

고압 압축기(HPC)에서 나오는 블리드 에어에는 8단계, 9단계, 12단계 및 15단계 블리드 에어가 있다. 8단계 블리드 공기는 항공기 서비스 블리드 에어로서 블리드 포트(bleed port)를 통해서 항공기의 객실여압 및 냉, 난방에 사용되며, 9단계 블리드에어는 압축기 안정(2.9 블리드 밸브)과 압축기 로터 틈새 조절계통(compressor rotor clearance control system)에 사용된다.

12단계 공기는 고압터빈 부분에 있는 3번 베어링(No.3 bearing)을 냉각해주고 베어링 시일(bearing seal)을 가압해주며, 터빈의 부품들을 냉각해준다. 15단계 공기 또한 항공기의 공압계통(pneumatic system)에 사용되고, 2번 베어링(No.2 bearing)에 걸리는 추력 부하(thrust load)를 경감시켜주며, 3번 베어링 시일 가압 및 터빈 부품들을 냉각해준다.

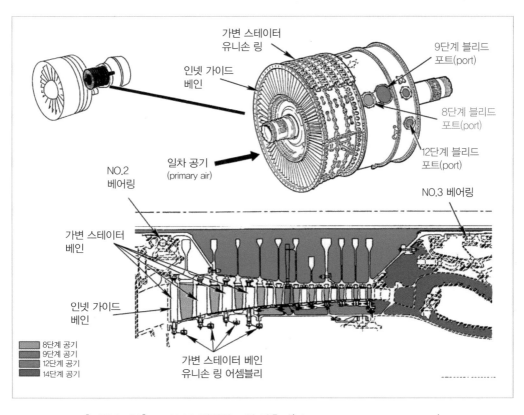

[그림 6-20] PW4000 엔진의 고압 압축기(high pressure compressor)

5 압축기 실속(Compressor Stall)

축류 압축기에서 압력비를 높이기 위해서 단수를 늘려 가면 점차로 안정 작동범위가 좁아져 시동성과 가속성이 떨어지고, 빈번한 실속 현상을 일으키게 된다. 실속이 발생하면 엔진은 큰 폭발음과 진동을 수반한 순간적인 출력감소를 일으키며, 때에 따라서는 이상 연소에 의한 터빈 로터와 스테이터의 열에 의한 손상, 압축기 로터의 파손(crack) 등의 중대 사고로 발전하는 때도 있다. 또한 그 실속을 서지(surging)라고 부른다.

압축기 블레이드는 항공기의 공기 역학적인 날개와 같은 얇은 날개 골(airfoil) 형상을 하고 있으므로 이 실속 현상의 발생은 압축기 로터를 항공기 날개로 가정해서 설명할 수 있다.

[그림 6-21]의 비행기 날개의 양력(lift)은 날개의 받음각(angle of attack)이 클수록 증가하고 어떤 각도에서 최대에 달하여 그것을 넘으면 날개 면에 공기흐름이 박리를 일으켜 양력이 급속히 떨어진다.

날개 골(airfoil) 형상을 가진 로터 블레이드도 높은 압축기 속도와 함께 낮은 흡입속도와 같은 원인에 따라 유효받음각이 증가하였을 때 이 받음각은 실속을 일으키는 조건이 된다.

[그림 6-22(A)]는 엔진 회전수(RPM)와 스테이터 베인을 통과한 유입 공기속도가 정상적인 상태로 받음각이 적당하여 블레이드의 공기흐름이 난류 없이 잘 흐르고 있으나, (B)의 경우에는 엔진 회전수와 비교해 유입공기 속도가 느린 상태이며, (C)는 유입공기 속도보다 회전수가 너무 높아

받음각이 커져 블레이드에서 공기흐름이 박리 현상을 보인다. 즉, (B)와 (C)의 경우 로터 블레이드에 대한 유입공기의 받음각이 너무 커져서 압축기 실속이 발생하게 되는 것이다.

압축기 실속은 압축기 속도가 떨어져서 멈추거나, 압축공기가 정체되어 역방향으로 흐르게 된다. 실속 상태는 공기 파동이나 진동 소음 등의 가벼운 형태에서부터 폭음과 격렬한 진동 소음 소리를 들을 수 있다.

가벼운 실속(mild stall) 상태는 조종실 계기

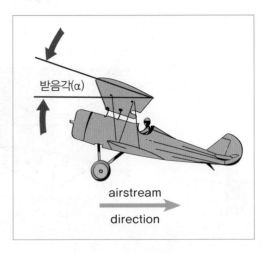

[그림 6-21] 비행기 날개 양력(lift)

에 잘 나타나지 않는다. 이를 일시적인 실속(transient stall)이라고 부른다. 이러한 실속은 1~2차례 파동 후 엔진 자체에서 원상회복이 된다.

심한 실속(severe stall)은 헝 스톨(hung stall)이라고 부르는데 엔진 성능에 악영향을 끼쳐서 엔진 출력이 상실되고 엔진 손상에 이르기까지 하는 원인이 된다. 조종사는 실속 상태를 소음과 회전계기(RPM indicator)의 떨림과 배기가스온도(exhaust gas temperature)의 증가 등으로 감지할 수 있다.

압축기의 실속 발생 원인으로는 다음과 같다.

- 비행자세의 급변에 따르는 엔진 유입 공기흐름의 난류, 측풍과 돌풍, 다른 엔진으로부터 배기가스의 흡입 등
- 과도한 연료 흐름으로 인한 엔진 급가속
- 오염되거나 손상된 압축기 블레이드와 스테이터 베인
- 손상된 터빈에 의한 압축기로 전달되는 축 마력의 손실 및 압축기 속도 감소
- 공기흐름에 비하여 과도하게 높거나 낮은 회전 속도

압축기의 대표적인 실속 방지 방법으로는 다음과 같이 세 가지 방법이 있고, 현재 사용 중인

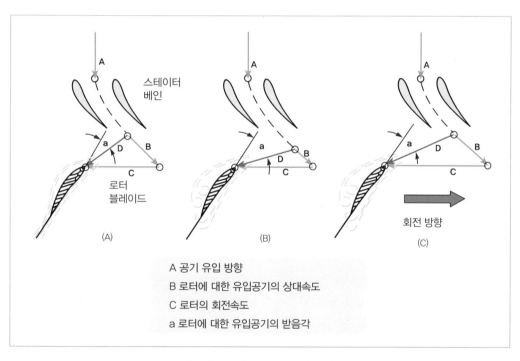

[그림 6-22] 로터의 실속(stall)

[그림 6-23] J85 엔진 압축기 블리드 밸브

엔진은 이들을 적당하게 조합시켜서 사용하고 있다.

- 유입 공기흐름을 제어할 수 있도록 가변 흡입구 안내 베인(variable inlet guide vane)을 설치하고, 거기에 여러 단계의 가변 스테이터 베인(variable stator vane)을 설치
- 엔진 시동 또는 저속으로 작동 중에 압축기 끝부분에서 고압의 공기가 축적되는 것을 방지하기 위하여 자동으로 작동하는 공기 배출계통(air bleed system) 설치[그림 6-23 참조]
- 다축식 구조 엔진(multiple-spool engine) 채용

6 압축기 맵(Compressor Map)

엔진 제작사는 [그림 6-24]와 같이 엔진을 개발할 때 압축기 시험 리그(compressor test rig)를 이용하여 압축기를 일정한 속도로 구동시키면서 압축기 입구와 출구의 온도, 압력 및 공기흐름을 조절 가능한 유출밸브(outflow valve)의 열림 정도를 변화시키면서 압축기 실속 성능을 시험하여

정해진 일정한 압축기 회전(속도)에서 압력비가 최대인 점들을 연결하여 서지라인(surge line)을 만든다.

일종의 서지 마진 그래프(surge margin graph)로서 압력비(r)와 공기 유량 질량과의 관계를 나타낸 것으로서 정해진 rpm에서 압력비가 최대인 점을 연결하여 서지 라인(surge line)을 그린다.

이러한 자료를 토대로 엔진을 작동할 때 서지 라인을 넘지 않도록 운영성능을 결정하는 것이다.

엔진이 작동 중에 파워 레버(power lever)를 당겨서 엔진을 감속하게 되면, 연료 조종 장치는 연소실에 연료공급을 줄여서 고압 압축기 속도(N_2 rpm)와 저압 압축기 속도(N_1 rpm)를 감속시킨다.

이때, 연소실에 유입되는 연료량이 줄어들면 N_2 rpm은 즉각 반응하여 N_2 rpm이 먼저 감속하고, N_1 rpm은 뒤따라 감속하므로 고압 압축기(HPC) 방출 공기 유량이 순간적으로 감소하게 되고, N_1 속도가 감소하지 않은 상태에서 저압 압축기(LPC)는 배압 영향을 받아 공기 유속이 감소하게 되어 실속 위험이 커지게 된다[그림 6-25].

반대로 완속 운전(idle) 상태에서 동력 레버(power lever)를 밀어서 엔진을 가속하게 되면 연소실에 연료가 추가로 공급되고, N_2 rpm과 N_1 rpm은 증가하게 된다. 그러나 N_2 rpm 상승(accel)

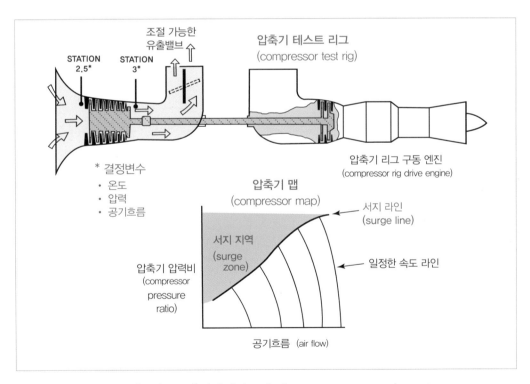

[그림 6-24] 서지 마진 그래프(surge margin graph)

순간에는 축 방향의 공기속도는 일정한 상태에서 갑자기 N_2가 증가하므로 고압 압축기(HPC)의 전방에서 받음각이 커져서 실속의 가능성이 발생하게 된다[그림 6-26].

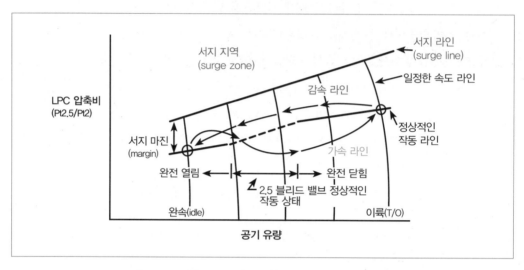

[그림 6-25] 저압 압축기 맵(N_1 compressor map)

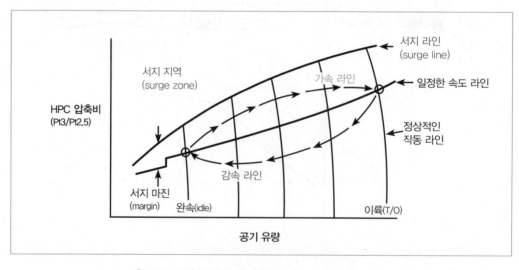

[그림 6-26] 고압 압축기 맵(N_2 compressor map)

7 터보팬 엔진 압축기(Turbofan Engine Compressor)

　기존의 터보팬 엔진에서는 팬 블레이드가 저압 압축기(LPC)의 구성품으로 분류되고 있으나, 최근의 터보팬 엔진들은 팬 부분을 별도의 모듈로 구성하고 있다.

　본 장에서는 B-737NG 항공기에 장착 운용되고 있는 CFM56-7B 엔진의 압축기에 대하여 설명하고자 한다.

　CFM56-7B 엔진은 정비시간을 단축하고, 운송을 쉽게 하도록 모듈(module) 개념으로 설계되어 있으며, [그림 6-27]과 같이 4개의 메이저 모듈(major module) 안에 17개의 서로 다른 모듈들로 구성되어 있다.

　저압 압축기는 팬 모듈에 포함되며, 팬·부스터(fan and booster)라고 부르고, 고압 압축기는 코어 엔진 모듈(core engine major module)에 포함되어 있다.

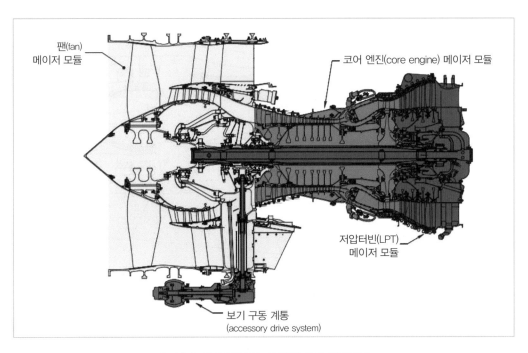

[그림 6-27] CFM56-7 엔진 모듈 설계개념

7.1 팬 · 부스터(Fan and Booster)

팬 · 부스터(fan and booster)는 공기를 가속하여 외부로 분출시킴으로써 추력을 생성하고, 고압 압축기(HPC)로 유입되는 공기의 압력을 증가시킨다.

공기 흡입 카울(air inlet cowl)을 거쳐서 엔진으로 유입되는 공기의 전량은 팬 로터(fan rotor)를 거치면서 공기의 운동에너지를 증가시키는데 공기 유량 대부분은 팬 덕트(fan duct)를 통해 외부로 배출되면서 전체 추력의 80%를 만들어 내고, 나머지는 부스터(booster)를 통하여 고압 압축기(HPC)로 들어가는 공기를 가압시켜 준다.

팬 · 부스터는 [그림 6-28]과 같이 스피너 전방 콘(spinner front cone), 스피너 후방 콘(spinner rear cone), 1단의 팬 로터(fan rotor)와 3단의 축류식 부스터로 구성되어 있으며, 회전체(rotating assembly)는 팬 축(fan shaft)에 연결되어 있고, 고정부품(fixed assembly)들은 팬 프레임(fan frame)에 고정되어 있다.

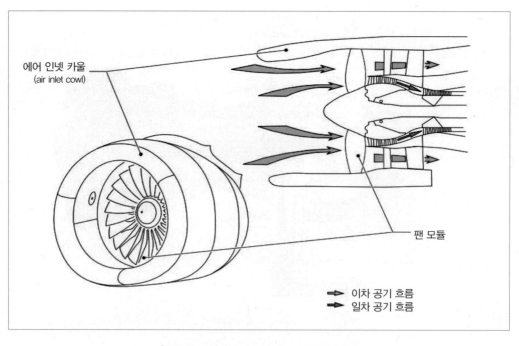

[그림 6-28] CFM56-7 팬 · 부스터 모듈

7.1.1 스피너 콘(Spinner Cone)

스피너 콘은 전방과 후방 콘으로 구성되어 있다.

전방 콘은 얼음이 형성되지 않도록 속이 빈 원뿔 구조 형태로 설계되어 있으며, 알루미늄 합금으로 만들어져 있고 검은색의 황화 피막(black sulfuric anodized) 처리되어 있다.

후방 콘(rear cone)은 엔진으로 유입되는 공기의 흐름을 부드럽게 해주고, 팬을 고정해 주는 팬 리테이닝 링(fan retaining ring)이 돌지 않도록 해 준다. 또한 팬 트림(fan trim)과 정적 균형(static balance) 작업을 위한 36개의 밸런스 스크류(balance screw)가 장착되어 있다.

밸런스 작업은 후방 콘 바깥쪽에 장착된 서로 무게가 다른 밸런싱 스크루(balancing screw)를 교환해 줌으로써 엔진의 불균형(unbalance) 상태를 잡아줄 수 있다. 즉, 밸런싱 스크루는 FOD 발생 등으로 팬 블레이드 교환이 요구될 때 정적 균형을 위해서 혹은 엔진 진동(vibration)이 한계를 초과하여 팬 트림이 요구될 때 사용된다.

후방 콘은 이름과 달리 원뿔 형태가 아니며, 속이 빈 타원 구조로 스피너 전방 콘과 팬 디스크(fan disk) 사이에 일치되게 장착되어 있다[그림 6-29].

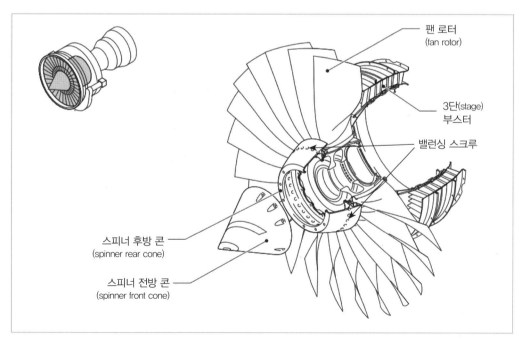

[그림 6-29] CFM56-7 팬 · 부스터 구조

7.1.2 팬 로터(Fan Rotor)

팬 블레이드(fan blade)는 저압 압축기(LPC) 1단계로서 엔진으로 들어가는 공기를 가속해 주는데, 재질은 티타늄 합금으로 24개의 와이드 코드 팬 블레이드로 되어있다. 블레이드 길이는 20.67ins(0.52m)이며, 팬 디스크(fan disk) 테두리에 있는 도브 테일 슬롯(dove tail slots)에 끼워지게 된다.

팬 블레이드 루트(root)와 팬 디스크 사이에는 심(shim)이 장착되어 팬 블레이드의 원주 방향으로의 움직임을 제한해준다. 이러한 24개의 팬 블레이드 심(fan blade shim) 또한 티타늄 합금으로 만들어지며, 각각의 사이드 일부분에는 폴리우레탄(polyurethane) 성분의 합성고무가 입혀져 있다.

또한, 블레이드와 블레이드 사이에는 알루미늄 재질인 24개의 블레이드 플랫폼(blade platform)이 장착되어 블레이드를 고정해 주고 있다[그림 6-30].

팬 디스크는 티타늄 합금으로 만들어져 있으며, 디스크 앞면에는 스피너 후방 콘과 리테이닝 플랜지(retaining flange)가 장착되고, 테두리에는 팬 블레이드를 장착할 수 있도록 24개의 굽은 형태의 도브 테일 슬롯(curved dovetail slot)이 마련되어 있으며, 디스크 뒷면 안쪽은 팬 축(fan shaft)과 바깥쪽은 부스터 스풀(booster spool)과 볼트로 연결될 수 있게 되어있다.

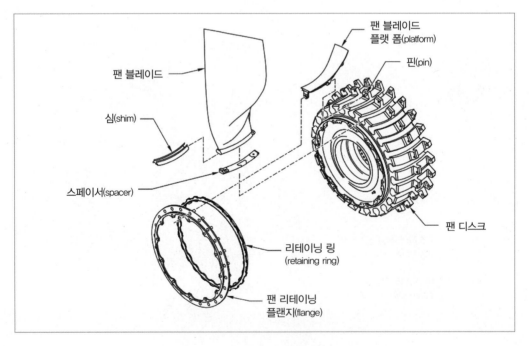

[그림 6-30] CFM56-7 팬 블레이드 장착

7.1.3 부스터 로터(Booster Rotor)

하나의 부스터 스풀(booster spool)에 [그림 6-31]과 같이 3단의 부스터 로터(booster rotor)로 구성되어 있으며, 티타늄 합금의 주조 혹은 기계 가공된 형태로 팬 디스크 후방에 연결되어 있는데, 3단의 블레이드는 2단계, 3단계, 4단계로 불린다(LPC 1단계는 팬 블레이드).

2단계는 74개의 블레이드로 되어있고, 3단계는 78개, 4단계는 74개의 블레이드로 되어있다.

기계 가공된 로테이팅 에어 씨일(rotating air seal)이 각 단과 단 사이에 위치 함으로써 가속된 공기가 새어 나가는 것을 최소화해준다.

7.1.4 부스터 스테이터 베인(Booster Stator Vane)

스테이터 베인(stator vane)은 공기의 속도를 압력으로 전환 시켜서 정확한 각도로 로터 블레이드로 보내주며, 팬 프레임(fan frame) 앞면에 장착되어 있다.

1단계(1st stage)의 바깥쪽 슈라우드(outer shroud)에 장착된 스플리터 페어링(splitter fairing)은 일차(primary)와 이차 공기흐름(secondary airflow)을 나누어 주는 역할을 해주고, 4단계 베인(4th stage vane)은 팬 프레임 전방에 장착되어 있다.

4단계 베인의 안쪽 슈라우드 뒤쪽 플랜지는 팬 프레임의 플랜지와 억지 끼워맞춤(interference

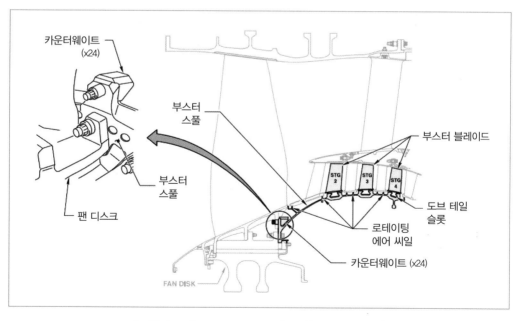

[그림 6-31] CFM56-7 부스터 로터(booster rotor)

fit)으로 조립되어있으며, 2시와 8시 방향의 외부 슈라우드 앞면 및 뒷면 플랜지에는 두 쌍의 VBV 가이드 패드(guide pad)가 장착되어 있다.

가이드 패드는 테플론으로 접합한 마찰 패드를 지지하며, 강(steel)으로 만들어져 있고, VBV 도어 작동 링(actuating ring)의 마찰 계수를 개선해준다[그림 6-32].

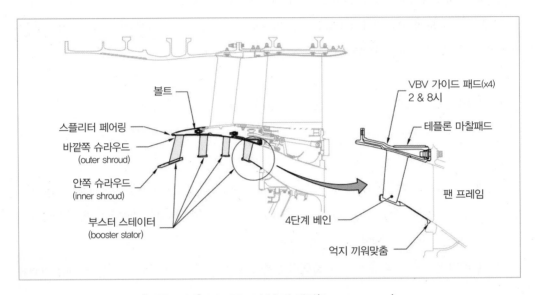

[그림 6-32] CFM56-7 부스터 베인(booster vane)

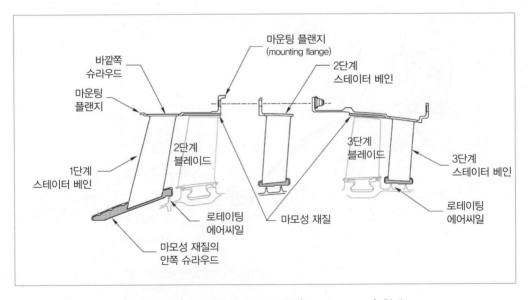

[그림 6-33] CFM56-7 부스터 베인(booster vane) 형태

[그림 6-33]과 같이 스테이터 베인 1~4단계는 바깥쪽 슈라우드에 용접되어있고, 마모성 재질 (abradable material)로 안쪽 슈라우드에 접합되어있다.

내부 슈라우드 내부면은 부스터 스풀에 기계 가공된 회전 공기 씨일(rotating air seal)을 보호하기 위하여 마모성 재질로 안감 처리되어 있다.

바깥쪽 슈라우드 안쪽 면 역시 로터 블레이드의 끝단(tip)을 보호하기 위하여 마모성 재질로 처리되어 있다.

1단계는 108개의 베인으로 구성되어 있고, 2~4단계는 각각 136개의 베인으로 구성되어 있다.

7.2 고압 압축기(High Pressure Compressor)

[그림 6-34]와 같이 블레이드 로터와 스테이터 베인이 9단으로 구성된 압축기로써 팬 프레임 (fan frame)과 연소실 케이스(combustor case) 사이에 장착되어 있으며, 공기가 단과 단 사이를 거치면서 압력을 증가시켜 연소실(combustor section)로 보내준다.

스테이터는 원형으로 감싸진 케이스의 안쪽에 차례대로 베인들의 열들이 장착되어 있다. 고정된 스테이터 베인들은 로터 축을 따라서 반지름 방향으로 퍼져 있으며 로터 블레이드들의 각 단계 다음에 촘촘하게 조립된다. 스테이터 베인들이 조립된 압축기 케이스는 수평 방향으로 둘로

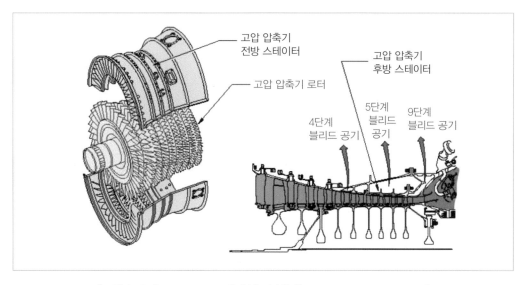

[그림 6-34] CFM56-7 고압 압축기 부분(HP compressor section)

나누어진다. 위나 아래의 반쪽(upper or lower half) 어느 것이든 스테이터와 로터에 대한 검사나 정비를 위하여 장탈할 수 있다.

고압 압축기는 또한 엔진과 항공기에 사용하는 4단계, 5단계와 9단계 블리드 공기 덕트(bleed air duct)를 연결하는 파이프를 가지고 있으며, 압축기 로터(compressor rotor), 압축기 전방 스테이터(compressor front stator), 압축기 후방 스테이터(compressor rear stator)로 구성되어 있다.

[그림 6-35]와 같이 블레이드 팁은 접촉면 마찰을 줄이기 위해 스퀄러팁(squealer tip) 형태로 가공되어있다.

압축기 블레이드의 구조 재료는 그 작동 온도에 맞추어서 저 압력 단(1~3 단계)에는 가볍고 견고한 티타늄 합금(titanium ally)이 사용되고 고압력 단(4~9 단계)은 고온 강도가 우수한 니켈 합금(nickel based alloy) 강이 사용된다.

블레이드의 루트는 접촉면을 보호하기 위해 알루미늄 청동(Al-Br) 코팅 처리되어 있다.

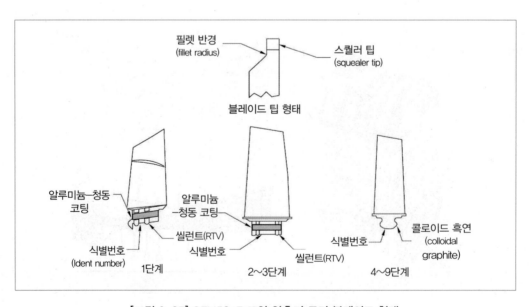

[그림 6-35] CFM56-7 고압 압축기 로터 블레이드 형태

7.3 고압 압축기 세척(Core Washing)

항공기를 운항하면서 압축기 블레이드에 축적된 오염물질은 블레이드의 효율을 떨어뜨려 연료소모율이 증가하고, 엔진 배기가스 온도 등을 증가시킴에 따라 엔진 조기 장탈의 원인이 된다.

이러한 문제를 해결하기 위해 최근에 개발된 GEnx 엔진은 [그림 6-36]과 같이 엔진이 항공기에 장착된 상태에서 엔진 내부를 물 세척(water wash)할 수 있는 시스템을 개발하여 장착 운영하고 있다.

엔진 카울이 닫혀있는 상태에서 카울 외부에서 연결을 쉽게 할 수 있으며, 지상에서 완속 운전(idle) 작동 중에 유체는 증발하므로 기존의 세척 후에 별도로 폐수를 모아서 처리할 필요도 없을 뿐만 아니라 고출력 작동이나 라인 퍼징(line purging)을 할 필요가 없다.

주기적인 물 세척은 연료소비율을 감소시킬 뿐만 아니라 배기가스 온도를 낮추어줌으로써 엔진사용시간을 연장해 준다.

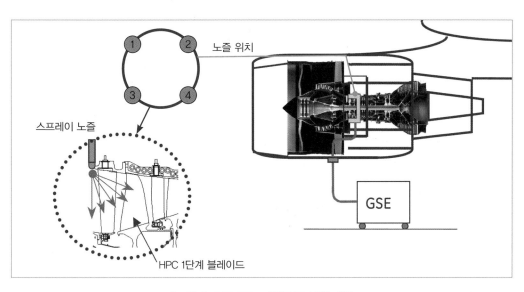

[그림 6-36] GEnx 엔진 물 세척 계통

제7장 디퓨저와 연소실 (Diffuser&Combustion Section)

1 | 압축기 디퓨저(Compressor Diffuser)

디퓨저는 압축기를 떠난 공기 흐름을 일직선으로 유지해주고, 일차 공기를 확산시켜 공기압력을 높이고 속도를 낮추어서 연소실의 안쪽과 주변으로 보내주는 역할을 한다. 만약 공기가 고속

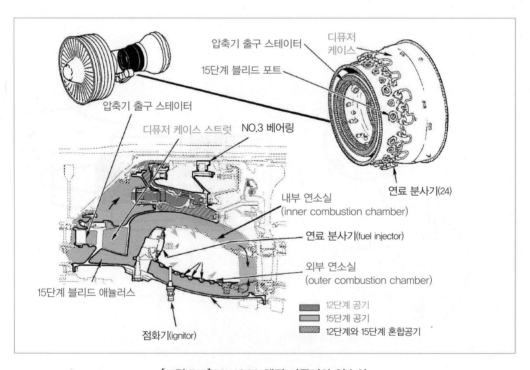

[그림 7-1] PW4000 엔진 디퓨저와 연소실

으로 화염 지역을 거쳐 지나간다면, 촛불을 끄는 것처럼 불꽃을 꺼버릴 것이다.

[그림 7-1]과 같이 PW4000 엔진의 디퓨저와 연소실을 살펴보면, 디퓨저 케이스는 고압 압축기 케이스 후방에 볼트로 장착되며, 압축기 출구 스테이터를 포함하고 있고, 엔진과 항공기에 사용되는 15단계 블리드 공기 포트를 가지고 있는 것을 확인할 수 있다.

또한, 케이스 주위에는 24개의 연료분사기(fuel injector)가 배치되어 있으며, 연소를 위한 2개의 점화 플러그가 장착되어 있다.

2 연소실(Combustion Section)

연소실(combustion chamber) 혹은 연소기(burner)는 압축기에서 유입된 고압 공기에 연료를 연속적으로 주입하여 연소시키는 장치이다.

연소실의 앞쪽에 장치된 연료 분사 노즐(nozzle)에서 연료를 연속적으로 분사시켜 고압 공기와 연료의 혼합기를 만들고, 여기에 점화 플러그로 점화시키면 연속적으로 연료와 공기 혼합기를 연소한다.

가스터빈 엔진의 연소실은 터빈의 출력이나 엔진의 추력을 위해 엔진 가속 시 발생하는 열에너지를 고려하여 충분한 용량의 제한된 공간을 가지고 있어야 한다. 방화벽이나 기타 다른 금속에 둘러싸여 있는 산업용 용광로보다 대략 10배가 큰 10,000파운드의 압력을 견디는 엔진 연소실이 매우 얇은 강철 벽으로 되어있다는 것은 매우 흥미로운 일이 아닐 수 없다.

이러한 일들을 효율적으로 수행하기 위해서 연소실이 갖춰야 할 필요조건은 다음과 같다.

- 안정된 연소를 위한 적절한 연료와 공기 혼합
- 효율적인 연료 공기 혼합물 연소
- 터빈 블레이드가 작동한계 내에서 견딜 수 있도록 뜨거운 연소 가스를 냉각
- 고온 가스(hot gases)를 터빈으로 전달

디퓨저와 터빈 사이에 있는 연소실은 다음과 같은 기본요소로 구성되어 있다.

- 외부 케이스(outer casing)

- 구멍이 뚫린 내부 라이너(inner liner)

- 연료 분사계통(fuel injection system)

- 초기점화를 위한 장치(initial ignition)

- 엔진 정지 시 연소하지 않은 연료 배출을 위한 연료 배출계통(fuel drainage system)

연소실이 제대로 작동하려면 효율적인 연소를 위해 공기와 연료를 혼합하여 고온의 가스를 만들어야 하는데, 터빈 부품 등이 과열되지 않도록 하려면 터빈으로 전달되는 연소 가스의 온도를 좀 더 낮추어야 할 필요가 있다. 이를 위해 공기 흐름을 1차와 2차 공기로 나누어 연소실을 통과한다.

공기의 약 25~35%(1차 공기)가 연소를 위해 연료 노즐 주변으로 들어가고, 나머지 65~75%(2차 공기)는 연소실 벽면에 화염이 직접 닿지 않도록 보호막(air blanket)과 화염을 가운데로 몰아주는 역할을 하여 연소실 라이너의 벽면을 냉각해서 벽면 재료를 보호하고 연소실의 내구성을 늘리는 작용을 한다. 또한, 2차 공기는 터빈 부품의 수명이 단축되지 않게 하기 위하여 고온의 연소 가스

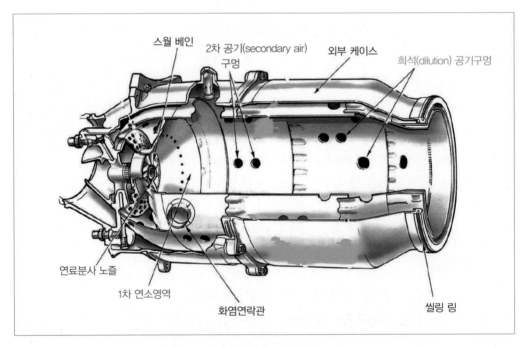

[그림 7-2] 초기 엔진의 연소실 주요구조

를 희석해서 연소실 출구 온도를 허용된 터빈 입구 온도까지 균일하게 낮추어준다.

1차와 2차 공기의 비율은 엔진 제작사에 따라 다르다. 영국 롤스로이스의 제트엔진 텍스트북에서는 [그림 7-3]과 같이 1차 공기를 20%로 2차 공기는 80%로 표시하기도 한다.

효율적인 연소는 항공 교통량이 증가하고 있는 주요공항 주변에서는 매우 중요하다. 항공기이·착륙 빈도가 높은 공항이나 주변 지역에서는 매연이 보이게 되고 이는 새로운 대기 오염의 주범으로 인식하는 결과를 초래한다.

예전에 설계된 불완전한 연소실은 테일 파이프(tail pipe)에 연소되지 않은 연료가 잔류하게 되어 대기로 매연을 방출하였으나, 최근에는 화염 패턴을 짧게 하고, 좀 더 높은 온도에서도 견딜 수 있는 새로운 재질의 사용으로 엔진 제작사는 터빈엔진의 매연을 거의 완벽하게 제거할 수 있게 되었다.

연소실의 2차 공기는 초당 수백 피트의 빠른 속도로 흐르지만, 1차 공기 흐름은 연료가 혼합되어 연소되기 전에 선회운동을 일으키게 하는 스월베인(swirl vanes)을 통하여 속도가 초당 5~6 피트로 감속된다.

화염 지역의 소용돌이는 연료와 공기를 적절하게 혼합하도록 난류를 만들어 준다. 이러한 공기 흐름의 감속은 화염전파가 느린 케로신(kerosene) 유형의 연료특성 때문에 매우 중요하다.

제트엔진의 연료에는 보통 케로신이 사용되고 있고 케로신(kerosene)의 연소에 필요한 이론 공연비는 중량비로 약 15:1이다. 그러나 실제로 연소실로 보내지는 공기 흐름양은 40~120:1(평균 80:1)로 이론 공연비의 약 6배나 되고 이 상태로는 혼합기가 너무 희박하여 연소되지 않는다. 이

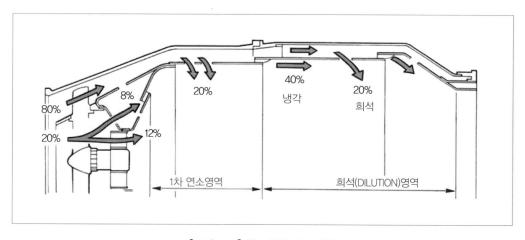

[그림 7-3] 연소실의 공기 흐름

때문에 1차 연소 영역에는 14~18:1의 최적 혼합비가 항상 유지되도록 연소에 직접 사용되는 1차 공기의 유입량을 제한하고 있다.

연소실 길이의 1/3 정도가 연소과정이고, 나머지는 연소된 가스와 미연소된 가스가 혼합되어 터빈 노즐(turbine nozzle)에 열을 분산한다.

최근의 엔진들은 연소정지(flame out)가 흔하지는 않지만, 연소 불안정은 여전히 발생하고 있다. 운항 중 난기류 기상(turbulent weather)을 만나거나, 고고도 비행, 늦은 가속 및 고속으로 비행할 때는 연소 불안정을 일으켜서 연소정지가 초래될 수 있다.

연소정지는 두 가지 유형이 있다. 희박정지(lean die out)는 엔진을 통과하는 공기량보다 연료량이 충분하지 않아 엔진 내부에서 불꽃이 꺼지는 현상으로 고고도에서 낮은 엔진 속도와 낮은 연료압력에 의해서 발생한다.

농후혼합기 연소정지(rich flameout)는 연료와 공기의 혼합기가 과도한 농후(overly rich mix)로 인하여 엔진의 연소가 돌연히 꺼지는 현상으로 엔진의 급가속으로 인하여 연소실 압력의 증가로 압축기 공기 흐름이 정체되고 속도가 느려지거나 멈추게 된다. 공기 흐름이 중단되게 되면 화염은 꺼지게 된다.

공기 흡입구의 난기류와 급기동 비행(violent flight)은 압축기 실속의 원인이 되고, 공기 흐름이 정체되어 연소정지를 초래할 수 있다.

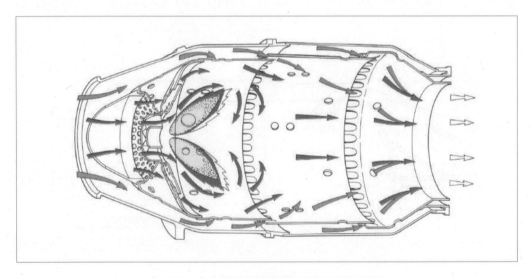

[그림 7-4] 화염안정과 일반적인 공기 흐름 패턴

3 연소실의 종류 [Basic Types Of Combustion Chamber]

연소실은 기본적으로 캔 형(can type), 애뉼러 형(annular type) 그리고 캔과 애뉼러를 조합한 캔-애뉼러 형(can-annular type) 등 세 가지로 분류할 수 있다.

3.1 캔 형 연소실(Can–Type Combustion Chamber)

캔형 연소실은 [그림 7-5]에서 보는 것처럼 로터 축 주위의 동일 원주 상에 5~10개의 원통형의 연소실이 같은 간격으로 배치되어 있다.

압축기에서 나온 압축기 방출 공기(compressor discharge air)가 디퓨저를 통과하면서 따로 갈라져서 각각의 연소실로 들어간다.

캔 형 연소실은 연소실 외부 케이스(outer case), 연소실 라이너(liner), 연료 노즐(fuel nozzle), 보통 2개의 점화 플러그(ignition plug)와 각 연소실을 연결해 시동 시에 화염을 전파하는 화염 전파관(flame tube) 등으로 구성되어 있다.

여러 개의 연소실 캔으로 되어있는 구형 엔진에는 연소실의 화염 전파관(interconnector tube)은 필수적인 부품이다. 각각의 캔은 독립적으로 분리되어 연소 작용을 하므로 초기 시동을 하는 동

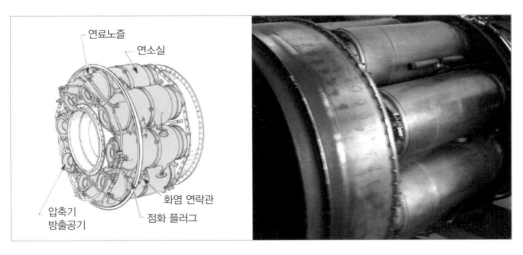

[그림 7–5] 캔 형 연소실

안에 연소를 퍼지게 하는 방법이 있어야 한다. 이것은 모든 연소실을 상호 연결(interconnecting)해 주는 것이다. 그러면 가장 낮은 쪽의 2개 연소실에서 점화 플러그에 의해 점화되어 불꽃은 튜브를 타고 인접한 연소실의 혼합가스를 점화시키고, 계속하여 모든 연소실이 연소할 때까지 계속된다.

캔형 연소실은 구조상 강도가 강하고 장·탈착이 편리하므로 항공기에서 엔진을 장탈하지 않고도 정비가 비교적 쉽다는 장점을 갖고 있어 초기의 제트엔진에 많이 사용되었다. 그러나 고공에서 기압이 낮아지면 연소가 불안정하게 되어 연소정지(flame out)를 발생시키기 쉽고, 엔진 시동 시에 문제를 일으키기 쉬우며, 연소실 출구의 온도 분포가 불균일 하는 등의 결점에 의해 최근의 축류 형 압축기 엔진에는 거의 사용되지 않고 있다. 다만, 원심식 압축기를 사용하는 터보 샤프트 엔진 및 보조 동력장치(APU) 등의 소형 엔진에 일부 사용되고 있다.

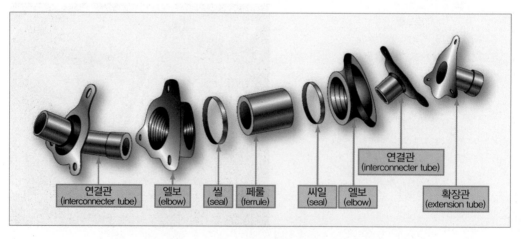

[그림 7-6] 캔 연소실 화염 전파관(interconnecting flame tubes)

3.2 애뉼러형 연소실(Annular Type Combustion Chamber)

애뉼러형 연소실(annular type combustion chamber)은 [그림 7-7]과 같이 도넛형의 하나로 된 연소실로 연소실 외부 케이스, 연소실 라이너, 연소실 내부 케이스, 다수의 연료노즐, 점화 플러그(보통 2개)로 구성되어 있다.

연소실은 때때로 세라믹(ceramic) 재료와 같은 단열 재료(thermal barrier material)로 코팅된 내열 재료(heat-resistant)로 제작된다.

연소실의 구조가 간단하며, 전체 길이가 짧고 연소실의 단면적을 전면 면적과 비교해 최대로 소형으로 할 수 있다. 또한, 연소가 안정되어 연소정지가 없고, 출구 온도 분포가 균일해서 배기 연기도 적은 등 많은 장점이 있으므로 최근의 신형 고성능 엔진에는 엔진의 크기와 관계없이 모두가 애뉼러형 연소실을 사용하고 있다. 그러나 애뉼러 형은 캔 형과 달리 로터 축(rotor shaft) 둘레에 하나의 통으로 둘러싸고 있어서 터빈을 장탈 하여야 연소실 정비가 가능하므로 정비성은 좋지 않다.

애뉼러 형은 연소실을 통과하는 공기의 흐름 방향에 따라 직류형 연소실과 역류형 연소실이 있다.

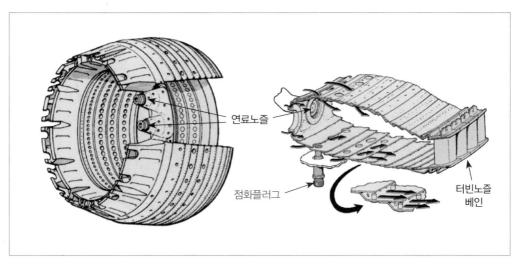

연료노즐

점화플러그

터빈노즐 베인

[그림 7-7] 애뉼러 형 연소실

3.2.1 직류형 애뉼러 연소실(Through Flow Annular Combustor)

직류형 애뉼러 연소실은 전방으로 들어오는 공기와 후방으로 나가는 공기 흐름 방향이 같은 연소실로 주로 중·대형 엔진에 사용되고 있다.

애뉼러 연소실은 바스켓(basket)으로 불리는 많은 구멍이 뚫려있는 내부 라이너(perforated inner liner)와 외부 케이스(outer casing)로 구성되어 있으며, 양쪽 모두 엔진을 원형으로 감싸고 있는 형태로 되어있다.

[그림 7-8]과 같이 여러 개의 연료 분사 노즐이 바스켓 안쪽에 노출되어 있고, 1차 공기와 2차 공기가 앞서 설명한 바와 같이 연소와 냉각을 위해 흐른다.

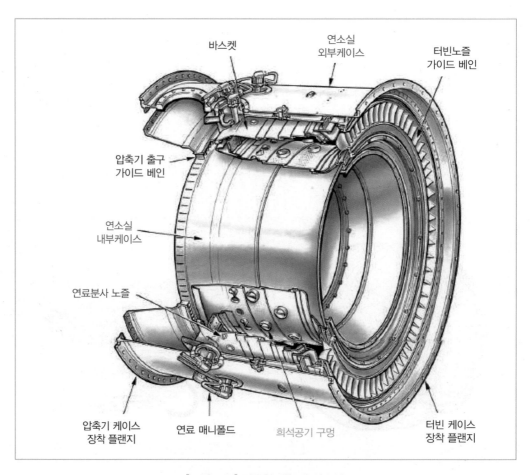

[그림 7-8] 직류형 애뉼러 연소실

3.2.2 역류형 애눌러 연소실(Reverse Flow Annular Combustor)

역류형 연소실은 직류형 연소실과 기능은 같으나, 공기가 연소실 후방으로 들어가서 연소실 전방 쪽으로 흐른다. 즉, 연소실로 들어오는 공기와 나가는 가스 흐름 방향이 반대인 연소실로서 새로운 아이디어는 아니며, 이미 오래전에 휘틀(whittle)에 의해서 설계된 바 있다.

[그림 7-9]와 같이 연소실 안쪽에 터빈 휠(turbine wheel)이 들어가 있어 짧고 가벼운 엔진을 만들 수 있으며, 압축기 방출 공기(compressor discharge air) 또한 연소실 외측을 타고 들어가므로 뜨거운 가스를 사용하여 압축공기를 예열시키는 장점이 있다.

이러한 요인들은 역방향으로 공기가 흐르면서 효율이 저하되는 부분들을 상쇄하기 때문에 소형 엔진에 많이 사용된다.

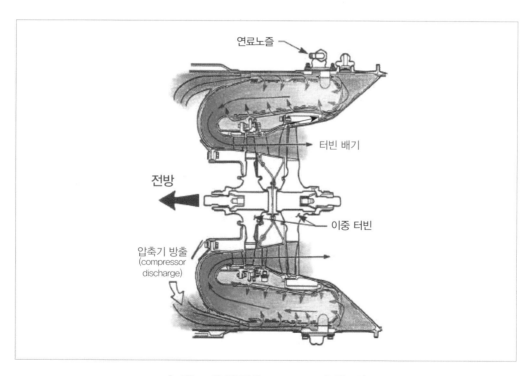

[그림 7-9] 역류형(reverse flow) 연소실

3.3 캔 애뉼러형 연소실(Can-Annular Type Combustion Chamber)

캔 애뉼러 형 연소실(can-annular type combustion chamber)은 캔 형과 애뉼러 형을 조합시킨 것 같은 연소실이다.

캔 애뉼러 형의 연소실은 프랫 앤드 휘트니(Pratt&Whitney) 엔진에 의해서 상용 항공기에 주로 사용되었으며, 연소실 외부 케이스, 원통형으로 된 5~10개의 연소실 라이너, 각 라이너를 연결하여 화염을 전파하는 연결관, 각 라이너에 장치된 연료 노즐, 점화 플러그(보통 2개), 연소실 내부 케이스 등으로 구성되어 있다.

앞에서 언급한 캔형 연소실과 같이 연소실은 엔진 시동 과정을 쉽게 해 주는 돌출된 화염 관으로 서로가 연결되어 있다. 이미 설명한 바와 같이, 이러한 화염 관은 세부적인 구조는 다르지만, 역할은 같다.

연료 노즐이 장착되는 둘레에는 미리 소용돌이를 주기 위한 스월베인(pre-swirl vane)이 있는데, 연료 분사 시 소용돌이 운동을 만들어, 더 좋은 연료 분무가 되게 하고, 연소가 잘되어 더 높은 효율이 되게 한다.

이러한 캔 애뉼러 형 연소실은 그 구조가 캔 형과 애뉼러 형의 거의 중간 특성으로 캔 형의 장점인 연소실의 분해 수리(overhaul)나 시험(test)이 쉬워 정비성이 나쁜 애뉼러 형의 단점을 보완한 형태이다.

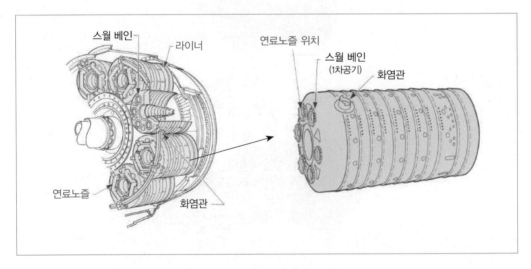

[그림 7-10] 캔 애뉼러형 연소실

3.4 터보팬 엔진의 연소실 구조

[그림 7-11]은 CFM56-7 엔진의 연소실 구조이다.

연소실 섹션(combustion section)은 설계 이론상으로 고압 압축기(HPC)와 고압터빈(HPT)사이에 있으나, CFM56-7B 엔진은 고압터빈(HPT)부분이 연소실 케이스 후방안쪽에 위치됨에 따라 구조상으로는 고압 압축기(HPC)와 저압터빈(LPT) 사이에 있다.

고압 압축기(HPC)를 거친 공기는 20개의 연료 노즐(fuel nozzles)에 의해 공급된 연료와 혼합되어 2개의 점화 플러그(igniter plug)에 의해 점화되면, 가열 팽창된 가스가 발생하여 터빈(turbine)을 구동하는데 필요한 에너지를 만들어 내고, 잔여 에너지는 추력으로 전환된다.

또한, 연소실 섹션은 항공기와 엔진에 필요한 고압 압축기 9단계 블리드 공기를 공급해준다.

연소실(combustion chamber)은 연소실 케이스(combustion case)에 내장되어 고압 압축기 9단계 스테이터와 고압 터빈 노즐(HPT nozzle) 사이에 있으며, 싱글 애뉼러 연소실(Single Annular Chamber: SAC)과 이중 애뉼러 연소실(Dual Annular Chamber: DAC)로 두 가지 형태가 있다.

배출가스의 생성은 연소실의 연소 상태에 의해 영향을 받기 때문에 연소실의 디자인은 배출가스 기준을 만족할 수 있도록 하여여 한다. 일반적으로 연소온도가 높은 만큼 질소 산화 가스

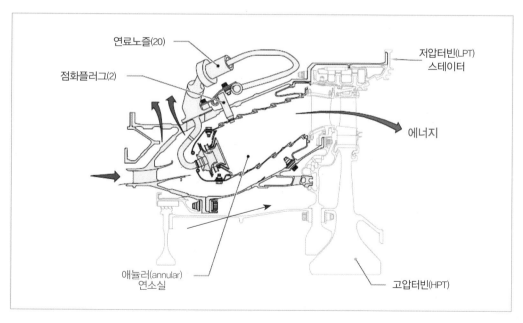

[그림 7-11] 연소실 섹션(combustion section)

(NOx)와 매연미립자(smoke) 등이 증가하게 된다.

최근 GE사는 TAPS(Twin-Annular Pre-Swirl)기술을 개발하여 GEnx 엔진에 적용하여 운영하고 있다. TAPS는 연료 분사 노즐 부위에 연료와 공기가 최적으로 혼합되도록 한 최신 희박 연소(lean burn) 신기술이다.

희박 연소를 통해 화염 온도를 낮춤으로써, 질소 산화 가스(NOx)의 생성을 억제하여 낮은 질소 산화 가스(NOx) 배출지수를 얻는 기술로써 [그림 7-12]와 같이 연료 노즐 전방의 주 선회기(main swirler)와 파일럿 선회기(pilot swirler)를 통해 연료 분사 시 공기와 예혼합(premixing)하게 만들어 연료 공기 혼합 비율이 기존 0.12 에서 0.04로 감축되도록 한다. 이로 인해 질소 산화물(NOx)과 일산화탄소, 미연소 탄화수소 및 부산물의 생성을 최소화하고, 연소실 라이너와 터빈 구성 요소의 수명을 연장해 준다.

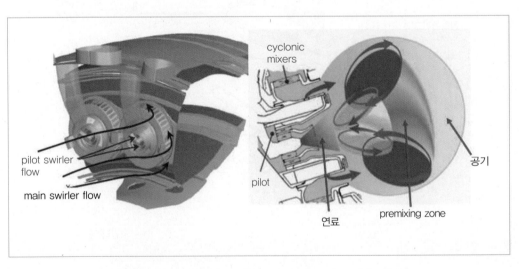

[그림 7-12] GEnx 엔진 TAPS(Twin-Annular Pre-Swirl)기술

터빈(Turbine)

제8장

1 터빈의 역할 및 구조

터빈은 연소실 배기가스의 운동에너지를 압축기와 보기들을 구동하기 위한 기계적인 에너지로 변환시킨다.

터보제트 엔진에서는 연료가 연소하여 얻어진 에너지의 약 60~80%는 압축기를 구동시키는 데 사용되는데 터보프롭이나 터보 샤프트 엔진과 같이 프로펠러 또는 출력축을 구동하기 위해서 사용된다면, 가스 에너지의 약 90% 이상을 터빈을 구동시키는 데 사용된다.

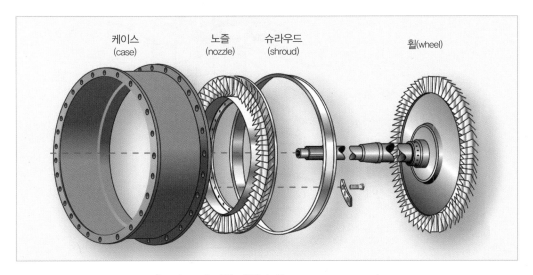

[그림 8-1] 터빈 어셈블리(turbine assembly)

터보제트 엔진의 터빈 부분은 연소실 후방에 있으며, 기본적으로 스테이터와 로터로 구성되어 있다. [그림 8-1]에 터빈 부분의 다른 구성품과 함께 기본구조를 보이고 있다.

터빈 어셈블리는 두 가지 기본 요소로 구성되어 있는데, 그림에서 터빈 노즐(turbine nozzle)로 명시된 터빈 스테이터(turbine stator)와 휠(wheel)로 표기된 터빈 로터(turbine rotor)이다.

[그림 8-2]는 CFM56-7 엔진의 터빈 부분(turbine section)으로서, 고압터빈(HPT)과 저압터빈(LPT)으로 구성되어 있으며, 압축기 로터(compressor rotor)를 구동하기 위한 동력을 만들어 낸다.

엔진의 냉각은 고압 압축기 4단계 공기로 4개의 파이프(pipe)를 통하여 저압터빈 1단계 노즐(LPT stage 1 nozzle)을 냉각하며, 고압 압축기 4단계와 9단계 공기가 고압 터빈 틈새 조절 밸브(HPTCC valve)와 2개의 연결된 파이프를 통하여 고압 터빈 슈라우드(HPT shroud) 주위를 냉각시킨다.

고압 터빈 모듈(HPT module)은 연소실 케이스(combustion case)에 내장되어 있으며, 연소실(combustion chamber)로부터 발생한 가스의 운동에너지를 고압 압축기를 구동시킬 수 있는 회전력으로 전환해준다. 즉, 연소 가스는 1단의 노즐(single stage nozzle)을 통해 압축기(HPC)를 구동시키기 위한 고압 터빈 로터(HPT rotor) 블레이드로 보내진다.

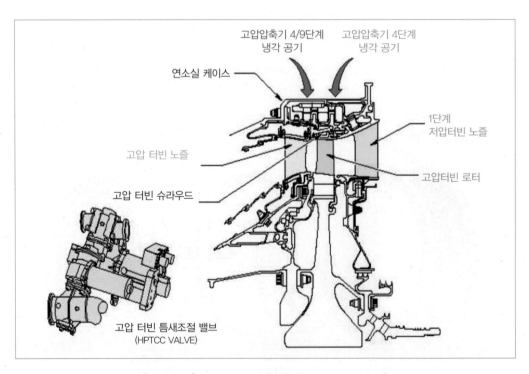

[그림 8-2] CFM56-7 터빈 섹션(turbine section)

2 터빈 노즐(Turbine Nozzle)

2.1 터빈 스테이터(Turbine Stator)

터빈 스테이터(turbine stator)부분은 터빈 노즐 베인(turbine nozzle vane), 터빈 가이드 베인 (turbine guide vane) 또는 노즐 다이어프램(nozzle diaphragm), 노즐 세그먼트(nozzle segments) 등의 여러 명칭이 사용되며, 날개 꼴(airfoil) 단면을 한 터빈 베인(turbine vane)을 원형으로 늘어놓은 것으로 구성된다.

터빈 노즐 베인은 연소실의 바로 뒤쪽과 터빈 휠(turbine wheel)의 바로 앞에 있다. 이곳은 금속성분이 접촉하는 부분 중에서 가장 뜨거운 곳이므로 터빈 입구 온도의 적절하게 제어가 요구된다. 그렇지 않으면 터빈 인넷가이드베인이 손상될 수 있기 때문이다.

터빈 노즐(turbine nozzle)의 기능과 목적은 다음 두 가지를 꼽을 수 있다.

첫째는 연소실로부터 발생하는 열에너지(heat energy)를 공기 질량 흐름 에너지로 변환시켜서 터빈 노즐에 분배하여 터빈 로터를 구동시키기 위한 공기 질량 흐름을 마련해 주기 위한 것이다.

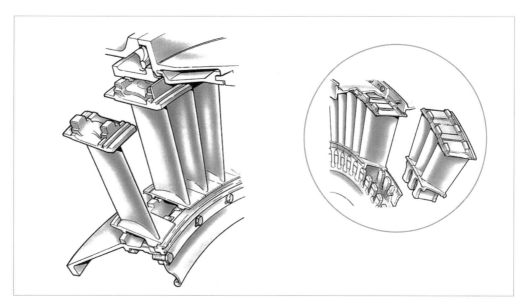

[그림 8-3] 터빈 노즐의 형태

고정된 베인은 날개 골(airfoil) 모양으로 되어 있으며, 가스가 빠른 속도로 방출될 수 있게 하려고 수많은 작은 노즐(nozzle)을 형성하도록 일정한 각도로 배치되어 있다. 이것은 열에너지와 압력 에너지를 가진 가스가 블레이드를 지나면서 기계적 에너지로 변환시킬 수 있는 속도 에너지로 바꾸어주는 역할을 한다.

터빈 노즐의 두 번째 목적은 가스가 어떤 특정한 각도를 가지고 터빈 휠의 회전 방향에 부딪히도록 하게 하는 것이다. 노즐로부터의 가스 흐름은 블레이드가 회전하는 동안에 블레이드 사이의 통로로 유입되어야 하므로 터빈 회전의 일반적인 방향으로 가스가 유입되어야 한다.

[그림 8-4]는 CFM56-7엔진의 고압 터빈 노즐(HPT nozzle)로서 연소 가스의 흐름을 엔진의 모든 작동상태에서 가장 훌륭한 성능을 얻을 수 있는 유효한 각도로 고압 터빈 로터(HPT rotor)로 보내 준다.

고압 터빈 노즐 세그먼트(HPT nozzle segments)는 21개로 구성되어 있으며, 각 세그먼트는 2개의 베인(vane)을 안쪽과 바깥쪽 플랫폼(inner&outer platform)을 용접한 클러스터 베인(cluster vane) 형태를 취하고 있다.

각 베인(vane)들과 플랫폼(platform)들은 압축기 방출 공기(CDP air)로 냉각되는데, 압축기 방출

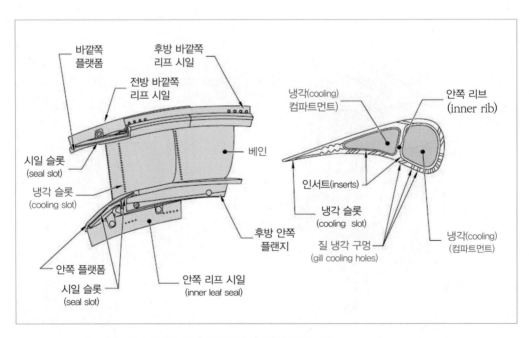

[그림 8-4] CFM56-7엔진 터빈 노즐 세그먼트(turbine nozzle segments)

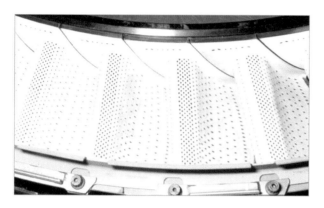

공기는 베인의 안쪽과 바깥쪽(inner and outer) 양 끝쪽을 통해서 베인 컴파트먼트(vane compartment)로 들어오고, 베인(vane)의 전연부(leading edge)의 구멍(hole)과 후연부(trailing edge)의 슬롯(slot)을 통하여 빠져 나간다.

[그림 8-5] 단열 피막 처리된 PW4000 엔진 터빈 노즐

베인(vane)과 플랫폼(platform)의 재질은 고강도 니켈(nickel base) 합금이며, 베인 에어포일(vane airfoil)과 플랫폼(platform)의 표면 보호를 위해 단열 피막(thermal barrier coating) 처리되어 있다.

2.2 슈라우드(Shroud)

터빈 노즐 어셈블리(turbine nozzle assembly)는 안쪽 슈라우드(inner shroud)와 바깥쪽 슈라우드(outer shroud)로 구성되며, 그 사이의 부분이 고정된 노즐 베인(nozzle vane)이다.

사용되는 베인의 수량은 엔진의 크기나 형태에 따라 달라진다. 실제 구성품의 구성과 조립 모양에 따라 다소 다를지라도 모든 노즐 베인은 열팽창을 고려하여야 한다는 특별한 특성이 있다. 그렇지 않으면, 갑작스러운 온도 변화 때문에 금속 구성체에 심한 뒤틀림(distortion)과 휨(warping)이 생길 수 있다.

터빈 노즐의 열팽창에 대한 고려는 여러 방법이 있지만, 다음 방법에 따라 수행될 수 있다. 이는 베인의 안쪽 슈라우드(inner shroud)와 바깥쪽 슈라우드(outer shroud) 사이에 조립될 때 [그림 8-6A]와 같이 느슨하게 조립하는 것이다.

각 베인은 날개 골(airfoil) 모양에 알맞고 적절하게 슈라우드(shroud)에 가공된 구멍에 고정된다. 이들 구멍은 베인 보다 약간 크게 가공되므로 약간 헐겁게 고정된다. 더욱 좋은 상태를 유지하기 위하여 안쪽(inner)과 바깥쪽 슈라우드(outer shroud)에 지지 링(support ring)을 집어넣게 되어 있으며, 이는 강도와 견고성을 증가시켜 주는 효과가 있다. 이들 지지 링(support ring)은 노즐 베인(nozzle vane)을 단위 구성품 상태로 장탈 하기 쉽도록 해주며 베인이 빠져나가는 것을 방지해 준다.

열팽창에 대한 또 다른 방법은 [그림 8-6B]와 같이 베인을 안쪽(inner)과 바깥쪽 슈라우드(outer shroud)에 리벳(rivet)으로 고정하거나 용접(welded)으로 고정하는 것인데, 안쪽(inner)과 바깥쪽 슈라우드(outer shroud)는 몇 개의 조각으로 분리돼 있으며, 이것은 열팽창에 의한 허용치를 마련하기 위함이다. 이러한 각 조각의 분리는 베인이 뒤틀리거나 힘을 받는 것을 방지하는데 충분한 열팽창을 허용하게 한다.

베인은 항상 고온 고압에 노출되기 때문에 코발트(cobalt) 합금 혹은 니켈(nickel) 내열합금으로 정밀 주조하며, 특히 제1단과 제2단 베인에는 블리드 공기(bleed air)로 냉각을 할 수 있도록 공냉식 터빈 날개구조를 채용한 것이 많다.

터빈 노즐(turbine nozzle)의 면적(노즐 출구 단면적의 총합)은 터빈 설계상 가장 중요하며, 면적이

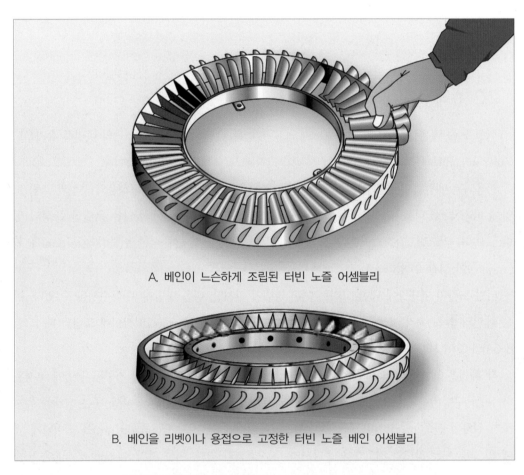

A. 베인이 느슨하게 조립된 터빈 노즐 어셈블리

B. 베인을 리벳이나 용접으로 고정한 터빈 노즐 베인 어셈블리

[그림 8-6] 터빈 노즐 형태(typical turbine nozzle vane)

너무 작으면 최대 출력 시에 흐름이 막혀서 압축기의 실속(stall)을 일으키기 쉽고, 너무 크면 터빈 효율이 떨어져 추력 당 연료소모량(Thrust Specific Fuel Consumption: TSFC)의 증가와 배기가스 온도(Exhaust Gas Temperature: EGT)의 상승을 가져온다.

2.3 터빈 케이스(Turbine Case)

터빈 케이스는 터빈 휠(turbine wheel)과 노즐 베인 어셈블리(nozzle vane assembly)를 둘러싸고 있으며, 터빈 스테이터(turbine stator) 구성품을 직접 또는 간접적으로 지지해주고 있다. 또한, 케이스의 앞에는 연소실을 둘러싸고 있는 디퓨저 케이스(diffuser case)와 연결되고, 뒤쪽에는 터빈 배기 케이스(turbine exhaust case)와 배기 콘(exhaust cone)이 장착될 수 있도록 플랜지(flange)가 각각 만들어져 있다.

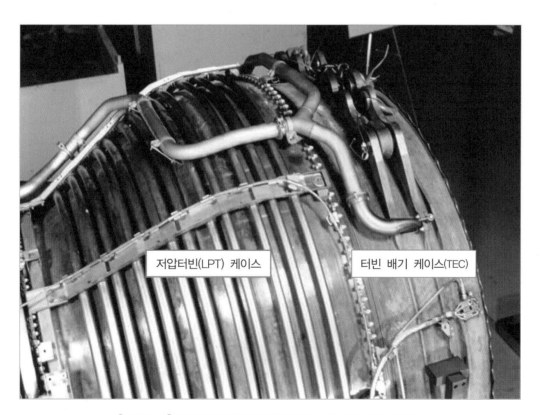

[그림 8-7] PW4000 엔진 저압터빈 케이스와 터빈 배기 케이스

터빈 휠과 축(Turbine Wheel And Shaft)

일반적으로 터빈 축(turbine shaft)은 합금강(steel alloy)으로 제작된다. 터빈 축은 가해지는 큰 토크 하중(high torque load)을 흡수할 수 있어야 한다. 축을 터빈 디스크에 연결하는 방법은 여러 가지가 있다.

한 가지 방법은, 축에 접합용으로 튀어나온 부분(butt or protrusion)을 디스크와 용접하는 것이다. 또 다른 방법은 볼트로 연결하는 것이다. 이 방법은 디스크 표면의 기계 가공된 면과 맞닿을 수 있는 허브(hub)가 있어야 한다. 그런 다음 볼트를 축 허브의 구멍을 통해 끼워서 디스크의 나사 구멍에 고정한다. 상기 두 가지 방법 중에서도 후자의 방법이 더욱 널리 사용되는 방법이다.

터빈 축은 압축기 로터 허브(compressor rotor hub)에 장착되기 위한 적절한 장치가 있어야 한다.

일반적으로 이러한 장치는 [그림 8-8]과 같이 축 앞쪽 끝에 있는 스플라인 홈(spline cut)에 의해서 이루어진다. 이 스플라인은 압축기와 터빈 축 중간에 있는 커플링(coupling) 속에 끼워지

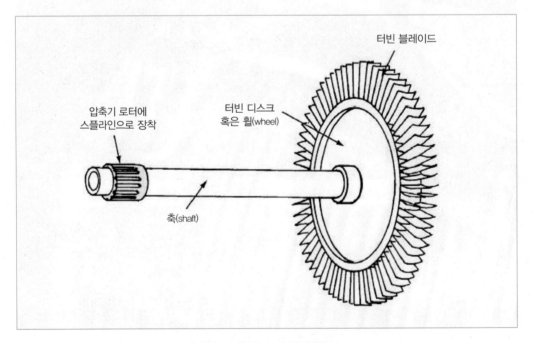

[그림 8-8] 터빈 로터 어셈블리

게 되며, 만약 이러한 커플링이 사용되지 않을 때는 터빈 축의 스플라인 끝이 압축기 로터 허브의 내부에 있는 스플라인 된 곳과 조립될 수도 있다. 이러한 스플라인 연결 배열(spline coupling arrangement)은 거의 모든 원심 압축기 엔진에서 사용되며, 축류압축기 엔진에서는 이들 두 방법의 하나가 사용되고 있다.

[그림 8-9]는 CFM56-7엔진의 저압터빈 축(LPT shaft module)으로서 고압 로터 시스템(high pressure rotor system) 안쪽에 동심원으로 있으며, 팬 축(fan shaft)과 연결되어 저압터빈의 동력을 저압 압축기에 해당하는 팬과 부스터 모듈(fan&booster module)에 전달해준다.

저압터빈 로터(LPT rotor)의 후방은 No.5 베어링(bearing)에 의해 지지가 되며, 센터 벤트 튜브(center vent tube)를 통해서 오일 계통의 전방과 후방 섬프(forward and after sumps)의 브리더 공기(breather air)를 벤트(vent)시켜 준다.

CFM56-7엔진의 저압터빈 축 모듈은 다음과 같이 구성되어 있다.

- 저압터빈 축(LPT shaft)
- 센터벤트 튜브(center vent tube)
- No.4 롤러 베어링(roller bearing)
- No.5 롤러 베어링(roller bearing)

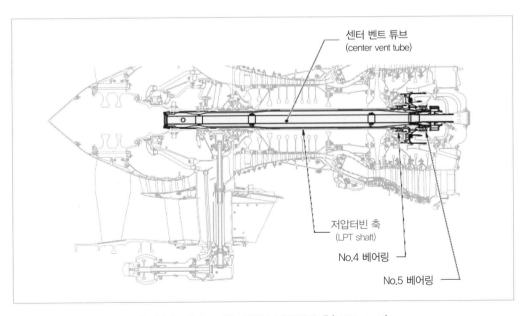

[그림 8-9] CFM56-7엔진 저압터빈 축(LPT shaft)

4 / 터빈 블레이드(Turbine Blade)

터빈 블레이드(turbine blade)는 고온 가스로부터 최대 에너지를 추출할 수 있도록 날개 골 (airfoil) 형상으로 설계되어있다. 블레이드는 구조물 합금의 성분에 따라서 단조 또는 주조로 만들 어지며 블레이드 대부분은 처음에 주조로 만들어진 후 요구되는 모양에 따라서 기계 가공이 이루 어진다. 초기에는 강 단조로 만들었으나, 니켈 내열합금의 단결정(single crystal) 정밀주조로 교체 되었다. 최근에는 비금속인 강화 세라믹으로 만들어져서 매우 높은 고온에서 작동하는 소형의 고 속 터빈에 사용되고 있다.

4.1 블레이드 설계(Blade Design)

터빈은 충동터빈, 반동터빈 및 반동-충동터빈(실용 터빈)의 세 가지 종류로 분류된다. 충동터빈 (impulse turbine)은 [그림 8-10]과 같이 가스의 팽창이 전부 노즐 안에서 이루어지고, 로터 안에 서는 전혀 가스팽창이 이루어지지 않는 터빈으로 반동도가 0인 터빈이다.

구조적으로는 노즐의 흐름 통로 단면이 수축형 노즐인 것에 비해 로터의 흐름 통로 단면이 일 정하게 되어 있는 점이 충동터빈의 특징이다. 따라서 로터 입구와 출구에서 상대 속도의 스칼라

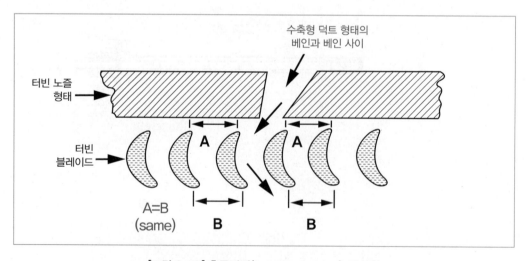

[그림 8-10] 충동터빈(impulse turbine) 시스템

(scalar)양 및 압력은 일정하다.

반동터빈(reaction turbine)은 공기역학적인 동작으로 회전력을 얻는 것이다. 터빈 노즐 베인은 가스의 흐름을 터빈 블레이드로 유효한 각도로 흐르게 해주는 형태일 뿐 속도 증가는 없다. [그림 8-11]과 같이 가스는 수축형 터빈 블레이드를 사이를 통과하면서 가스의 속도가 증가한다. 날개 꼴 모양의 블레이드 위로 가스가 흐르면서 회전면의 방향으로 힘 성분이 발생한다. 이 결과 노즐 로부터의 유출 가스 충격력과 로터 안에서 팽창한 가스의 반동력이 터빈 로터를 회전시킨다.

로터를 통과한 가스의 축류 속도와 압력분포를 균일하게 유지하기 위해서는 로터의 팽창력이 로터의 베이스에서 팁까지 전체에 걸쳐 균등하게 이루어질 필요가 있다. 그런데 로터의 주변 속도는 베이스에서 팁으로 감에 따라서 반경에 비례해서 증가하기 때문에 로터에 대한 가스의 상대 속도는 베이스에서 팁으로 갈수록 작아지고, 따라서 로터의 팽창력도 베이스에서 팁으로 감에 따라 감소한다.

이것을 방지하기 위해 실제의 터빈에는 순수 충동터빈이나 반동터빈을 사용하지 않고, [그림 8-12]와 같이 로터에 비틀림(twist)을 주어 베이스 쪽을 충동터빈으로 하고, 팁은 반동터빈(반동도 50%)으로 하여 충동과 반동을 조합한 반동-충동터빈(reaction-impulse turbine)이 유일하게 사용되고 있다.

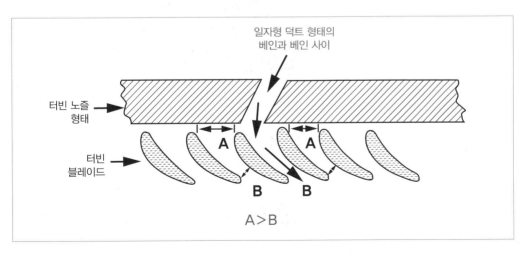

[그림 8-11] 반동터빈(reaction turbine) 시스템

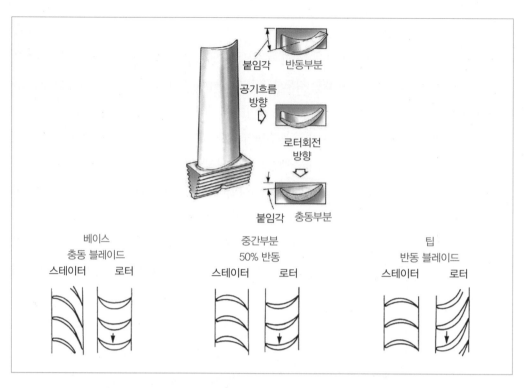

붙임각 반동부분

공기흐름
방향

로터회전
방향

붙임각 충동부분

베이스 충동 블레이드		중간부분 50% 반동		팁 반동 블레이드	
스테이터	로터	스테이터	로터	스테이터	로터

[그림 8-12] 충동-반동터빈(impulse-reaction turbine) 시스템

4.2 블레이드 장착

터빈 블레이드는 엔진이 차가운 상태에서는 유격이 있는 상태로 장착되어 있지만, 엔진이 작동 온도에 도달되면 유격이 없어진다. 터빈 블레이드를 디스크(disk)에 장착하는 일반적인 방법은 [그림 8-13]과 같이 전나무(fir tree) 방식이다.

터빈 블레이드의 루트(root)는 일반적으로 전나무(fir tree)와 비슷한 형상을 하고 있으며, 이것을

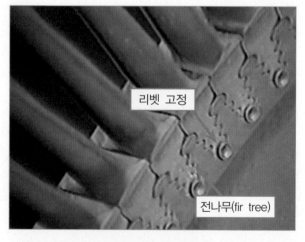

리벳 고정

전나무(fir tree)

[그림 8-13] 리벳으로 고정한 전나무(fir-tree) 방식의
터빈 블레이드

디스크의 외부와 동일형상을 한 홈에 끼우고, 블레이드가 축 방향으로 빠져나가지 않도록 피닝(peening), 용접(welding), 고정 탭(lock tabs)이나 리벳(riveting) 등으로 고정되어 있다.

이 형상은 지지가 확실하고 열팽창에 대해서도 적당한 여유가 있고 블레이드 루트(blade root)에 뒤틀림 응력 집중을 막기 때문에 널리 사용되고 있다.

터빈 블레이드는 블레이드 끝이 열려 있거나, 덮혀(shrouded) 있는데 이러한 두 가지 형태 모두 엔진에 사용되고 있다.

[그림 8-14]와 같이 끝이 열려 있는 블레이드(open tip blade)는 고속 휠(high speed wheels)에 사용되고 덮혀있는 블레이드는 저속으로 회전하는 휠에서 볼 수 있다.

[그림 8-15]와 같이 덮혀있는 터빈 블레이드(shrouded turbine blade)는 터빈 휠의 바깥쪽 둘레에 테가 형성되어 있다. 이것은 가스가 새는 것을 방지하고 공력특성이 우수하여 높은 효율성과 진동특성을 향상(공진방지)해주며, 블레이드를 얇게 만들 수 있어 중량을 감소시킬 수 있다. 반면에 구조가 복잡하고 터빈 속도를 제한하게 되고 더욱 많은 수의 블레이드를 요구하게 된다.

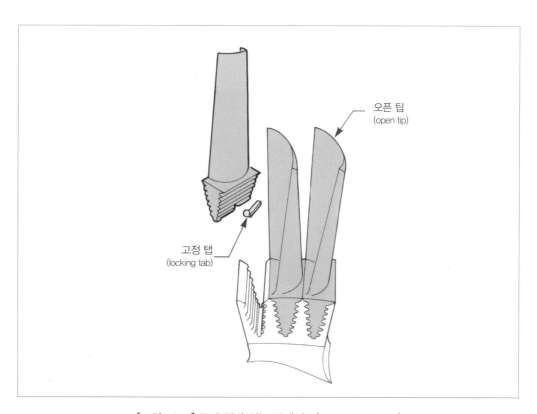

[그림 8-14] 끝이 열려 있는 블레이드(open tip blade)

슈라우드 바깥쪽 주위에 있는 나이프 에지 시일(knife-edge seal)은 블레이드 팁에서 공기 손실을 감소시켜주고, 공기 흐름을 축류 방향으로 흐르게 하면서 반경 방향의 손실(radial loss)을 최소화시켜준다.

터빈의 단(stage)은 1열의 노즐(nozzle)과 바로 뒤에 위치하는 1열의 로터 블레이드(rotor blade)로 구성된다. 터보팬(turbofan) 엔진의 형식에서는 앞쪽의 고압 터빈 로터는 고압 압축기와 보기를 구동시키고, 뒤쪽의 저압터빈 로터로는 저압 압축기와 팬을 구동시킨다.

[그림 8-15] 슈라우드(shrouded) 터빈 로터 블레이드

5 냉각(Cooling)

터빈의 각 부분을 살펴본 바와 같이 온도는 터빈 설계에서 아주 조심스럽게 다뤄져야 한다. 가스 터빈 엔진에서 기본적인 작동 한계 중의 하나가 터빈 입구 온도(Turbine Inlet Temperature: TIT)이다.

터빈 입구 온도가 높으면 높을수록 압축기 압력비는 높아지고 따라서 추력 당 연료소모율(TSFC)이 감소하고 비추력이 증가하므로 가능한 터빈 입구온도를 높게 유지하는 것이 성능 면에서 유리하다. 그렇지만 터빈은 고속회전으로 인한 응력과 토크(torque)로 인하여 온도가 높아지면 구조적으로 안전하지 못하기 때문에 터빈 입구 온도는 안전한 범위 내에서 작동되도록 제한된다.

터빈 엔진의 터빈 입구 온도를 상승시키기 위한 노력이 지속해서 이루어지고 있으며, 최근에는 터빈 입구 온도가 내열합금의 용융점(약 1,450℃)에 가까운 엔진들이 개발되고 있다.

이렇게 높은 작동 온도를 가능하게 한 것은 니켈 합금(nickel super alloys)의 개발, 내열 피막

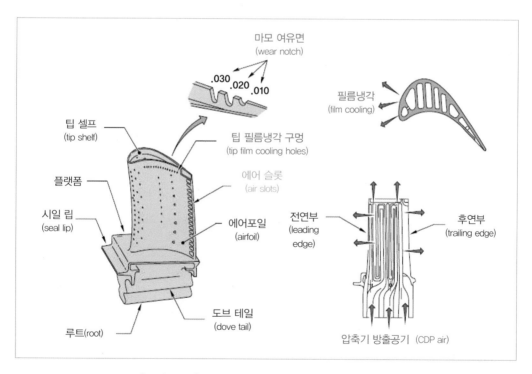

[그림 8-16] 고압 터빈 블레이드(HP turbine blade)

(thermal barrier coating), 정밀주조 방법의 개량(single crystal casting), 그리고 터빈 블레이드의 냉각기술의 도입에 의한 것이라고 할 수 있다.

[그림 8-16]은 CFM56-7엔진의 고압 터빈 로터 블레이드로서 고온에 잘 견딜 수 있도록 무게 대비 고강도인 단결정 니켈(single-crystal nickel) 합금으로 만들어졌으며, 한 단(single stage)의 터빈 로터로서 80개의 블레이드로 이루어져 있다.

터빈 블레이드 80개 중 4개는 노치 블레이드(notch blade)로서 보어 스코프 검사(borescope inspection)를 통해 블레이드의 마모상태를 확인할 수 있게 되어 있다.

압축기 방출 공기(CDP air)가 블레이드 루트(root)를 통해 들어와서 블레이드 내부를 냉각시키고, 전연부(leading edge), 팁(tip), 후연부(trailing edge)의 구멍(hole)을 통해서 빠져나간다.

5.1 터빈 블레이드와 베인의 냉각

터빈 블레이드와 베인을 고온의 작동 온도에서 재질을 보호하기 위해서 블레이드와 베인의 내부에 압축기 브리드 공기(bleed air)를 유입시켜 냉각시킨다. 그러나 액체를 이용하는 냉각기술은 흐름 통로, 기밀, 부식 등의 문제로 상용화되지 못하고, 대부분 공기를 이용한 냉각방법이 사용된다.

공랭 방식을 크게 분류하면 대류냉각, 충돌냉각, 공기막 냉각, 증발 냉각이 있다. 터빈 블레이드와 베인에는 이들 여러 공랭 방식이 적절히 조합되어 사용되고 있다.

5.1.1 대류냉각(Convection Cooling)

대류냉각은 블레이드와 베인 내부의 다수의 공기 통로에 냉각 공기를 지나가게 하여 뜨거운 공기와 찬 공기의 대류에 의해서 냉각하는 방법으로 가장 간단하므로 가장 널리 사용되고 있다.

5.1.2 충돌냉각(Impingement Cooling)

충돌냉각은 주로 블레이드 전연부(blade leading edge)의 냉각에 사용되는 방법으로 블레이드 내부에 작은 원통 모양의 튜브(tube)를 설치해서 이 구멍에서 유출하는 냉각 공기를 블레이드 전연부에 집중적으로 충돌시켜 냉각시킨다.

5.1.3 공기막 냉각(Film Cooling)

공기막 냉각은 블레이드 표면의 작은 구멍에서 냉각 공기가 유출되도록 하여 그 냉각 공기가 블레이드 표면에 열 차단막을 형성해서 고온가스의 직접적인 접촉을 막아주는 방법이다.

5.1.4 증발 냉각(Transpiration Cooling)

증발 냉각은 블레이드 전체를 다공성 재료(porous media)로 제작하여 블레이드 전체 표면에서 냉각 공기를 내뿜게 하여 뜨거운 공기가 직접 닿지 못하게 하는 냉각방식으로 이론적으로 가장 진보된 냉각방식이지만 구조 강도의 문제로 실용화되어 있지 않다.

이러한 냉각기술은 1950년대에 터빈에 적용되기 시작한 이래 발전을 거듭하고 있다. 개발 초기에는 단순한 대류냉각 기술을 적용하여 터빈 입구의 허용온도를 200℃ 정도 높일 수 있었으며, 최근에는 복합적인 냉각기술을 적용하여 터빈 입구의 허용온도를 600℃ 정도 증가시켰다. 대형 여객기에 사용되는 PW4000 엔진의 최대 터빈 입구 온도는 약 1,400℃ 정도이고, 전투기 엔진에서는 훨씬 높은 터빈 입구 온도에서 작동된다.

[그림 8-17]은 터빈 블레이드의 냉각방식을 보여주고 있다.

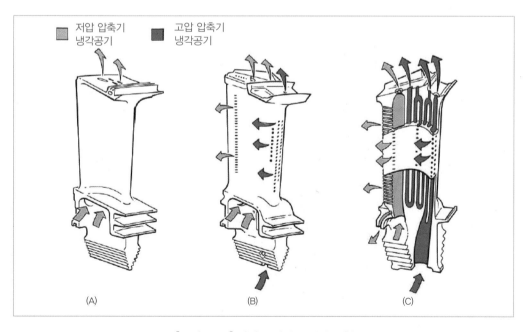

[그림 8-17] 터빈 블레이드 냉각 유형

[그림 8-17(A)]는 단일경로의 대류냉각 방식으로 1960년대 제작된 엔진에 주로 사용되었으며, [그림 8-17(B)]는 단일경로의 대류냉각과 공기막 냉각이 블레이드 전연부와 후연부에 집중된 형태로 1970년대 엔진에 주로 사용되었다.

[그림 8-17(C)]는 현용 엔진에 주로 채용되고 있는 냉각방식으로 다중경로 대류냉각과 공기막 냉각이 광범위하게 이루어져 있으며, 전연부는 충돌냉각 방식이 적용된 형태를 보이고 있다.

냉각에 필요한 공기는 압축기 블리드 공기(bleed air)가 사용된다. 이것은 압축 공기의 손실과 터빈의 열 손실보다 터빈 입구 온도 상승에 의한 엔진의 성능향상이 훨씬 이득이 크다고 할 수 있다.

5.2 터빈 케이스 냉각(Turbine Case Cooling)

터빈 케이스 안쪽의 에어 시일(air seal)과 터빈 블레이드 팁과의 간격이 너무 작으면 서로 접촉해서 시일의 마멸과 손상을 일으키고, 또 너무 크면 가스가 누출되어 터빈 효율의 저하를 초래한다.

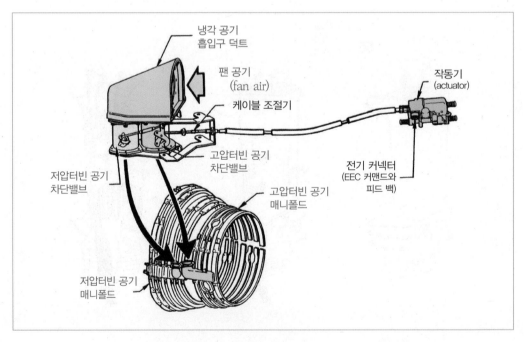

[그림 8-18] PW4000 엔진 터빈 케이스 냉각 시스템(turbine case cooling system: TCCS)

보통은 최대 출력(이륙) 시에 간격이 최소가 되도록 구성되어 있지만, 상승과 순항으로 옮겨지면 터빈 케이스의 열팽창에 비해서 터빈 블레이드의 열팽창이 부족하므로 비교적 큰 팁 간격을 만들어 터빈 효율이 떨어진다.

이에 대한 대책으로 [그림 8-18]과 같이 터빈 케이스 외부에 공기 매니폴드(manifold)를 장치하고, 이 매니폴드로부터 순항 시에 냉각 공기를 터빈 케이스 외부표면에 내뿜어서 케이스를 수축시켜 블레이드 팁 간격을 적정하게 보정함으로써 터빈 효율의 향상에 의한 연비의 개선을 꾀할 목적으로 고안된 것이 터빈케이스 냉각시스템(Turbine Case Cooling System: TCCS)이다.

초기의 터빈케이스 냉각은 고압 터빈에만 적용되었으나, 현재는 고압과 저압 모두에 적용이 확대되고 있다. 또한, 터빈 케이스 냉각시스템의 냉각 공기에는 일반적으로 외부 공기가 아니라 팬 공기(fan air)가 이용되고 있다.

[그림 8-19]는 PW4000 엔진의 터빈케이스 냉각 공기 밸브의 작동을 보여주고 있다. 고압 터빈(HPT) 및 저압터빈(LPT) 공기 밸브(air valve)는 각각 터빈 케이스 냉각 입구 덕트(turbine case cooling inlet duct)에서 고압 터빈 및 저압터빈 매니폴드(manifold)로 팬 공기(fan air) 흐름을 제어하는 데 사용된다.

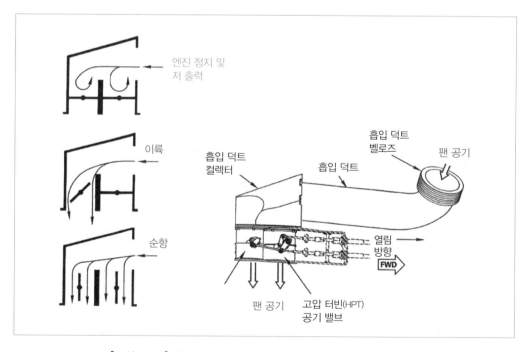

[그림 8-19] 터빈케이스 냉각 고압 터빈/저압터빈 공기 밸브 작동

고압 터빈 및 저압터빈 공기 밸브는 케이블과 링케이지 어셈블리(linkage assemblies)에 의해 기계적으로 작동된다.

엔진 정지 및 엔진 출력이 낮을 때는 두 개의 공기 밸브가 모두 닫히고, 이륙 시에는 저압터빈 공기 밸브는 스프링이 장착된 초기 닫힘 위치에서 열리기 시작한다. 순항 시(고도 > 14,500ft)에는 고압 터빈 공기 밸브가 열리기 시작한다.

케이블이나 액추에이터가 고장 나면 두 개의 공기 밸브는 자동으로 닫힘 위치로 돌아간다.

배기 부분
(Exhaust Section)

제9장

터빈 엔진의 배기 부분(exhaust section)는 배출 가스의 속도를 증가시키고 소용돌이가 생기지 않도록 하면서 뜨거운 가스를 뒤쪽으로 흐르게 해주어야 한다.

배기 부분은 배기 콘(exhaust cone), 테일 파이프(필요한 경우), 그리고 배기 노즐(exhaust nozzle)로 구성되어 있다. 배기 콘은 터빈으로부터 방출되는 배기가스를 모으고, 연속적인 가스 흐름(solid flow of gas)으로 변환시킨다. 이렇게 함으로써 가스의 속도는 감소하고 압력은 증가한다.

이것은 바깥쪽 덕트와 안쪽에 콘 사이의 확산하는 통로(diverging passage)로 인한 것이다. 다시

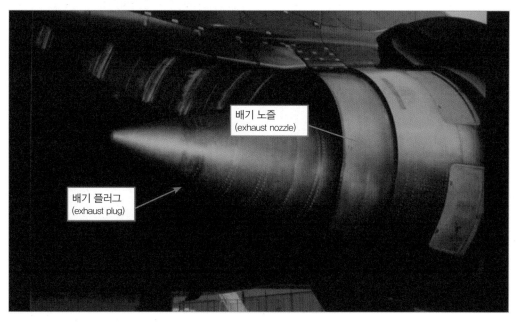

[그림 9-1] PW4000 엔진 배기 플러그와 배기 노즐

말하면, 두 부품 사이의 애뉼러 공간(annular area)은 뒤쪽으로 증가한다. 배기 콘은 바깥쪽 셸(shell) 또는 덕트(duct), 안쪽 콘(inner cone), 3~4개의 반지름 방향의 속이 비어 있는 스트럿(radial hollow strut) 또는 핀(fin), 그리고 바깥쪽 덕트로부터 안쪽 콘을 지지해 주는 스트러트에 장착되는 몇 개의 타이로드(tie rod)로 구성된다.

[그림 9-2]와 같이 터빈 배기 케이스(TEC)의 안쪽 벽(inner wall)과 바깥쪽 벽(outer wall)은 속인 빈 형태의 스트럿(hollow type strut)이 용접되어 전체를 지지하고 있으며, 이 배기 스트럿은 배출되는 배기가스를 곧바르게 해주는 중요한 기능을 하고 있다.

터빈 배기 케이스(TEC)의 안쪽에는 후부 주 베어링(main bearing) 및 주 베어링의 지지 구조로 되어 있다. 또한, 터빈 배기 케이스(TEC) 내부에는 배기 가스 온도 수감부(thermo couple probe) 및 배기 압력 수감부가 설치되어 있다. 후부 주 베어링(배기 베어링) 및 그 지지 구조는 배기가스가 직접 접촉되지 않도록 배기 페어링(fairing)으로 덮여 있다. 배기 부분의 구성부품은 일반적으로 스테인리스(stainless)강과 내열합금으로 제작된다.

배기 콘과 테일 파이프로부터의 복사열(heat radiation)에 의해서 이들 부품 주변의 항공기 기

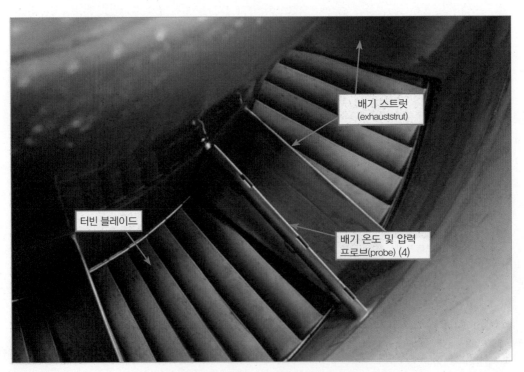

[그림 9-2] 터빈 배기 케이스(TEC) 구조

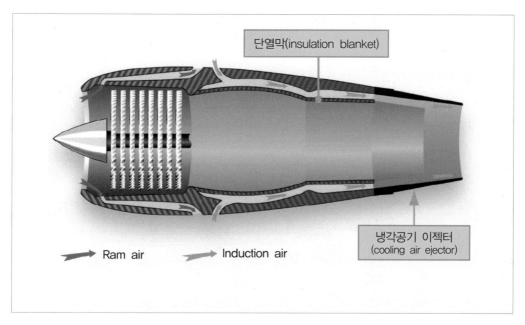

[그림 9-3] 배기 부분 단열 막(exhaust system insulation blanket)

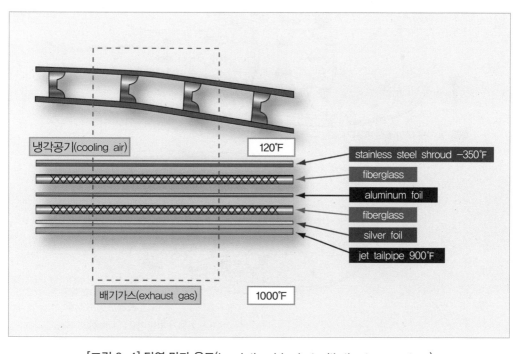

[그림 9-4] 단열 막과 온도(insulation blanket with the temperature)

체 부품에 열 손상을 줄 수도 있다. 이러한 이유로 절연시켜야 하는 방안이 있어야 한다. 동체 구조물을 보호하기 위한 적절한 방법이 상당수 있으나, 그중에서 가장 널리 쓰이는 두 가지 방법은 단열 막(insulation blanket)과 단열 덮개(insulation shroud)이다.

[그림 9-3]과 [그림 9-4]에서 보는 것과 같이, 단열 막(insulation blanket)은 여러 층의 알루미늄 박판(foil)으로 구성되어 있고, 각각의 층은 유리섬유(fiber glass)나 다른 적절한 재질을 사용하여 층으로 분리되어 있다.

이들 단열 막이 복사열로부터 동체를 보호한다고 하지만, 기본적으로는 배기계통으로부터 열 손실을 감소시키기 위해서 상용되고 있다. 열 손실을 줄이는 것은 엔진 성능을 향상하는 것이다.

[그림 9-5]는 고 바이패스 터보팬 엔진에서 차가운 바이패스 팬 공기(이차 공기 흐름)와 뜨거운 터빈 배기가스(일차 공기 흐름)의 혼합이 배기 부분을 완전히 벗어나서 엔진 외부에서 이루어지는 형태와 부분적으로 배기 부분에 혼합되는 형태를 보여주고 있다.

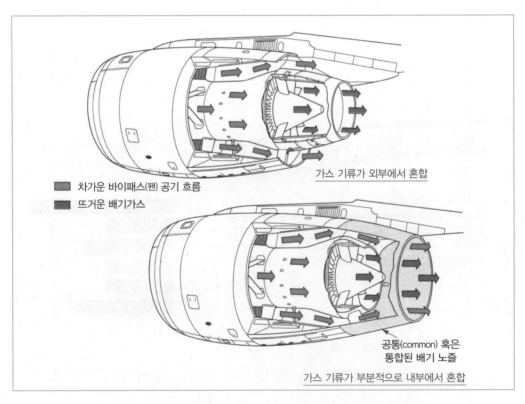

[그림 9-5] 고 바이패스 비(high by-pass ratio)엔진의 배기 시스템

액세서리 부분
(Accessory Section)

제10장

가스터빈 엔진 액세서리 부분은 여러 가지 기능이 있다.

첫째 기능은 엔진을 작동하고 제어하는 데 필요한 액세서리를 장착하기 위한 공간(mounting space)을 제공해 준다. 일반적으로 항공기에 관련된 전기 발전기, 유압펌프와 같은 액세서리들도 포함된다.

둘째 기능은 오일 저장소(oil reservoir) 또는 오일 섬프(oil sump)로서의 역할과 액세서리 구동 기어와 감속기어 하우징(housing) 기능이다.

액세서리의 배열과 구동은 항상 가스터빈에 있어서 매우 중요한 문제로 여겨 왔다. 터보팬에서 구동되는 액세서리는 일반적으로 엔진의 아랫부분에 있는 액세서리 기어박스에 장착된다.

액세서리 기어박스의 장소는 어느 정도 다르지만, 대부분의 터보프롭과 터보 샤프트는 엔진의 뒤쪽 부분에 있는 액세서리 케이스에 장착된다.

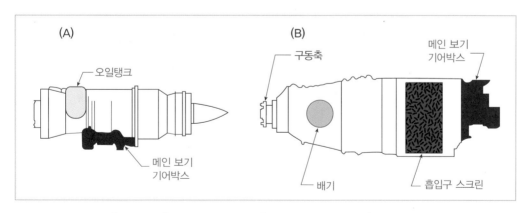

[그림 10-1] 액세서리 기어박스(accessory gearbox) 장착 유형

모든 가스터빈 엔진의 액세서리 부분의 구성품들은 기본적인 기능과 목적이 같아도 엔진 제작사 또는 모델에 따라 구조와 명칭이 다른경우가 있다.

[그림 10-2]는 PW4000 엔진의 보기 구동 기어박스로서 기어박스는 압축기 축과 베벨기어(bevel gear)로 연결되어 있으며, 중간 기어박스(Intermediate Gearbox: IGB) 또는 앵글 기어박스(Angle Gearbox: AGB) 등을 통하여 메인 기어박스(Main Gearbox: MGB)로 동력이 전달된다.

메인 기어 박스는 각각의 보기 구동 패드(accessory drive pad)에 동력을 분배해준다.

대형 고 바이패스 터보팬 엔진의 보기계통은 엔진으로부터 500마력 이상의 동력을 추출한다.

[그림 10-3]은 CFM56-7엔진의 보기 구동 시스템(accessory drive system)으로서 엔진 시동 시에 엔진 공기시동기(air starter)로부터 외부동력을 코어(core) 엔진으로 전달해주고, 엔진이 정상 작동 중일 때는 코어 엔진 동력(core engine power)을 추출하여 기어박스(gearboxes)와 축(shaft)을 통하여 엔진과 항공기 보기들을 구동시켜 준다.

또한, 정비작업 시에는 보기 기어박스(accessory gearbox)를 통하여 코어(core)를 수동으로 돌릴 수가 있다.

보기 구동 시스템(accessory drive system)은 엔진 9시 방향에 장착되어 있고, 다음과 같은 구성

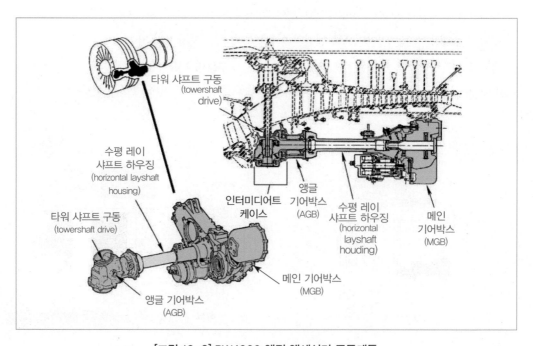

[그림 10-2] PW4000 엔진 액세서리 구동계통

품으로 이루어져 있다.

- 고압 압축기 전방 축(HPC front shaft)에서 동력을 취하는 인넷 기어박스(Inlet Gearbox: IGB)
- 트랜스퍼 기어박스(transfer gearbox)로 동력을 전달해주는 레이디얼 구동 축(Radial Drive Shaft: RDS)
- 토크(torque)의 방향을 전환해주는 트랜스퍼 기어박스(Transfer Gearbox: TGB)
- 트랜스퍼 기어박스에서 보기 기어박스(accessory gearbox)로 동력을 전달해주는 수평 구동 축(Horizontal Drive Shaft: HDS)
- 엔진과 항공기 보기류를 지지하고 구동시켜 주는 보기 기어박스(Accessory Gearbox: AGB)

보기 기어박스(AGB assembly)는 엔진 팬 프레임(fan frame) 좌측 9시 방향에 2개의 클레비스 마운트(clevis mounts)에 의해 장착되어 있으며, 하우징(housing)은 알루미늄(aluminum)합금으로 주조되어 있다.

각 보기의 구동 요구 조건을 충족하기 위하여 회전속도를 감소 혹은 증가시키는 기어 트레인(gear train)으로 구성되어 있으며 각 패드(pad)에 장착되는 보기류는 [그림 10-4]와 같다.

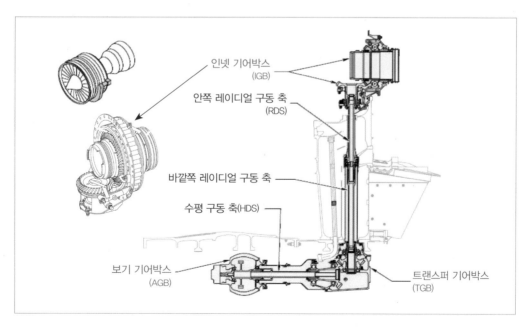

[그림 10-3] 보기 구동 시스템(accessory drive system)

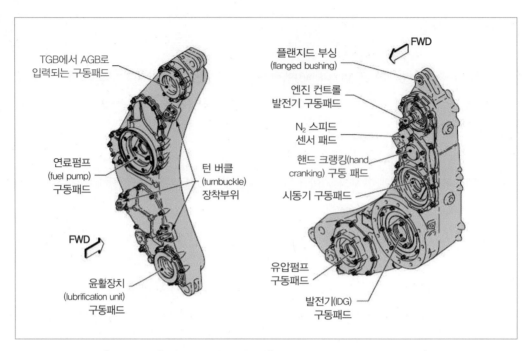

[그림 10-4] 보기 기어박스 하우징(accessory gearbox housing)

Engine System

가스터빈엔진 계통

제11장 터빈엔진 연료 계통 (Turbine Engine Fuel System)

터빈엔진 연료 계통의 기능은 지상과 비행 중의 어떠한 상태에서도 엔진으로 정확한 연료량을 공급하는 것이다. 또한, 증기 폐쇄(vapor lock)와 같은 위험한 작동특성으로부터 자유로워야 하며, 어떠한 작동조건에서도 요구되는 추력을 유지하기 위하여 출력을 증가시키고 감소시킬 수 있어야 한다.

이러한 것은 연소실로 들어가는 연료를 조절하는 연료 조종장치(fuel control unit)에 의해서 성취된다. 조종사는 동력레버(power lever)와 같은 제어장치를 사용하여 연료의 유량을 조절한다. 조

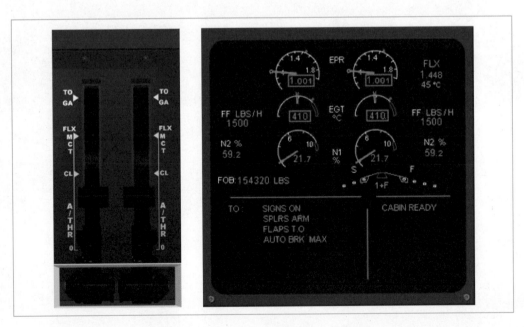

[그림 11-1] 엔진 추력 레버(thrust lever)와 주요 파라미터(parameter)

종사는 레버를 특정 출력 위치에 위치시킴으로써 원하는 추력으로 연료를 조절한다.

연료 조종은 [그림 11-1]과 같이 엔진의 여러 파라미터를 감지하여 그 수치에 따라 엔진 작동 한계를 초과하지 않는 범위에서 원하는 출력을 생산하기 위해 엔진에 충분한 연료 유량을 공급한다. 이것은 자동적인 형태로 농후하거나 희박한 혼합비에 의한 연소정지와 과열(over temperature)이나 과속(over speed) 현상을 방지한다.

1 터빈엔진 연료

터빈엔진에 사용되는 연료는 왕복엔진에 사용되는 연료와 다르다. 제트연료로도 불리는 터빈엔진 연료는 터빈엔진에만 사용하여야 하며, 왕복엔진 연료 계통에 사용되는 항공 가솔린(aviation gasoline)과는 혼용을 금하여야 한다.

1.1 터빈엔진 연료 특성

터빈엔진 연료는 높은 점도의 탄화수소 화합물로서 가솔린에 비해 훨씬 낮은 휘발성과 높은 끓는점(비등점)을 가지고 있다. [그림 11-2]와 같이 원유 증류 과정에서 보면 제트 연료는 나프타 또는 가솔린 보다 높은 온도에서 응축된다. 즉, 터빈엔진 연료의 탄화수소 분자는 항공 가솔린보다 많은 탄소로 구성되어 있다.

항공용 터빈 연료는 터보제트, 터보프롭과 터보샤프트엔진 등에 사용된다. 현재 사용되는 터빈 연료는 두 가지로서 케로신(등유) 유형(kerosene type)인 JET A와 JET A-1, 케로신에 가솔린(휘발유)을 첨가한 JET B가 있다.

JET A-1의 빙점(어는점)은 -47℃(-52.6℉)이고, JET A는 -40℃(-40℉)로 나타나 있으며, 공군과 같은 군용에 사용되는 JP-4와 유사한 JET B는 빙점이 -50℃(-58℉)이다.

케로신은 열에너지(heat energy)가 1파운드(pound)당 약 18,500BTU이고, 1갤런(gallon)당 무게는 6.7 파운드지만, 왕복기관에 사용되는 항공용 가솔린(aviation gasoline)은 1파운드당

20,000BTU이고, 무게는 갤런 당 6파운드이다. 즉, 케로신이 항공용 가솔린에 비해 무게 당 낮은 열에너지를 갖고 있지만, 갤런 당 더 높은 열에너지를 갖고 있다는 것을 의미한다.

많은 항공용 가스 터빈 제작사들은 터빈 연료를 사용할 수 없을 때 항공용 가솔린 사용을 제한적으로 적은 양의 사용을 허용하기도 하지만, 항공 가솔린의 사용을 제한하는 이유는 항공 가솔린에 첨가된 사에틸납(TEL: tetraethyl lead)이 터빈 블레이드에 침전되어 터빈 블레이드의 효율을 떨어뜨리고, 케로신에 비해 윤활성이 떨어지기 때문에 가솔린을 많이 사용하면 연료 조종장치의 과도한 마모를 초래할 수 있기 때문이다.

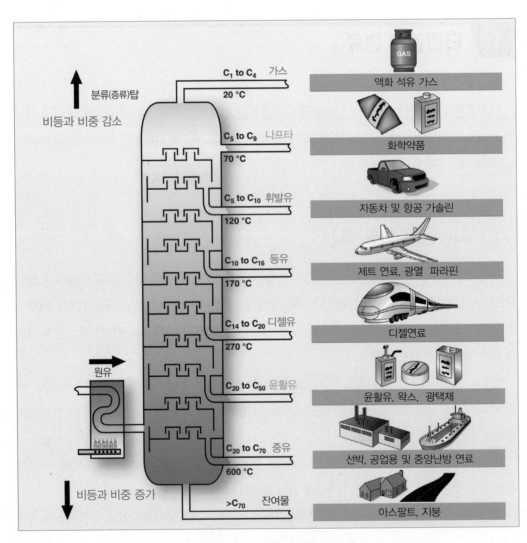

[그림 11-2] 원유 정제과정

일반적으로 가스터빈 엔진용 연료는 다음과 같은 특성이 요구된다.

- 모든 작동조건에서 펌핑이 가능하고 쉽게 흘러야 한다.
- 모든 작동조건에서 효율적인 연소를 제공하여야 한다.
- 모든 지상 조건에서 엔진 시동이 가능하여야 한다.
- 가능한 발열량이 많아야 한다.
- 연료 계통 구성품에 부식 발생이 낮아야 한다.
- 연료 계통의 움직이는 부분에 적절한 윤활 작용을 하여야 한다.
- 화재 위험이 낮아야 한다.
- 연소실 또는 터빈 블레이드에 해로운 영향이 낮아야 한다.

1.2 연료 첨가제

일부 항공기/엔진 조합은 방빙(anti-icing)이나 항균제(antimicrobial agents)와 같은 연료 첨가제가 필요하다.

미생물은 제트연료의 물속에서 살고 번식한다. 이 조직체는 고인 물에서 보는 찌꺼기와 비슷한 모양으로 진흙처럼 붉거나 갈색 혹은 회색이거나 검다. 이런 조직체는 탄화수소를 먹고 살지만 번식하기 위해서는 물이 필요하다. 이 미생물은 서로 얽히는 성질이 있어 대게 갈색의 담요처럼 보이는데 이것이 수분을 더 많이 흡수하기 위해 압지 같은 역할을 하므로 미생물의 성장을 촉진한다. 이 미생물의 성장은 연료 흐름과 연료량 지시에 간섭할 뿐 아니라, 더욱 중요한 것은 전해질의 부식 작용(electrolytic corrosive acton)을 일어나도록 한다.

방빙 첨가제는 아주 낮은 온도의 경우를 제외하고는 데워진 연료를 사용하지 않고도 연료 속에 함유된 수분이 어

[그림 11-3] 연료 첨가제(PRIST®)

는 것을 예방한다. 미생물 억제제는 미생물, 곰팡이와 연료 계통에 점액 형태로 눌어붙은 박테리아를 죽인다.

첨가제는 연료 공급자에 의해 사전에 대부분 혼합되어있지만, 그렇지 않을 때는 항공기에 연료를 보급할 때 반드시 첨가하여야 한다.

첨가제는 [그림 11-3]과 같이 방빙과 미생물 억제제를 혼합한 대표적 상표인 프리스트(PRIST®)를 많이 사용하는데 연료 보급할 때 첨가할 수 있도록 만들어져 있다. 첨가제 종류와 양은 기후 조건과 연료 계통의 감항성을 유지하는 선에서 결정되어야 한다.

터빈엔진에 첨가제를 사용할 경우, 정비사는 사용이 승인된 제품인지 항공기 운용지침서(aircraft operator's manual) 혹은 형식증명자료(type certificate data sheet)등을 반드시 확인하여야 한다.

1.3 증기 폐쇄(Vapor Lock)

모든 연료 계통은 증기폐쇄(vaor lock)가 일어나지 않도록 설계되어야 한다. 구형 중력식 공급 계통에서는 증기 폐쇄의 현상이 더 많았었다. 연료 계통은 지상과 비행 중의 기후 조건의 변화에서도 증기 폐쇄의 발생 우려가 없어야 한다. 통상 연료는 공기흐름 속으로 분사될 때까지는 액체 상태로 남아 있다가 순간적으로 증발한다. 어떤 조건에서는 연료가 도관이나 펌프 또는 다른 구성품 내에서도 기화될 수 있다. 때 이른 기화로 생성된 증기 덩어리가 연료 흐름을 제한하게 된다. 그 결과 연료 흐름이 부분적으로 또는 완전히 막히는 현상을 증기 폐쇄라고 부른다. 증기 폐쇄의 일반적인 세 가지 원인은 낮은 연료 압력, 높은 연료 온도, 그리고 연료의 과도한 불규칙 흐름이다.

고고도에서는 탱크 내의 연료에 작용하는 압력이 낮으며, 이것이 연료의 비등점을 낮게 하고 기포를 형성시키는 원인이 된다. 연료 흐름 속에 갇힌 이런 증기는 연료 계통에서 증기 폐쇄를 일으키게 된다.

엔진으로부터 열을 전달받으면 연료 관과 펌프 내에 있는 연료가 증발하는 원인이 될 수도 있다. 이런 현상은 탱크 내에 있는 연료 온도가 높을수록 증가한다. 연료 온도가 높은 상태에서 가끔 낮은 압력이 동반되면 기포 형성이 증가한다. 이 현상은 무더운 날씨에 항공기가 급상승할 때 잘 일어나는 것이다. 항공기가 상승할 때, 외부 온도는 떨어지지만, 연료는 빠르게 온도를 잃지 않는다. 이륙 시 연료가 적당히 따뜻하다면, 고고도에서는 쉽게 증발할 만큼 충분한 열을 유지하는 셈이다.

연료의 불규칙 흐름(fuel turbulence)의 주된 원인은 탱크에 있는 연료의 출렁거림(sloshing), 엔진구동펌프의 기계적인 작용, 그리고 연료 관에서 급격한 방향 변화이다. 탱크 내에서 연료가 출렁거리면 연료에 공기가 혼합되기가 쉽다. 이 혼합가스가 연료 관을 거쳐 지나갈 때, 갇혔던 공기는 연료로부터 이탈하고 급격한 방향 변화나 굴곡이 생기는 점에서 증기 덩어리를 형성한다. 연료 펌프 내에서 불규칙 흐름과 펌프 입구의 낮은 압력이 동반하게 되면 이 지점에서 증기 폐쇄가 자주 발생한다.

증기 폐쇄는 연료 흐름을 완전히 차단해 엔진을 정지시킬 정도로 심각한 것이다. 연료 입구 라인 속의 아주 적은 양의 기포라도 엔진구동펌프로의 흐름을 막고 연료의 배출압력을 감소시킨다.

증기 폐쇄의 가능성을 줄이기 위해서는 연료 관을 열원과 멀리하고, 또한 연료 관이 급한 경사나 방향 변화, 또는 직경의 변화도 피해야 한다. 추가로, 너무 빠르게 기화하지 못하도록 연료의 휘발성이 제조 단계부터 조정된다. 그러나 증기 폐쇄를 줄이는 중요한 개선은 연료 계통 내에 [그림 11-4]와 같이 부스터 펌프(booster pump)를 적용하는 것이다.

[그림 11-4] 연료탱크 내의 부스터 펌프(booster pump)

대부분의 최신 항공기에 널리 사용되는 부스터 펌프는 [그림 11-5]와 같이 엔진구동펌프까지 가는 라인 내에 부스터 펌프 압력으로 연료를 가압함으로써 기포가 발생하지 않도록 한다.

연료에 가해진 압력은 기포 형성을 줄이고 기포 덩어리를 밀어내는 일을 돕는다. 부스터 펌프는 또한 기포 덩어리가 펌프를 거쳐 지나갈 때 연료 속에 있는 기포를 배출시킨다.

증기는 탱크에 있는 연료의 위쪽으로 이동하여 탱크 통풍구를 통해 빠져나간다. 소량의 증기가 연료 속에 남아 계량 작용을 방해하는 것을 방지하기 위해, 어떤 연료 계통에서는 증기 분리기(vapor eliminator)를 계량장치 앞에 장착하거나 붙박이형을 장착하기도 한다.

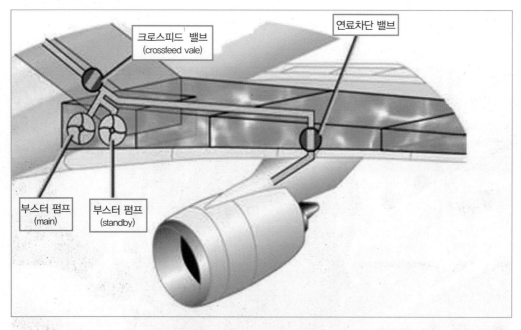

[그림 11-5] 항공기 연료이송계통

---

1 다발 엔진이 장착된 항공기에서는 엔진에 해당되는 연료탱크로부터 연료를 공급받는 것을 원칙으로 하고 설계되었으나 항공기 균형을 위해서 다른 탱크로부터 연료를 공급받아 엔진이 작동하는 것.

2. 터빈엔진 연료 조종계통(Fuel Control System)

항공기가 비행 중에는 항공기 외부의 기압과 온도 및 비행 속도 등의 변화를 고려하여 공기와 연료의 비율을 결정하여야 한다. 그러나 조종사가 이런 것들을 모두 고려해서 추력 레버(thrust lever)를 조작할 수는 없을 것이다.

그래서 등장한 것이 추력 레버 위치, 압력, 온도, 회전수, 비행 속도 등 많은 정보를 이용해서 안정적으로 운전할 수 있는 최적 연료 유입량을 산출하는 연료 조종장치(fuel control unit)이다.

약어로 FCU라 불리던 초기장치에서는 유압-기계식(hydro-mechanical type)으로 연료 유량을 산출했지만, 오늘날에는 EEC(Electronic Engine Control)라고 부르는 컴퓨터를 이용한 전자식 엔진 제어가 주류를 이루고 있다.

전형적인 가스터빈엔진의 연료 조종계통은 공기질량(air mass flow), 압축기 입구 온도 (compressor inlet temperature), 압축기 배출압력(compressor discharge pressure), 압축기 회전수 (RPM), 배기가스온도(exhaust gas temperature), 그리고 연소실 압력(combustion chamber pressure) 등의 함수로 산정된다.

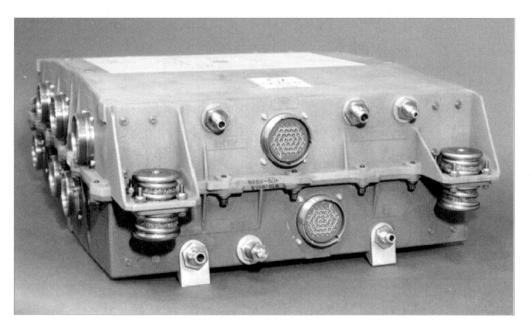

[그림 11-6] 전자식 엔진제어장치(electronic engine control)

2.1 제트연료 조종장치(Jet Fuel Controls)

가스터빈엔진의 연료 조종장치는 유압-기계식(hydro-mechanical), 유압 기계/전자식(hydro-mechanical)/electronic) 및 전자식 통합엔진제어(FADEC, full authority digital engine control) 등 3가지로 분류할 수 있다.

2.1.1 유압-기계식(Hydro-Mechanical)

유압-기계식 연료 조종장치는 감지부(sensing section), 컴퓨팅부(computing section) 및 미터링부(metering section)등 으로 구성되어 있다.

감지부는 파워레버 각도(power lever angle), 플라이 웨이트(fly weight), 액체가 밀봉된 봉입 벨로우즈(bellows), 공기압 벨로우즈 등에서 입력되는 신호를 감지한다.

컴퓨팅부는 감지된 입력신호를 바탕으로 유압 서보 피스톤, 입체 캠 및 레버 등의 각종 메커니즘의 조합으로 필요한 연료량을 계산하고, 그 결과를 미터립부의 연료 미터링 밸브에 전하여 연료량을 조절한다.

일종의 유압-기계식 컴퓨터라고 말할 수 있는 극히 정밀하고 복잡한 장치로서 근대 항공기 터빈엔진의 연료 조종장치의 주류를 이루어 왔다.

[그림 11-7]은 유압-기계식으로 작동하는 가스터빈 연료 조정 장치를 단순화한 그림이다. 연료를 조절하는 기능은 다음과 같다.

(1) 미터링 부(Metering Section)

엔진 시동 사이클 중에 차단 레버(shut-off lever: 10)를 열림(open) 위치로 움직이면 연료는 엔진으로 들어가기 시작한다.

차단 레버가 연료 차단 밸브(fuel shutoff valve)를 열어주고, 최소 흐름 정지(minimum flow stop: 11)가 메인 미터링 밸브(main metering valve: 4)를 완전히 닫히지 못하게 하기 때문이다. 이것이 파워 레버(power lever: 1)가 완전 후방 위치에서 아이들(idle) 위치가 되게 하여 파워 레버가 연료의 차단 기능까지 해야 할 필요성을 없애준다. 차단 레버는 또한 시동 사이클 중에 연료 조종장치 내부에 정확한 작동 연료 압력을 만들어 준다. 이것은 다시 말하면 연료 조종장치가 연료를 조절하기 이전에 연료가 엔진으로 들어가는 것을 방지해준다.

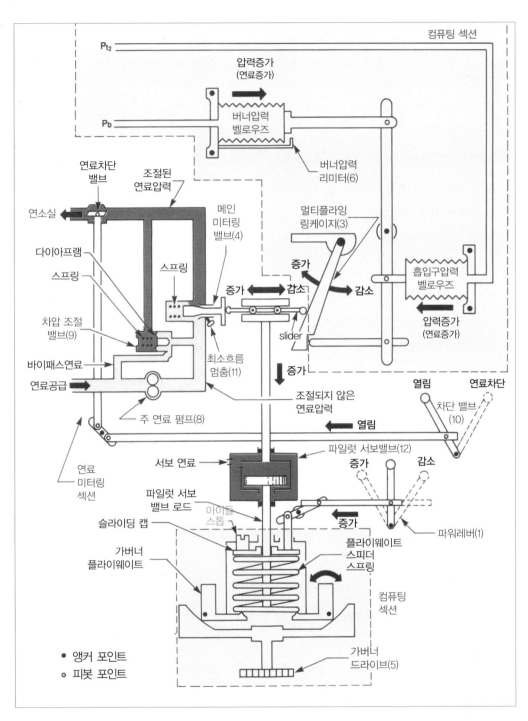

[그림 11-7] 유압 기계식 가스터빈 연료 조종장치 개략도

연료공급(fuel supply) 계통으로부터 연료는 주 연료 펌프(main fuel pump: 8)를 지나면서 가압되어, 메인 미터링 밸브(main metering valve: 4)로 보내진다.

밸브의 테이퍼에 의해 만들어지는 오리피스를 지나는 연료 유량은 압력강하가 발생한다. 미터링 밸브를 지나서 연료 노즐까지의 연료를 조절된 연료(metered fuel)라고 한다. 여기서 연료는 체적(volume)보다는 무게(weight)에 의해 조절(metering)된다. 이것은 연료의 열 포텐셜(파운드 당 BTU)이 연료 온도와 관계없이 일정하지만, 단위 체적 당 BTU는 그렇지 않기 때문이다. 연료는 정확하게 조절된 상태로 연소실로 흐르게 된다.

엔진의 출력이 일정한 상태로 한 가지 조건으로 작동된다면, 연료 미터링 오리피스는 고정된 크기로 하나만 있으면 된다. 그러나 항공기 엔진은 출력을 변경해야 한다. 이것은 파워레버(power lever: 1)를 움직여서 이루어진다.

파워레버를 앞으로 움직이면 오리피스 면적(4)은 계속 커진다. 이 작용이 수학적인 변수를 만든다. 즉 열림(opening)의 크기가 변하면, 흐르는 연료의 무게도 비례해서 변화한다.

차압 조절 밸브(differential pressure regulating valve: 9)에 의하여 연료 바이패스는 일정하게 변하는데, 이것은 오리피스 크기와 관계없이 압력 차이가 일정한 수치로 유지되기 때문이다. 조절된 연료(metered fuel)를 차압 조절 다이어프램의 스프링 쪽에 보내서 차압이 스프링 장력(spring tension)에 가게 된다. 스프링 장력은 일정한 값이기 때문에 오리피스의 차압(△P) 또한 일정하게 된다.

이해를 돕기 위해 연료 펌프와 같이 생각하면, 연료 펌프는 항상 연료 조종장치가 필요로 하는 연료보다 많은 양을 보내게 되는데, 이때 차압 조절밸브(differential pressure regulating valve)는 계속해서 초과한 나머지 연료를 펌프 입구로 돌려보낸다.

(2) 컴퓨팅부(Computing Section)

엔진작동 중에 파워 레버(power lever: 1)를 앞으로 밀면, 슬라이딩 캡(sliding cap)이 파일럿 서보밸브 로드(pilot servo valve rod: 2)를 밑으로 눌러 플라이웨이트 스피더 스프링(flyweight speeder spring)을 압축한다.

이렇게 해서 스프링이 밑으로 눌리고 이 눌리는 힘이 플라이웨이트를 안쪽으로 움직여서 파일럿 서보밸브 로드(pilot servo rod)는 아래쪽으로 내려오게 한다. 파일럿 서보밸브(pilot servo valve: 12)의 기능은 위쪽의 서보 연료(servo fuel)가 아래쪽으로 바뀌면서 생기는 갑작스러운 움직임을 방지하는 것이다.

멀티플라잉 링케이지(multiplying linkage: 3)가 정지 상태로 있다면 슬라이더(slider)는 경사진 판을 따라 아래로 움직이면서 동시에 좌측으로 움직인다. 슬라이더가 좌측으로 움직이면, 슬라이더는 미터링 밸브(metering valve: 4)를 밀어서 미터링 밸브의 끝에 있는 스프링 장력을 이기고 좌측으로 움직이게 된다.

미터링 밸브가 좌측으로 움직이면 연료 흐름이 증가하고, 엔진의 속도는 빨라지면서 가버너 축(governor drive: 5)을 더 빠르게 돌린다.

연료 흐름이 증가하면 엔진의 속도는 증가하고, 일정속도에 도달되면 엔진에 걸리는 부하가 줄어들고 엔진은 계속 가속하려는 경향으로 과속상태(over speed condition)가 된다.

이때 플라이웨이트는 원심력에 의해서 스피더 스프링 힘을 이기고 밖으로 벌어져서, 연료 흐름을 줄여줌으로써 엔진을 정속 상태(on-speed condition)로 유지해 주고, 플라이웨이트는 스피더 스프링 힘과 평형을 이루게 된다.

대부분 엔진에서 연소실(burner can)의 정압은 공기 흐름양을 측정하는 좋은 예이다. 만약 공기 흐름양을 알고 있으면, 연료/공기 혼합비(fuel/air ratio)는 더욱 미세하게 조절할 수 있다. 연소실 압력(burner pressure: Pb)이 증가함에 따라 연소실 압력 벨로우(burner pressure bellows)가 우측으로 팽창한다. 과도한 움직임은 연소실 압력 리미터(burner pressure limiter: 6)에 의해 제한된다.

만약 파일럿 서보밸브 로드(pilot servo valve rod)가 제자리에 머물러 있다고 가정하면, 연소실 압력 벨로우 팽창으로 멀티 플라잉 링케이지는 슬라이더를 좌측으로 밀어서 미터링 밸브를 열어 주어 연료를 더 내보내서 증가한 공기 흐름양과 연료 흐름이 같아지게 한다. 이런 상태는 항공기의 기수 하향 상태에서 생기는데, 이것은 흡입구 램 공기속도와 엔진의 공기 흐름양 등이 증가한 상태이다.

흡입구 압력(P_{t2})의 증가는 흡입구 압력 벨로우(inlet pressure bellows: 7)를 팽창시켜서 멀티 플라잉 링케이지를 좌측으로 움직이게 하는 힘으로 작용하고 미터링 밸브를 더 크게 열게 한다.

2.1.2 유압 기계식/전자식 연료 조종장치
(Hydromechanical/Electronic Fuel Control)

현대의 고 바이패스 터보팬 엔진의 작동은 수많은 요인에 대한 정확하고 신뢰성 있는 제어가 필요하나, 유압 기계식 연료 조종장치만으로는 한계가 있다.

일반적으로 이 형식의 계통은 연료 유량을 조절하기 위해 유압 기계식 연료 조종장치에 전자식 엔진제어장치(Electronics Engine Control: EEC)를 추가하였다. 기본적인 유압 기계식 연료 조종장치에 전자식 연료 조종장치의 추가는 터빈엔진 연료 조종장치의 발전에 커다란 기폭제가 되었다.

전자식 엔진제어장치는 엔진의 수명, 연료의 절감, 신뢰성의 향상, 조종사의 업무량 감소와 정비비용을 절감하게 되었다. 이러한 모든 효과를 동시에 얻기 위해서 두 가지 유형의 전자식 엔진제어장치가 개발되었으며, 하나는 감시 엔진제어장치(Supervisory Engine Control: SEC)이고, 다른 하나는 전자동 디지털 엔진제어장치(Full Authority Digital Engine Control: FADEC) 계통이다.

감시 엔진제어장치는 B-767 항공기에 장착되는 JT9D-7R4 엔진에 최초로 사용되었으며, 엔진작동에 필요한 여러 가지 파라미터(parameter)의 정보를 받는 컴퓨터와 유압-기계식(hydro-mechanical)인 연료 조종장치가 포함되어 있어 더욱 효과적인 엔진작동을 수행한다. 유압-기계식 연료 조종장치는 EEC의 명령을 받아 엔진을 직접 조정하는 장치로 구성되어 있다.

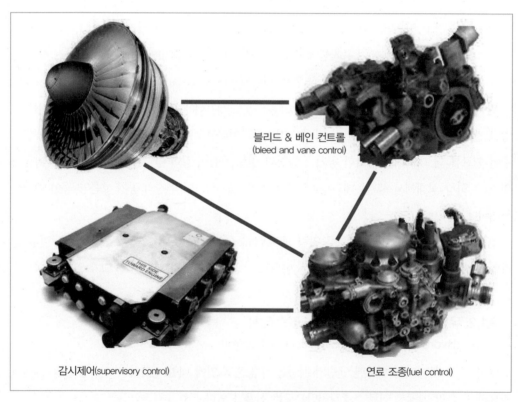

[그림 11-8] JT9D 감시 전자 제어계통(supervisory electronic control system)

2.1.3 전자동 디지털 엔진제어장치(FADEC)

전자동 디지털 엔진제어장치(FADEC, Full Authority Digital Engine Control)는 가장 최신의 터빈 엔진 모델에서 연료 유량을 제어하기 위해 개발됐다. 진정한 FADEC은 유압 기계식 연료제어장치(hydro-mechanical fuel control backup system)를 갖고 있지 않다. 동 계통은 엔진 변수들의 정보를 전자감지기 신호를 이용하여 전자식 엔진제어장치(EEC, Electronic Engine Controls)로 보내준다. EEC는 연료 흐름의 양 결정에 필요한 정보를 모아서 연료조절밸브(fuel metering valve)로 보내준다. 연료조절밸브는 EEC의 지시에 단순히 반응한다. EEC는 연료분배계통의 수감계산 부분(computing section)에 해당하는 컴퓨터이며 조절 밸브는 연료 유량을 조절한다. FADEC 계통은 작은 보조동력장치(APU)에서부터 가장 큰 추진력을 내는 엔진에 이르기까지 수많은 형식의 터빈엔진에 사용된다.

엔진의 모델에 따라 운용체계가 약간씩 달라 엔진 모델별 FADEC의 소개는 어려우므로 B737NG 항공기의 CFM56-7B 엔진의 FADEC 시스템을 제12장에서 소개하기로 한다.

2.2 터빈엔진의 물 분사 계통(Water Injection System)

가스 터빈 엔진에서의 물 분사는 엔진 추력을 증가시킨다는 의미이다. 최대추력은 엔진을 통하는 공기흐름의 밀도와 무게에 따라서 만들어진다. 물 분사는 물이나 물-메탄올(water-methanol) 혼합물에 의해 공기흐름을 냉각시켜서 이륙 시에 추가적인 출력을 얻는 데 사용된다. 메탄올은 부동액과 같은 용도로 물에 첨가된다.

물은 압축기 입구나 연소실로 직접 분사된다. 연소실 입구에 분사하는 방법은 축류 형 압축기를 사용하는 엔진에 좀 더 적합하다. 연소실 입구에 분사하는 것이 정확하게 분배하고 더 많은 양의 액체를 분사할 수 있기 때문이다.

압축기 입구에 오로지 물만 분사하면 터빈 입구 온도(turbine inlet temperature)가 감소한다. 메탄올의 첨가는 메탄올이 연소실에서 연소하면서 온도 손실을 보상해준다.

이러한 출력 보상은 연료 흐름의 조절 없이 이루어진다. 냉각제가 연소실 입구로 분사되면 압축기를 통과하는 질량유량(mass flow)에 비해 상대적으로 터빈을 통과하는 질량유량이 증가한다. 이것은 압력을 감소시키고 터빈 쪽의 온도를 떨어뜨려서 추가적인 추력을 의미하는 엔진 출구(tail pipe)의 압력을 높이는 결과를 초래한다.

터빈 입구 온도의 감소는 연료 흐름을 증가시키는 것을 허용하여 추가적인 추력을 마련한다. 메탄올을 사용할 때는 터빈 입구 온도는 연소실에서 메탄올이 연소하는 것을 반영하여야 한다.

[그림 11-9]는 터보제트엔진의 일반적인 연소실 물 분사 시스템이다. 냉각수(coolant)는 항공기에 장착된 물탱크에서 물흐름 감지 장치(water flow sensing unit)로 전달하는 공기 구동 터빈 펌프(air-driven turbine pump)로 흐른다. 물은 감지 장치에서 각 연료 분사 노즐로 전달되고 두 개의 제트에서 화염 튜브 스월 베인(flame tube swirl vanes)으로 분사되어 연소 영역으로 들어가는 공기를 냉각시킨다. 감지 유닛(sensing unit)과 방출 제트(discharge jets) 사이의 수압은 연료 제어 시스템(fuel control system)에 의해 감지되어 엔진속도 조절기(engine speed governor)를 자동으로 재설정하여 더 높은 최대 엔진속도를 제공한다.

물흐름 감지 장치는 압축기로 공급되는 공기 압력과 수압 사이에 정확한 압력 차이가 얻어질 때만 열린다. 엔진 스로틀 레버가 이륙 위치로 이동하면 시스템이 작동되어 마이크로 스위치가 작동하고 터빈 펌프로 공기 공급을 선택한다.

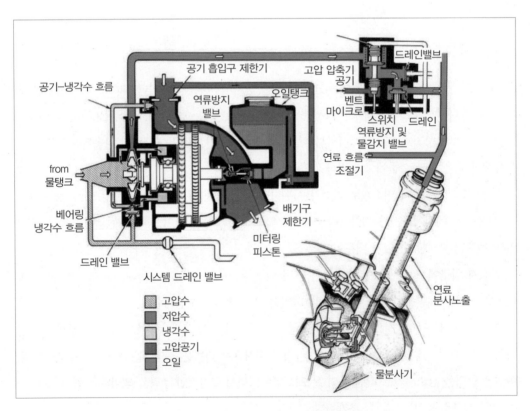

[그림 11-9] 전형적인 연소실 물 분사 계통

감지 장치는 또한 역류 방지 밸브(non-return valve)를 형성하여 방출 제트에서 공기 압력이 역류하는 것을 방지하고 물이 흐를 때 표시등(indicator light)을 작동시킨다.

3 / 터빈엔진 연료분배계통

최근의 터보팬 엔진의 연료분배 계통은 연소를 위한 연료를 엔진 연소실에 보내주고, 연료 계통의 서보기구(servo mechanism)에 깨끗하고 얼지 않은 연료를 공급해주며, 엔진 오일과 통합구동 발전기(Intergrated Drive Generator: IDG)의 오일을 냉각시켜준다.

3.1 연료 계통 구성품

연료 계통의 구성품은 크게 기체연료 계통과 엔진 연료 계통으로 나뉜다. 기체 연료 계통의 구성품은 연료탱크의 밑 부분에 있는 부스터 펌프(booster pump)에 의하여 가압 되어 선택 및 차단 밸브를 거쳐 연료 튜브(tube) 또는 호스(hose)에 의해 엔진 연료 계통으로 공급된다[그림 11-5 참조].

기본적인 엔진의 연료 계통 구성품은 주 연료 펌프(main fuel pump) → 연료 필터(fuel filter) → 연료 조절 장치(fuel control unit) → 여압 및 드레인 밸브(P&D valve) → 연료 매니폴드(fuel manifold) → 연료 노즐(fuel nozzle)로 구성된다.

이외에도 [그림 11-10]의 PW4090 엔진 연료 계통과 같이 오일 냉각을 위한 연료-오일 냉각기(fuel-oil cooler)와 연료의 방빙을 위한 연료 히터(fuel heater), 연료 유량 트랜스미터(fuel flow transmitter)가 있으며, 여압 및 드레인 밸브 대신에 연료분배 밸브(fuel distribution valve)가 있다. 엔진 연료 계통의 감지를 위해 조종실 엔진 계기판에는 엔진별 연료량 계기와 저 연료 압력(low fuel pressure) 경고등이 장착되어 있다. 또한, 연료 압력계와 연료 온도계를 갖춘 계통도 있다.

[그림 11-11]은 CFM56-7엔진의 연료분배 시스템 작동을 보여주는 개략도이다.

연료는 항공기 탱크로부터 연료공급라인(fuel supply line)을 통해서 엔진 연료 펌프(fuel pump)

로 들어간다. 펌프를 통해서 거쳐 나간 가압된 연료는 통합구동 발전기 오일 냉각기(IDG oil cooler)와 주오일/연료 열교환기(main oil/fuel heat exchanger)로 가서 IDG와 엔진 배유 오일 (scavenge oil)을 냉각시키고, 다시 펌프로 돌아와서 연료 필터(fuel filter)를 거치고 2차로 가압 되어 2개의 연료 흐름(fuel flow)으로 나누어진다.

주 연료 흐름(main fuel flow)은 연료 조종장치 미터링 시스템(hydro mechanical unit metering system)을 거쳐서 연료 흐름 트랜스미터(fuel flow transmitter)와 연료 노즐 필터(fuel nozzle filter)를 통해 20개의 연료노즐(fuel nozzle)로 분사된다.

또 다른 연료 흐름(fuel flow)은 민감한 서보 계통(servo system)으로 얼음 조각들이 들어가는 것을 방지하기 위하여 연료를 데워주는 서보 연료 가열기(servo fuel heater)를 거침으로서 연료는 뜨거워지고, 이 뜨거운 연료는 연료 조종장치 서보기구(HMU servo-mechanism)를 통해서 연료로 작동하는 여러 형태의 구성품(components)으로 간다.

또한, 연료 조종장치(HMU)에서 사용되지 않은 나머지 연료는 주오일/연료 열교환기(main oil/fuel heat exchanger)로 되돌아간다.

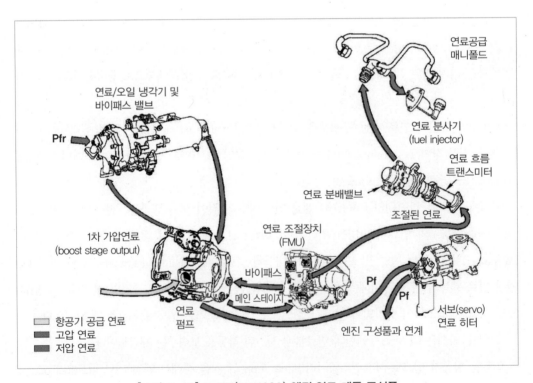

[그림 11-10] B-777(PW4090) 엔진 연료 계통 구성품

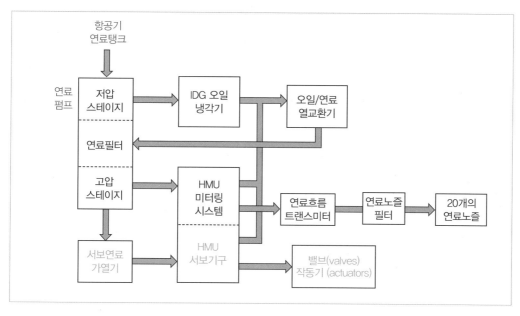

[그림 11-11] CFM56-7엔진 연료분배계통 개략도

3.2 주 연료 펌프(Main Fuel Pump)

주 연료 펌프는 엔진으로 구동되는 보기(accessory)로서 엔진 속도가 빨라지면 펌프의 속도도 빨라져서 더 많은 연료를 공급해준다. 펌프는 엔진에서 필요로 하는 연료보다 더 많은 연료를 연료 조종장치에 계속해서 공급하도록 설계돼 있다. 연료 조종장치는 연소실에서 요구되는 연료의 양으로 조절한 후, 나머지 연료를 연료펌프 입구로 돌려보낸다.

일반적으로 주 연료 펌프는 1개 혹은 2개의 스퍼기어 형식(spur gear type)과 원심 부스트(centrifugal boost)로 구성되어 있다. 기어펌프는 회전 당 고정된 유체의 양을 제공하기 때문에 용적 형(positive displacement type)으로 분류된다. 이러한 측면에서 기어 타입 오일펌프와 매우 유사하다.

[그림 11-12]는 전형적인 터빈엔진 연료 펌프를 보여주고 있다.

부스트 압력(boost pressure)인 원심 펌프의 임펠러(impeller)는 고압 부분인 기어펌프에 연결되어 기어펌프보다 빠르게 회전하면서 연료를 2개의 기어펌프에 공급한다.

병렬로 연결된 2개의 기어펌프의 구동축에는 전단 부분(shear sections)[2]이 있어서 한쪽 기어펌프가 고장일 경우, 축이 끊기어 다른 한쪽이 기능을 계속하면서 충분한 연료를 공급할 수 있도록 설계되어 있다. 또한, 더욱 가압된 연료는 2개의 체크 밸브(check valve)를 통하여 펌프 출구로 나가게 되며, 한쪽 기어펌프가 고장일 때에는 그쪽 체크 밸브가 닫혀 고장 난 펌프 쪽으로 연료가 역류하는 것을 방지한다.

　릴리프 밸브(relief valve)는 펌프 출구 압력이 규정치 이상으로 높아지면 열려서 기어펌프 입구로 되돌려 보낸다. 연료 조절 장치에서 사용하고 남은 연료는 바이패스 연료 입구를 통하여 기어펌프 입구로 보내진다. 이러한 형식의 펌프는 연소실에 연료를 분무하기 위해 고압력이 필요한 엔진에 적합하다. 대형 기어펌프는 1,500 psi 이상의 압력을 만들어 내고, 시간당 30,000파운드 이상의 연료량을 처리한다.

　일부 소형 엔진 연료 펌프는 연료 조종장치에 붙어있거나, 연료 조종장치에 내장되어 연료 펌프 자체로 분리되지 않는 예도 있다.

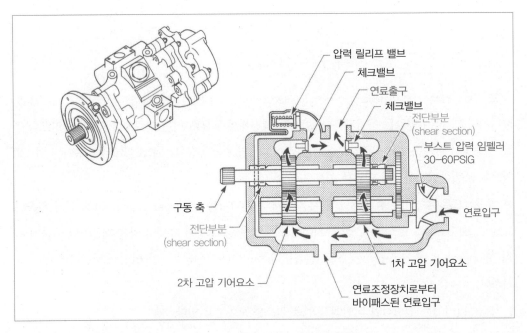

[그림 11-12] 터빈엔진 구동 연료 펌프

---

2 구동장치에서 만약 기계장치가 고정되었을 때 회전축이 끊어지도록 설계된 부분을 말한다. 이러한 전단 부분은 유압펌프, 연료펌프, 발전기, 정속구동장치, 등 엔진 기어박스에 장착되어 구동되는 부분품에 부분품과 기어박스 사이에 무리한 하중이 걸렸을 때 끊어지도록 설계되어 있다.

3.3 연료 히터(Fuel Heater)

연료 가열은 연료 속에 함유된 수분 때문에 생기는 얼음조각을 방지하기 위하여 공급된다. 얼음조각이 생기면 연료 필터가 막혀서 연료 필터를 바이패스하게 되는 원인이 되어, 찌꺼기가 걸러지지 않은 연료가 연료 구성품으로 흐르게 된다. 심할 때는 얼음조각이 연료 조종장치 같은 부품으로 들어가 연료 흐름을 중단시켜서 엔진 연소정지가 될 수도 있다.

어는 것을 중요시하는 엔진에서는 필터 바이패스(filter by-pass)쪽에 압력 스위치(pressure switch)를 장착하기도 한다. 필터에 얼음조각이 낀 경우, 압력이 떨어지게 되어 조종실에 경고 등(light)이 들어오게 한다.

연료 가열은 연료 온도가 32°F 부근에서 사용되도록 설계돼 있다. 연료 가열은 물의 빙점(freezing point) 이상인 3~5°F에서 자동으로 작동되거나 아래위로 젖히게 되어있는 조종실의 토글스위치(toggle switch)에 의해서 작동된다.

이 시스템에서 엔진 저압 필터(low pressure filter)로 가는 길에 연료는 히터 어셈블리(heater

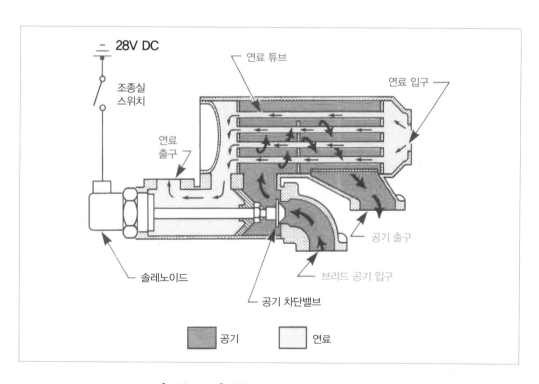

[그림 11-13] 터빈 엔진에 사용되는 연료 히터

assembly)의 코어를 통과한다. 솔레노이드는 블리드 공기(bleed air)가 코어를 통과하여 연료를 따뜻하게 데워주게 한다.

일반적인 작동 제한은 다음과 같다.

① 이륙하기 전에 1분 동안 작동하고, 비행 중에는 매 30분마다 1분 동안 작동한다. 과도한 가열은 증기 폐쇄(vapor lock)나 연료 조종장치에 열 손상을 초래할 수 있다.
② 항공기가 이륙, 접근 또는 복행(go around)하는 동안에는 기화로 인해 연소정지 가능성이 있으므로 작동하지 말아야 한다.

일부 엔진 연료 히터에는 사이클 시간이 자동으로 전기 타이머와 게이트 밸브 조절에 의해 제어된다. 시스템 사이클과 같은 작동을 점검하려면 정비사는 다음과 같이 EPR, 오일 온도(oil temperature) 및 연료 필터 등(fuel filter light)의 게이지 지시를 관찰할 수 있다.

① EPR은 블리드 공기의 흐름에 따라 압축이 손실되므로 떨어질 것이다.
② 오일 온도(oil temperature)는 오일 냉각기(oil cooler)로 흐르는 연료 온도가 높아져서 증가할 것이다.
③ 필터에 얼음이 형성되어 필터 바이패스 경고등(filter by-pass light)이 들어왔을 경우, 시스템 사이클이 동작하면 등은 꺼질 것이다.
④ 연료 바이패스 필터 경고등이 꺼지지 않으면 정비사는 얼음조각이 아닌 고체 오염물이 연료 필터에 존재하는지 확인하여야 한다.

일부 항공기에서는 연료-오일 냉각기(fuel-oil cooler)만으로도 연료가 어는 것을 충분히 방지할 수 있으므로 별도의 연료 가열시스템을 장착하지 않는다. 공기-오일 냉각기(air-oil cooler)를 사용할 때는 연료 가열시스템이 일반적으로 사용된다.

3.4 IDG 오일 냉각기(IDG Oil Cooler)

현용 터보팬 엔진에 주로 사용되는 발전기 형태는 정속구동장치(Constant Speed Drive: CSD)가 내장된 IDG(Intergrated Drive Generator)를 사용하고 있으며, 차가운 연료를 이용하여 IDG의 오일을 냉각시킨다.

[그림 11-14]와 같이 IDG 오일 냉각기 내부에는 오일 흐름(oil flow)과 연료 흐름(fuel flow)의 서로 다른 2종류의 흐름이 있다. 연료는 튜브 다발(tube bundle) 안쪽으로 흐르고, 오일은 튜브 다발(tube bundle) 주변을 순환하면서 열을 연료로 전달한다.

몸체는 튜브 플레이트(tube plate), 7개의 배플(baffle)과 U자 형태의 알루미늄 합금 튜브들로 구성되어 있으며, 하우징(housing)은 오일 공급 포트(oil supply port), 오일출구 포트(oil out port)와 오일 드레인 포트(oil drain port)를 포함하고 있고, 커버(cover)는 연료공급 포트(fuel supply port), 연료 출구 포트(fuel out port)와 압력 릴리프 밸브(pressure relief valve)를 포함하고 있다.

압력 릴리프 밸브(pressure relief valve)는 연료 입구 포트(fuel inlet port)와 출구 포트(outlet port)

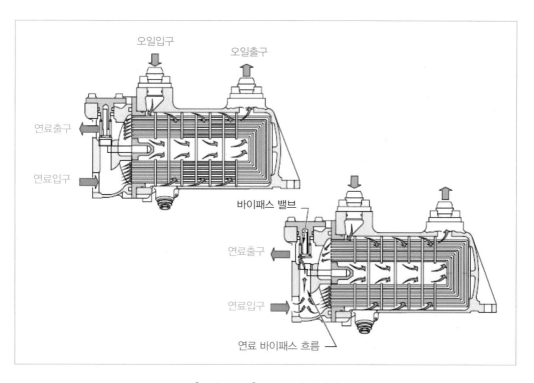

[그림 11-14] IDG 오일 냉각기

사이에 장착되어 차압이 24 pasid 이상이 되면, 연료를 열 교환기(heat exchanger)쪽으로 바이패스(by-pass) 시킨다.

3.5 주 오일/연료 열교환기(Main Oil/Fuel Heat Exchanger)

주 오일/연료 열교환기(main oil/fuel heat exchanger)의 주목적은 교환기(exchanger) 내부에 흐르는 오일(oil)과 연료(fuel)의 열 교환에 의하여 차가운 연료로 엔진 내부의 베어링 등을 윤활하고 배유된 오일(scavenged oil)을 냉각시키는 것이다.

열교환기(heat exchanger)는 관 모양의 형태로 설계되어, 장탈 가능한 코어(core)와 하우징(housing)과 커버(cover)로 구성되어 있다. 코어는 2개의 엔드 플레이트(end plate)와 연료 튜브(fuel tube)들과 2개의 배플(baffle)을 가지고 있으며, 튜브는 엔드 플레이트와 오일이 연료 입구 튜브(fuel inlet tube) 주변을 순환할 수 있도록 배플의 안쪽에 길이 방향으로 장착되어 있고, 씰링 링(sealing ring)이 코어에 장착되어 오일과 연료 영역(fuel area) 사이를 격리한다.

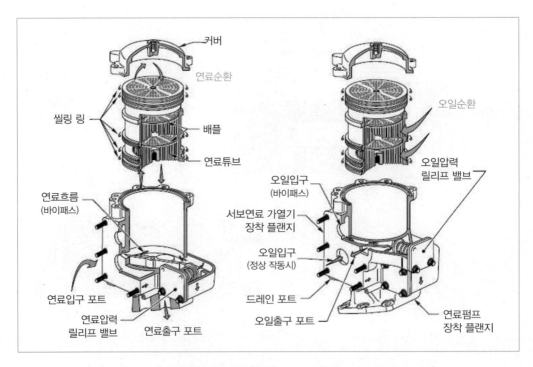

[그림 11-15] 주 오일/연료 열교환기(main oil/fuel heat exchanger)

연료가 오염되었을 때는 주오일/연료 열교환기(main oil/fuel heat exchanger)를 반드시 교환해 주어야 한다.

3.6 연료 필터(Fuel Filter)

터빈 엔진 연료 계통에서 두 가지 정도의 여과가 필요하다. 공급 탱크와 엔진 사이에 저 압력 거친 필터(coarse mesh filter)를 설치하고, 연료 펌프(fuel pump)와 연료 조종장치(fuel control) 사이에 고운 필터(fine mesh filter)를 설치한다. 연료 조종장치는 매우 정밀한 통로와 미세한 허용 공차를 가진 장치이기 때문에 10~200마이크론 등급의 고운 필터(fine filter)가 필요하다.

3.6.1 연료 필터의 종류

가장 일반적인 형식의 필터는 미크론 필터(micron filter), 웨이퍼스크린 필터(wafer screen filter), 그리고 평 스크린 망사 필터(plain screen mesh filter)의 세 가지이다. 이들 각 필터의 독립적인 사용은 특정한 장소에서 요구되는 여과 처리(filtering treatment)를 위함이다.

[그림 11-16]과 같이, 미크론 필터는 명칭에서 의미하듯이, 현재 사용되는 필터 형식 중에서 가장 큰 여과 작용을 한다. 1-미크론은 1/1000mm이다. 필터 카트리지의 구조에서 자주 사용되는 다공성 섬유소 물질(porous cellulose material)은 10~25-미크론 크기의 이물질을 제거할 수 있다. 미소한 열린 구멍으로 이런 형식의 필터를 만들어내지만, 막힘의 영향을 받기 쉬우므로 바이패스밸브가 안전 요소로 필요한 것이다.

미크론 필터는 이물질 제거에 완벽한 임무를 수행하기 때문에, 연료탱크와 엔진 사이에서 특히 중요하다. 섬유소 물질은 이물질이 펌프를 거쳐 지나갈 때 막는 기능을 하지만 또한 수

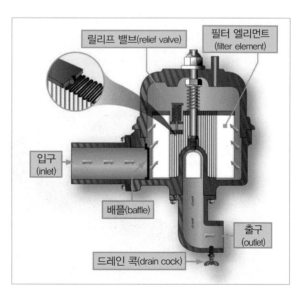

[그림 11-16] 항공기 연료 필터(aircraft fuel filter)

분을 흡수한다. 이따금 일어나는 일이지만, 만약 필터가 수분에 포화되고 물이 필터를 통해 나온다면, 수분은 연료펌프와 제어장치의 부품들을 훼손할 수 있고 급속히 손상시킨다. 왜냐하면 이들 요소가 오로지 연료에 의존하여 윤활을 하기 때문이다. 수분에 의한 펌프와 제어장치의 손상을 줄이기 위해, 필터 요소의 주기적인 확인과 교환은 절대 필요한 것이다. 매일같이 연료탱크 섬프와 저압 필터의 물을 배출하게 되면 많은 필터 고장, 그리고 펌프와 제어장치의 불필요한 정비를 없앨 수 있다.

가장 널리 사용되는 필터는 200-mesh와 35-mesh 미크론 필터이며, 미세 입자의 제거가 필요한 연료펌프, 연료조절장치, 그리고 연료펌프와 연료 조정장치 사이에서 사용된다. 보통 고운-메시 강철 와이어(fine-mesh steel wire)로 제작된 이들의 필터는 와이어를 연속적으로 겹친 층으로 되어있다.

[그림 11-17]과 같이, 웨이퍼 스크린형 필터(wafer screen filter)는 청동(bronze), 황동(brass), 철, 또는 그와 유사한 재료의 스크린 원반을 겹으로 만들어 필요에 따라 요소들을 교체할 수 있다. 이 형식의 필터는 미세한 입자를 제거할 능력이 있을 뿐 아니라, 고압에 잘 견디는 강도를 갖고 있다.

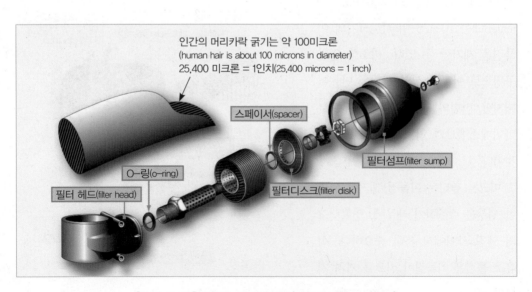

[그림 11-17] 웨이퍼 스크린 필터(wafer screen filter)

3.6.2 연료 필터의 점검

연료 필터 점검은 정비사에 의해서 주기적으로 검사해야 하는 항목이다. 물이나 금속 오염물질이 필터나 필터 바울(filter bowl)에서 발견될 때는 정비사는 항공기 운항 전에 문제의 근원이 어디인지를 반드시 확인 하여야 한다.

[그림 11-18]은 CFM56-7엔진의 연료펌프 필터로서 필터 카트리지(filter cartridge)와 바이패스 밸브(by-pass valve)로 구성되어 있다.

필터 카트리지는 38마이크론의 여과 용량을 가지고 있으며, 연료펌프 몸체(fuel pump body)내에 장착되어 있다. 연료는 필터 카트리지의 바깥쪽에서 안쪽으로 순환되고, 필터가 막혔을 때는 바이패스 밸브가 열려서 연료펌프의 고압 단(HP stage)으로 연료가 통과하도록 해준다.

조종실의 'FILTER BYPASS'경고등이 지시되거나 필터 커버(filter cover) 아래쪽에 심각한 오염이 발견되었을 때는 반드시 필터를 장탈하고, 육안검사를 실시하여야 하는데, 이 검사는 항공기 혹은 엔진 연료 계통의 오염원을 알아내는 데 큰 도움이 된다.

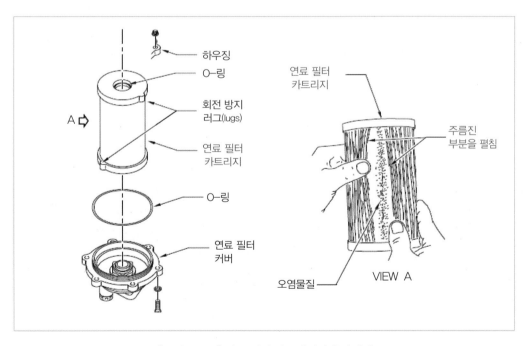

[그림 11-18] 연료 필터 카트리지의 육안검사

3.7 연료 분사 노즐과 연료 매니폴드
(Fuel Splay Nozzles and Fuel Manifolds)

연료 분사기라고도 부르는 연료 노즐은 연료 시스템의 마지막 지점에 있다. 연소실 라이너 (combustion liner)의 입구에 장착되어 규정된 양의 연료를 연소실에 분사한다. 연료는 액체 상태로는 연소할 수 없으므로 우선 먼저 분무 또는 기화에 의에 정확한 비율로 공기와 혼합되어야 한다.

3.7.1 분무식 노즐(Atomizing Type Nozzles)

분무식 노즐은 매니폴드에서 연료를 받아서 미세하게 분무화시켜서 연소실에 정밀하게 분사한다.

원뿔(cone) 모양의 분무 된 분사 형태는 아주 미세한 연료 방울의 큰 연료 표면적을 제공한다. 이것이 최적의 연료/공기 혼합을 만들어 준다. 더 높은 압축비에서 가장 바람직한 불꽃 형태가 이루어지며, 시동 및 그 밖의 설계속도에 미치지 못하는 속도에서는 압축의 부족으로 불꽃의 길이가 길어진다. 분사 형태 또한 연소실 라이너 중심에서 벗어날 때는 불꽃은 연소실 벽면에 닿게 되어 [그림 11-19]와 같이 연소실 벽면에 열점(hot spot)이 발생하거나 타 버릴 수(burn) 있다.

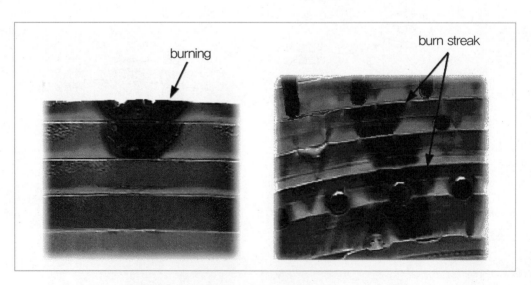

[그림 11-19] 연소실 라이너의 burning과 burn streak 현상

분사 형태를 왜곡시키는 또 다른 문제는 노즐 내에 오염된 입자(contaminated particles), 또는 [그림 11-20]과 같이 노즐 오리피스(nozzle orifice) 주변에 탄소가 축적되어 과열 줄무늬(hot streaking)를 발생시키는 원인이 될 수 있으며, 이는 분무화 되지 않은 연료 흐름이 연소실의 냉각 공기 블랭킷(cooling air blanket)을 잘라내게 되어 연소실 라이너나 터빈 노즐(turbine nozzle)과 같은 연소실 출구 부품들과 충돌하게 된다.

일부 연료 노즐은 검사를 위해 쉽게 장탈 할 수 있도록 엔진 외부 패드에 장착되어 있다. 그 외에는 엔진 내부에 장착되어 연소실을 장탈 해야만 접근이 가능한 경우도 있다.

[그림 11-21(B)]에 엔진 외부에 장착된 복식노즐(duplex nozzle)을 보여주고 있다. 단식노즐(simplex nozzle)은 [그림 11-21(A)]에 나타나 있다.

(1) 단식 연료 노즐(Simplex Fuel Nozzle)

[그림 11-21(A)]와 같이 단식노즐은 하나의 분사 형태를 제공하고 오리피스 출구에 좀 더 나은 분무를 위하여 소용돌이를 만들어 주고, 연료의 축 속도를 줄이기 위해 홈 붙이 스핀 챔버(fluted spin chamber)가 내장되어 있다.

단식노즐 그림에 나타나 있는 내부의 체크 밸브(check valve)는 엔진 정지 후, 연료 매니폴드(fuel manifold)에서 연소실로 연료가 떨어지는 것을 방지한다.

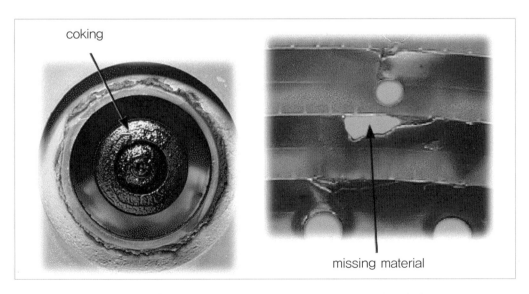

[그림 11-20] 연료 노즐의 탄소축적으로 인해 막힘과 연소실 조각 탈락

단식노즐을 가진 일부 연료 계통에서는 연소정지를 개선하기 위하여 아주 미세하게 옅은 안개처럼 분무화시켜 분사하는 프라이머(primer) 또는 시동 노즐(starting nozzle)이라고도 부르는 아주 작은 단식노즐이 주 연료 분사 장치에 부가적으로 내장되어 있다.

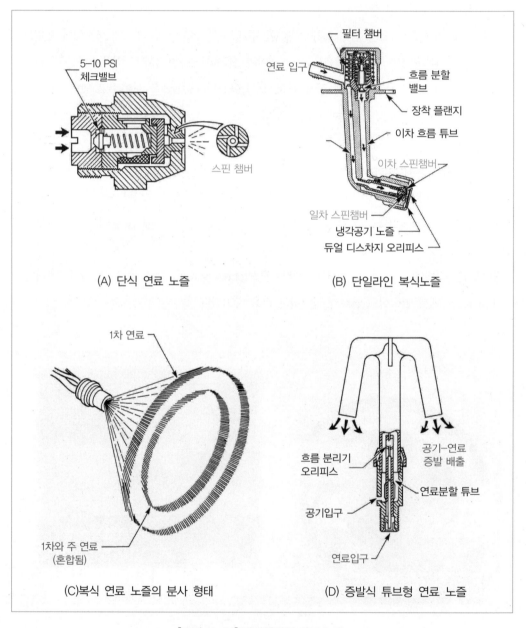

(A) 단식 연료 노즐

(B) 단일라인 복식노즐

(C)복식 연료 노즐의 분사 형태

(D) 증발식 튜브형 연료 노즐

[그림 11-21] 터빈엔진의 연료 노즐

시동과 idle 속도에서 분무 작용이 더 좋은 복식노즐(duplex fuel nozzle)로 대부분 교체되었으나, [그림 11-22]와 같이, 단식노즐은 아직도 일부 엔진에서 사용되고 있다.

(2) 복식노즐(Duplex Nozzle)

복식 연료 노즐(duplex fuel nozzle)은 현대의 가스터빈엔진에 가장 널리 사용되고 있으며, 싱글 라인(single-line)과 듀얼라인(dual-line)의 두 가지 종류가 있다.

[그림 11-21(B)]와 같이 싱글 라인 복식노즐은 하나의 연료 입구 포트(inlet port)에서 연료를 받아 흐름 분할기(flow divider)에서 두 개의 분사 오리피스(spray orifices)로 연료가 분배된다.

파일럿(pilot) 또는 일차연료(primary fuel)라고 부르는 중앙의 오리피스는 엔진 시동과 아이들(idle)로 가속 중에 넓은 각도로 분사해준다. 주(main) 연료 혹은 이차연료(secondary fuel)로 지칭되는 바깥쪽 오리피스(outer orifice)는 파일럿 연료(일차연료)로 흐르는 연료 압력이 일정 값에 도달되면 열리게 된다.

바깥쪽 오리피스로 흐르는 더 많은 양의 연료와 압력이 분사 형태를 좁게 만들어 주어 고출력에서 연료가 연소실 라이너에 닿지 않게 한다.

복식노즐 또한 각각의 오리피스에 스핀 챔버(spin chambers)를 활용한다. 이러한 배열은 연료 압력의 넓은 범위 이상에서 효율적인 연료 분무와 혼합 체류시간을 만들어 준다. 높은 압력이 공급되어 만들어진 분사 형태는 혼입된 오염물질로부터 오리피스가 막히는 것을 방지해준다.

연료 노즐의 머리(head)는 일반적으로 약간의 연소를 위한 일차공기(primary air)를 제공하는

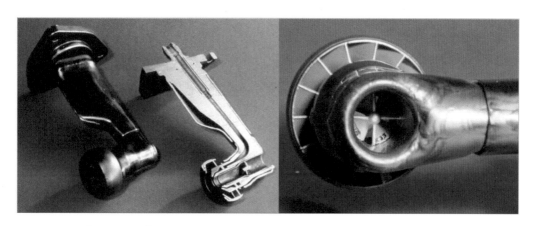

[그림 11-22] PW4090 엔진의 단식 연료 노즐과 스핀 챔버(spin chamber)

공기구멍(air holes)이 설계되어 있지만, 이러한 구멍들은 주로 노즐 머리(nozzle head)와 분사 오리피스(spray orifices)를 냉각하고 세척하는데 사용된다.

냉각 공기흐름은 일차연료(primary fuel)가 연료 흐름이 시작될 때 이차 오리피스(secondary orifice)로 역류하는 것을 방지해주고, 또한 탄소가 형성(carbonizing)되는 것을 방지해준다.

노즐 머리 주변에서의 탄소축적은 오리피스를 일그러뜨려 분사 형태를 왜곡시킬 수 있다. 이러한 축적은 보어 스코프 점검으로 발견할 수 있으며, 탄소가 많이 끼어있을 때는 노즐을 장탈하여 세척 작업을 수행하여야 한다.

3.7.2 기화식 노즐(Vaporizing Type Nozzles)

기화식 노즐의 배열은 분무식 노즐과 유사하게 연료 매니폴드(fuel manifold)에 연결되지만, 분무식처럼 연소실의 일차공기(primary air)로 연료를 직접 전달하지 않고, 증발관(vaporizing tube)에서 일차공기와 연료를 미리 혼합한다.

노즐 주변 연소실 열(combustor heat)이 혼합물이 연소실 화염 지역으로 나가기 전에 기화시켜준다. 일부 기화기는 오직 하나의 출구(outlet)가 있으며 지팡이 모양처럼 생겼다고 해서 지팡이형 기화기(cane-shaped vaporizer)라고 한다.

[그림 11-21(D)]는 이중 출구(dual outlet) T-형 기화기(T-shaped vaporizer)를 보여주고 있다. 기화 노즐(vaporizing nozzles)은 시동하는 동안 효과적인 분사 형태를 제공하지 못하므로 엔진 시동 시 사용하기 위하여 작은 분무식 분사노즐을 추가로 장착하기도 한다.

이 시스템은 일반적으로 프라이머(primer) 또는 시동 연료 시스템(starting fuel system)이라고 부른다. 초음속 여객기인 콩코드(concord)의 올림포스 엔진(olympus engine)은 기화 연료 노즐과 프라이머 연료 노즐 시스템을 사용하였다.

3.7.3 연료 여압 및 배출밸브(Fuel Pressurizing and Dump Valves)

연료 여압 및 배출(P&D) 밸브는 일반적으로 이중 입구 라인 형식(dual inlet line type)의 복식 연료 노즐(duplex fuel nozzle)에 사용된다.

단일라인 복식(single-line duplex)처럼 각 노즐로 흐르는 연료를 나누어주는 흐름 분할기(flow divider)와는 달리 이 배열은 압력과 덤프 밸브라는 하나의 중앙 흐름 분할기라고 할 수 있다.

연료 조종장치와 연료 매니폴드의 중간에 있는 P&D 밸브는 연료 매니폴드로 가는 1차 연료와 2차 연료를 분배하는 역할을 갖고 있다.

[그림 11-23]에서 엔진 시동을 위하여 파워 레버가 열려질 때 연료 조종장치로부터 압력 신호가 P&D 밸브로 전달된다. [그림 11-23(A)]와 같이 압력 신호(pressure signal)는 덤프 밸브를 왼쪽으로 밀어서 배출 포트를 닫아주고, 매니폴드로 가는 통로를 열어준다.

조절된 연료압력(metered fuel pressure)은 인넷 체크 밸브(inlet check valve)에서 스프링 장력을 이길 때까지 축적되어 연료가 입구 필터를 통하여 1차 매니폴드로 연료가 흐르게 한다. 엔진속도가 지상 아이들(ground idle) 이상에 도달되면 연료 압력은 압력 밸브 스프링 힘을 충분히 이길 수 있게 되어 연료는 또한 2차 매니폴드로 흐르게 한다.

조종실의 연료 레버를 차단(off) 쪽으로 이동시키면 엔진은 차단된다. [그림 11-23(B)]와 같이 연료 조종장치 압력 신호는 없어지게 되고, 스프링 압력은 덤프 밸브를 오른쪽으로 밀어내어 덤프 밸브 포트(dump valve port)를 열어준다. 동시에 인넷 체크 밸브는 닫혀서 조절된 라인(metered line)에 차 있는 연료를 보관하여 재시동 시에 빠르게 사용할 수 있도록 해준다.

[그림 11-24]는 P&D 밸브가 없는 단일라인 복식노즐을 보여주고 있다.

연료는 인넷 필터(inlet filter)를 통해서 몸체인 카트리지 어셈블리(cartridge assembly)로 들어와

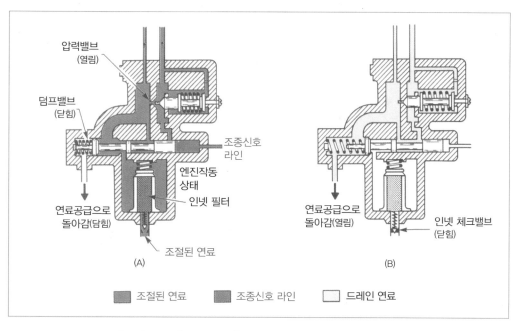

[그림 11-23] P&D 밸브(pressurizing and dump valve)

서 스프링 힘을 받는 체크밸브(spring-loaded check valve)에 도달되는데, 연료 압력이 15psig가 되면 스프링은 압축되어 체크밸브가 열려서 미터링 세트(metering set)의 중앙으로 좁은 각도로 1차 연료 흐름(primary fuel flow)을 만들어 준다.

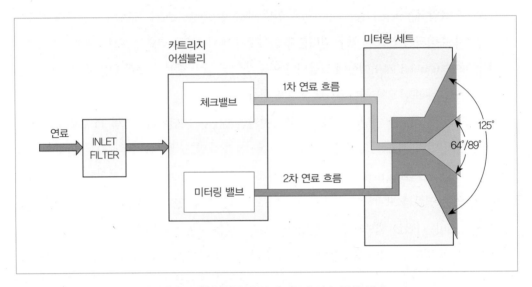

[그림 11-24] 단일라인 복식노즐의 연료 분사 형태

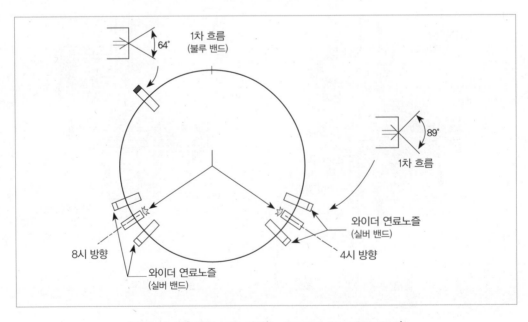

[그림 11-25] 연료 노즐 식별(fuel nozzle identification)

연료 압력이 120psig 이상이 되면, 흐름 분할기 미터링 밸브(flow divider metering valve)가 열려서 1차 연료는 계속 흐르면서 제한된 오리피스(restricted orifice)를 통해서 지지대(support)의 바깥쪽 튜브(outer tube)를 통해 미터링 세트(metering set)의 벤투리 형태의 오리피스(venturi type orifice)를 통하여 넓은 각도로 연소실에 분사된다.

연료 노즐의 기본 형태는 유사하게 보이지만 [그림 11-24]와 같이 1차 연료 흐름에서 연료 분사 각도가 64°와 89°로 두 가지 형태가 있는 것을 볼 수가 있다. 이것은 [그림 11-25]와 같이 점화 플러그의 양옆에는 넓은 각도의 연료 노즐을 장착하여 시동 시 점화를 쉽게 하고, 고도에서 재점화 성능을 개선하는 효과가 있다.

연료 노즐의 분사 각도 구분은 노즐 몸체에 컬러 밴드로 식별할 수 있다. 20개의 연료 노즐 중에서 16개는 분사 각도가 64°로서 파란색 밴드로 표시되어 있으며, 89°의 넓은 분사노즐은 은색 밴드(silver colour band)로 구분이 가능하다.

3.7.4 드레인 밸브(Drain Valves)

드레인 밸브(drain valve)는 연료가 축적되면 엔진작동에 문제를 일으키기 쉬운 여러 구성품으로부터 연료를 배출시키기 위하여 사용되는 장치이다. 그 하나의 문제는 연소실에 고여 있는 연료로 인한 화재의 위험성이고, 다른 문제는 연료 매니폴드와 연료 노즐 같은 곳에서 증발한 후 납과 고무 찌꺼기가 가라앉은 것이다.

어떤 경우에는 연료 매니폴드는 드립(drip) 또는 덤프 밸브(dump valve)로 알려진 각각의 장치에 의해서 드레인 된다. 이러한 형식의 밸브는 압력 차이에 의해서 작동되거나 솔레노이드로 작동될 수 있다. 연소실 드레인 밸브는 매번 엔진 정지 후 연소실에 고여 있는 연료 또는 시동에 실패할 때 고여진 연료 모두를 드레인 시킨다.

만약 연소실이 캔 형(can-type)이라면, 연료는 화염 전달(flame tube)관 또는 연결 튜브(interconnector tube)를 통하여 중력으로 드레인 라인 따라 드레인 밸브가 있는 아래쪽 챔버에 모여서 아래로 드레인 된다. 만약 연소실이 바스켓(basket) 또는 애눌러 형(annular-type)이라면, 연료는 단지 연소실 라이너(liner)에 있는 공기구멍을 통하여 흘러서, 드레인 라인이 연결된 연소실 하우징의 바닥에 고여 있게 된다.

연료가 연소실 바닥 또는 드레인 라인에 고인 후, 매니폴드 또는 연소실 내의 압력이 대기압 수준으로 떨어지면 드레인 밸브는 고여 있던 연료를 드레인 시킨다.

작은 스프링이 드레인 밸브를 붙잡고 있으나, 엔진작동 중에는 연소실 내의 압력이 스프링을 이기고 밸브를 닫아준다. 밸브는 엔진작동 시에 닫힌다. 매 엔진 정지 후 축적된 연료를 드레인 시키기 위해서는 밸브의 작동 상태가 절대적으로 양호해야 한다. 그렇지 않으면, 다음번 시동 시에 과열 시동이 되거나 또는 엔진 정지 후에 후화가 일어나기 쉽다.

과거에는 드레인 탱크의 연료를 이륙 중에 대기 중으로 방출시켰으나, 이런 연료방출이 광화학 스모그의 원인 물질의 하나라고 고려되므로 최근 엔진에는 대기 오염 방지 대책의 하나로서 드레인 탱크의 연료를 수동으로 배출하거나 저장 탱크 덤프 밸브의 방출구를 막아서 사용하지 않는다.

수동 드레인에 대한 필요성을 제거하려면 재활용 시스템의 몇 가지 유형이 진전되고 있다. 대표적인 하나는 연료 차단 레버가 작동되면 공급 탱크에 연료를 돌려보내는 시스템이 있다. 또 다른 하나는 덤프 포트에 블리드 공기를 도입하여 연료 노즐의 바깥쪽으로 연료를 불어내는 방법이다. 이것은 연료가 없어질 때까지 연소가 약간 연장된다.

여전히 또 다른 하나는 덤프 포트를 막아서 연료가 아래쪽 노즐 밖으로 나가서 연소실 안에서 증발되게 하는 방법이다. 이것은 물론, 노즐이 잔류 열로부터 내부적으로 탄소 형성에 영향을 미치지 않는 곳에만 사용할 수 있다.

3.8 연료 지시계통(Fuel Indicating System)

연료 지시계통은 연료 흐름(fuel flow), 연료 압력(fuel pressure) 및 필터 차압 신호를 조종실에 보여준다.

[그림 11-26]은 PW4000 엔진의 연료 지시계통을 보여주고 있다. 연료조절장치(fuel metering unit) 상부에 장착된 연료 흐름 트랜스미터(fuel flow transmitter)는 연료분배 밸브(fuel distribution valve) 입구의 연료 질량-흐름 비(mass-flow rate)를 측정하여 조종실에 아래쪽 EICAS에 연료 흐름 비/연료 사용 계기(fuel flow rate/fuel used indicator)에 지시해준다.

연료 필터 차압 스위치(fuel filter differential switch)는 연료 필터의 입구와 출구의 압력을 모니터하여 연료 필터의 막힘을 감지한다. 스위치가 닫히면(closed), 조종사에게 'ENG X FUEL FILTER'경고 메시지를 제공한다.

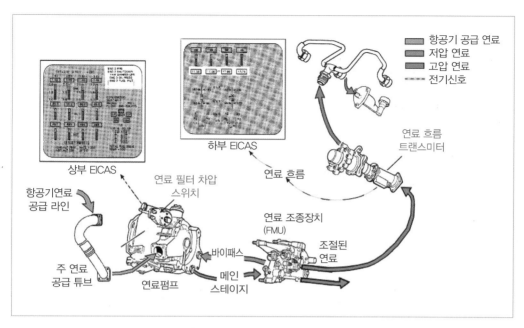

[그림 11-26] B747-400(PW4000) 엔진 연료 지시계통

4 대형 터보팬 엔진의 연료 계통

[그림 11-27]은 팬 직경(fan diameter)에 따라 B747-400, A330 및 B777 항공기에 사용되는 PW4000 엔진의 연료 계통이다.

항공기 연료탱크(Fuel Tank)로부터 엔진 연소실까지 엔진의 전 작동범위에 걸쳐 엔진 출력 (Engine Power)에 상응하는 적정의 연료량을 필터를 거쳐 일정한 압력으로 연소실에 압송한다.

연료 흐름(fuel flow) 순서는 항공기 부스터 펌프(booster pump)→엔진 연료 펌프(boost stage: 1차 가압)→연료/오일 냉각기(fuel oil cooler)→연료 필터(fuel filter)→연료 펌프(main stage)→연료 조절장치(fuel metering unit)→연료 흐름 트랜스미터(fuel flow transmitter)→연료 분배 밸브(fuel distribution valve)→연료 분사기(fuel injector)로 흐른다.

연료 펌프에 위치한 연료 바이패스 밸브는 연료조절장치(FMU)에서 펌프로 리턴(return)되는 연료를 N2, 70~75% 이상이면 통합발전기 오일냉각기(IDG oil cooler)를 바이패스 시키고, N2, 70~75 % 이하에서는 IDG 오일냉각기로 보내준다.

엔진 구동 펌프의 메인 스테이지(main stage)에서 연료흐름 트랜스미터를 거쳐 연소실로 가는 연료와 엔진 구성품을 작동시키기 위해 가는 서보 연료(servo fuel)로 분리된다.

연료/오일 냉각기 바이패스 밸브(fuel oil cooler by-pass valve)는 FADEC이 제어하며, 연료온도가 127℃ 이상이 되면 오일이 냉각기를 바이패스하여 엔진으로 직접 가게 한다.

IDG 연료/오일 냉각기 압력 릴리프 밸브(IDG fuel/oil cooler pressure relief valve)는 연료 펌프의 부스트 출구압력의 차압이 50 PSID 이상에서 IDG 오일 냉각기를 바이패스 시킨다.

연료조절장치(FMU)에는 2개의 솔레노이드(solenoid)와 1개의 토크모터(torque motor)가 있다. 상부에 있는 솔레노이드는 연료제어 스위치(fuel control SW)에 의해 작동되며 종래 항공기의 시동 레버(start lever)의 기능을 수행한다. 나머지 하부의 솔레노이드는 FADEC에 의해 제어되며, FADEC의 과속 프로그램(over speed program)에 의해 소프트웨어 프로그램과 실제 엔진 속도(engine R.P.M)가 N1〉116.4%, N2〉110.5 % 이상이 동시에 감지되면 엔진을 보호하기 위해 FMU의 최소 흐름 멈춤(minimum flow stop)으로 미터링 밸브(metering valve)를 움직여 최소 연료를 연소실로 보낸다.

펌프 하우징(pump housing)에 장착된 연료 필터는 40마이크론 일회용 종이 필터다. 필터 차압 스위치(filter differential pressure SW)는 5.5 PSID 이상에서 스위치가 컨택(contact)되고 3.5 PSID 이하에서 오픈(open) 된다.

연료 펌프의 메인 스테이지 압력을 측정할 수 있는 FP3 탭(tap) 및 부스트 스테이지 압력을 측정할 수 있는 FP8 탭(tap)이 마련되어 있다.

메인 스테이지 압력 릴리프 밸브는 1400 PSID에서 연료를 릴리프(relief) 한다.

연료 펌프는 원심식 부스트 스테이지(centrifugal type boost stage)와 용적 기어식 메인 스테이지(positive displacement gear type main stage)로 구성되어 있으며, 이 두 개의 펌프는 모두 메인 기어박스(main gearbox)의 같은 축의 구동축(drive shaft)에 의해 구동된다. 메인 스테이지(main stage)에서 가압된 연료는 FMU로 가고 FMU는 연소 연료와 서보 연료압력(servo fuel pressure)를 조절한다. 사용되지 않은 과도한 연료는 연료펌프를 거쳐 연료바이패스 밸브로 되돌아 간다.

연료분배 밸브(fuel distribution valve) 8개의 연료 튜브로 연료를 분산시키며 1개의 튜브에는 3개의 연료 인젝터(fuel injector)가 연결된다. 고압 압축기 후방 케이스 4시 방향에 장착되어 있으며 밸브 내부에는 200마이크론 금속 필터(metal filter)가 장착되어 있다.

20±2 PSID에서 필터 바이패스 밸브가 오픈되며, 엔진 정지(engine shutdown)시에는 연료 튜

브 드레인 밸브(drain valve)가 오픈되어 8개 중 6개의 튜브를 통해 연료가 연소실로 드레인 되며, 2개의 튜브에는 연료가 드레인되지 못하고 차있게 된다. 이것은 엔진을 재시동(re-starting)시 연료 튜브에 연료가 채워지는(filling) 시간을 단축하여 엔진시동이 조속히 이루어지게 한다.

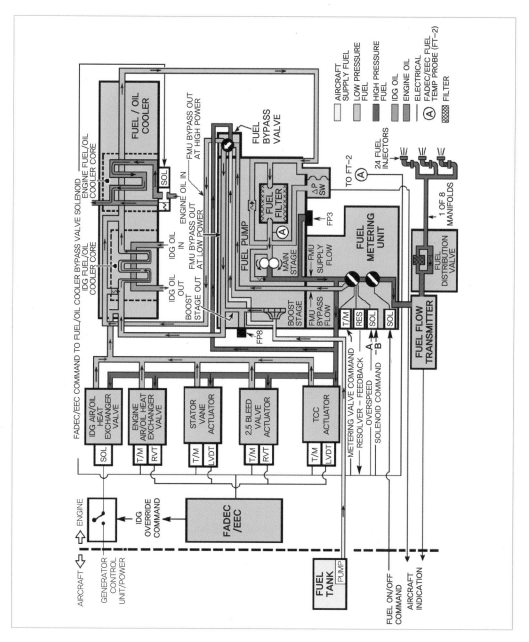

[그림 11-27] PW4000 엔진 연료 분배계통

제12장 전자동 디지털 엔진제어계통 (Full Authority Digital Engine Control)

가장 최신의 터빈엔진 들은 연료 유량을 제어하기 위해 전자동 디지털 엔진제어장치(Full Authority Digital Engine Control: FADEC)를 사용하고 있으며, 작은 보조 동력장치(APU)에서부터 가장 큰 추진력을 내는 엔진에 이르기까지 수많은 형식의 터빈엔진에 사용되고 있다.

본 장에서는 CFM56-7B 엔진의 FADEC에 대해서 소개하고자 한다.

1 FADEC 계통 일반(System General)

FADEC은 항공기로부터 입력되는 명령에 따라서 엔진 시스템을 완벽하게 제어하면서 조종실에 엔진의 작동상태를 지시해주고, 엔진의 상태 감시(engine condition monitoring) 및 정비관리 (maintenance reporting), 고장 탐구(trouble shooting) 등을 위한 정보 등을 제공해줄 뿐만 아니라 [그림 12-1]과 같이 다음과 같은 주요기능을 수행한다.

- 연료를 조절하고, N1과 N2의 회전수가 한계를 초과하지 않도록 제어한다.
- 지상에서 엔진 시동 중에 엔진 파라미터들을 제어하여 배기가스 온도가 한계를 초과하지 않도록 해준다.
- 수동(manual)과 자동추력(auto thrust)의 두 가지 모드에 따라 추력을 제어해준다.
- 압축기 공기 흐름(compressor airflow)과 터빈 간격(turbine clearance)을 조절하여 최적의 엔진 작동을 만들어 준다.

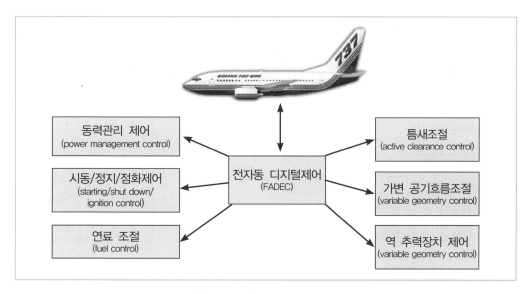

[그림 12-1] FADEC의 목적

- 추력 레버 인터라크 솔레노이드(thrust lever interlock solenoid)와 역 추력 장치를 제어해준다.

1.1 FADEC 구성

FADEC 시스템은 전자식 엔진 제어장치(Electronic Engine Control: EEC), 유압 기계식 장치 (Hydrao-Mechanical Unit: HMU)와 엔진을 제어하고 감시하는 밸브(valves), 작동기와 센서(actuators and sensors) 등과 같은 주변장치로 구성되어 있다.

EEC는 채널(channel) A와 B로 명시된 동일한 2개의 컴퓨터가 내장되어있으며, 전자적으로 엔진을 제어하고 엔진 상태를 감시한다.

HMU는 EEC로부터 받은 전기적인 신호를 엔진의 각종 밸브와 작동기(actuator)들을 구동시키기 위한 유압(hydraulic pressure)으로 전환해준다[그림 12-2 참조].

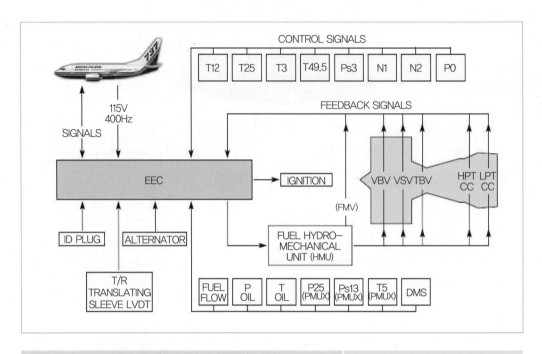

입력 제어 신호(CONTROL SIGNALS)		피트 백 신호(FEEDBACK SIGNALS)
• T12 : 엔진입구 온도	• FUEL FLOW : 연료흐름	• FMV : 연료조절밸브
• T25 : 저압 압축기 출구온도	• P OIL : 오일압력	• VBV : 가변 브리드 밸브
• T3 : 고압 압축기 출구온도	• T OIL : 오일온도	• VSV : 가변 정익
• T49.5 : 엔진배기가스온도	• P25 : 저압압축기 출구압력	• HPTCC : 고압 터빈 케이스 틈새
• Ps3 : 압축기 출구정압	• Ps13 : 팬 출구압력	• LPTCC : 저압 터빈 케이스 틈새
• N1 : 팬 속도	• T5 : 엔진출구 온도	
• N2 : 코어 엔진속도	• DMS : 오일계통 이물질 감시	
• P0 : 대기압력		

[그림 12-2] FADEC 구성

1.2 FADEC 인터페이스(Interface)

엔진의 모든 작동을 위해 FADEC 시스템은 EEC를 통해서 항공기 컴퓨터들과 서로 연결되어 있다.

[그림 12-3]과 같이 항공기 시스템과 인터페이스 되어있는 EEC는 공통 화면표시 계통/화면 표시 전자장치(Common Display System: CDS/Display Electronic Unit: DEU)를 통해서 작동 명령 (operational commands)을 받는다.

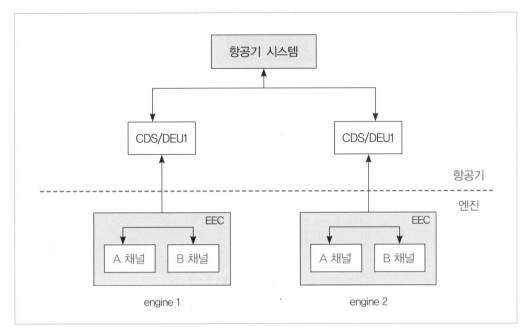

[그림 12-3] FADEC 인터페이스

CDS-DEU 1과 2는 2개의 대기 자료 관성 기준장치(Air Data and Inertial Reference Unit: ADIRU)와 비행관리 컴퓨터(Flight Management Computer: FMC)로부터 추력 계산(thrust calculation)을 위한 대기 자료(air data)를 받아서 EEC로 제공한다.

대기 자료 파라미터(air data parameters)는 고도, 총 대기 온도(total air temperature), 전압과 마하 넘버(total pressure and mach number)등이다.

1.3 FADEC 설계

FADEC 시스템은 자체진단 시험장비가 내장된 시스템(Built In Test Equipment: BITE system)으로 자체적인 시험을 통하여 자체 내부 결함은 물론 외부결함까지도 감지할 수 있다.

또한, EEC는 2개의 채널(channel)로 이중 구조로 되어있으며, 단일 센서(single sensor)와 공유된 센서(shared sensor)를 제외하고 센서 대부분은 이중조절 센서(dual control sensor)로서 2개의 채널에 각각 독립적으로 신호들을 제공해준다.

시스템의 신뢰도를 강화하기 위해서 하나의 채널로 입력된 값은 상호채널 데이터 링크(Cross

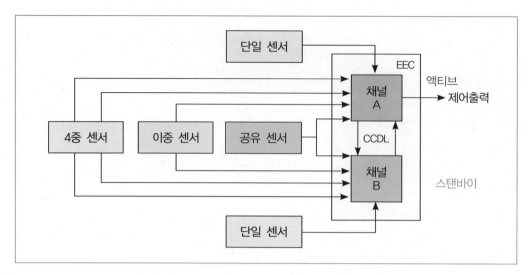

[그림 12-4] FADEC 설계 개념도

Channel Data Link: CCDL)에 의해서 서로 다른 채널에서 공유할 수 있게 되어있는데, 이는 입력 신호 중 하나가 고장일 때 정상적으로 작동하는 채널의 값으로 작동할 수 있도록 해준다.

EEC는 채널 'A' 와 채널 'B'로 동일한 2개의 채널로 구성되어 있는데 모든 입력을 동시에 받아서 처리하지만, 실제 엔진을 제어하는 것은 하나의 채널에서 이루어지며, 이때 작동 중인 채널을 액티브 채널(active channel)이라고 부르고, 작동하지 않는 다른 채널은 스탠바이 채널(stand-by channel)이라고 부른다.

액티브와 스탠바이 채널의 선택은 내장된 고장 진단시스템(BITE system)에 의해서 상태가 좋은 쪽이 액티브 채널이 되는데, 2개의 채널 모두 양호할 때는 매 엔진 시동 시마다 번 갈아서 액티브 채널이 된다.

전자식 엔진 제어장치(EEC)는 이중 채널 컴퓨터(dual channel computer)로 구성되어 알루미늄 섀시(aluminum chassis)에 내장되어 있으며, 진동과 충격으로부터 보호하기 위해 충격 완충장치 (shock absorber)와 함께 볼트로 팬 케이스 우측 2시 방향에 장착되어 있다.

2.1 EEC 냉각계통

EEC의 정확한 작동을 위해서 EEC 내부는 적정 온도로 유지되어야 하는데, 이를 위해서는 EEC 내부의 냉각(cooling)이 요구된다.

팬 인넷 카울(fan inlet cowl) 우측의 공기 흡입구(air scoop)를 통해 들어온 대기 공기(ambient air)는 냉각공기 입구(cooling air inlet)를 거쳐 EEC 내부 챔버(internal chamber)로 들어가서 EEC 내부를 냉각시키고 냉각 출구(cooling outlet)를 통하여 외부로 배출된다[그림 12-5 참조].

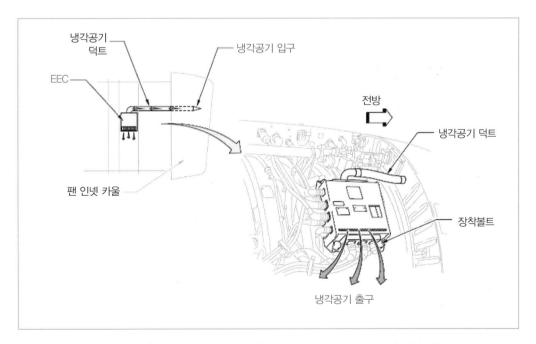

[그림 12-5] 전자식 엔진제어장치(electronic engine control) 냉각계통

2.2 EEC 구조

EEC는 전기 섀시 어셈블리(Electrical Chassis Assembly: ECA)와 압력 서브시스템(Pressure Subsystem: PSS)으로 구성되어 있다.

ECA는 알루미늄 섀시, 입력과 출력 신호의 통로 역할을 하는 전방 패널 어셈블리(Front Panel Assembly: FPA)와 측면 인터페이스 어셈블리(Side Interface Assembly: SIA)로 구성되어 있으며, FPA와 SIA는 순간 전압으로부터 EEC를 보호할 수 있는 장치를 하고 있다.

EEC 후방 커버(rear cover)를 통해서 A 채널과 B 채널의 기판에 접근할 수 있으며, 똑같은 모양의 이 두 기판은 FPA의 부품인 이중 채널 다중기판 머더보드 어셈블리(dual-channel multilayer motherboard assembly)에 연결되어 있으며, 금속 격판에 의해 A 채널과 B 채널의 모듈(module)은 각각 분리되어있다.

알루미늄 섀시에 쌓여 있는 PSS는 매니폴드(manifold), 트랜스듀서(transducer)와 관련 연결 장치들로 구성되어 있으며, 트랜스듀서는 매니폴드를 통해 받은 공기 압력(air pressure)을 EEC에서 처리(processing)할 수 있도록 디지털 신호(digital signal)로 변환시켜 준다.

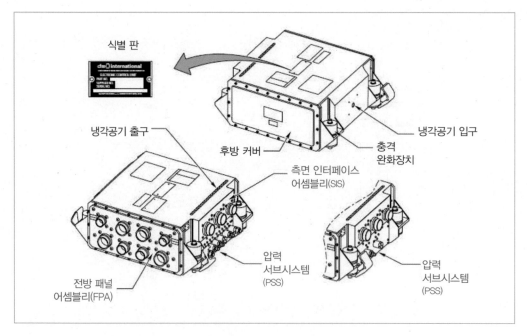

[그림 12-6] EEC 섀시(chassis)

2.3 EEC 전기연결장치(Electrical Connector)

EEC 전방 패널과 측면 인터페이스 어셈블리에는 [그림 12-7]과 같이 11개의 커넥터 (connector)가 있으며, 각각의 커넥터들은 해당하는 케이블 플러그(cable plug)만 장착될 수 있도록 유닉키(unique key) 형태로 되어있다.

커넥터들은 주기 되어있는 번호로 식별되는데, 전방 패널에는 J1부터 J8까지 측면 인터페이스 어셈블리에는 J9, J10, P11 등의 번호가 주기 되어있으며, 모든 엔진의 입력(input)과 명령 출력

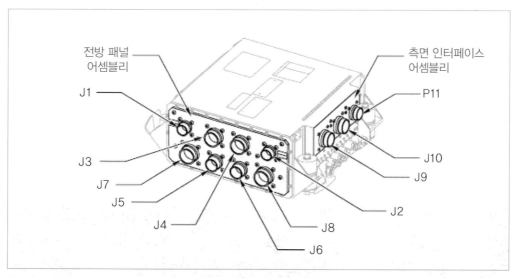

A 채널 커넥터 (홀수)	B 채널 커넥터 (짝수)	기 능
J1	J2	점화 전원(115V)
J3	J4	역추력 장치
J5	J6	유압-기계식 연료조절장치(HMU), N2, 연료흐름 지시계, 오일온도
J7	J8	N1, 엔진입구온도(T12), EEC 발전기, 오일 & 연료필터 막힘, 오일압력 등
J9	J10	고압 압축기 입구온도(T25), 저압 및 고압터빈 케이스 틈새조절, 가변정익(VSV), 가변 브리드 밸브(VSV), 트랜션 브리드 밸브(TBV), 고압압축기 출구온도(T3), 배기개스온도(T49.5), 엔진출구온도(T5)
P11	공유	엔진식별 플러그(ID plug), 테스트 인터페이스

[그림 12-7] 전기 커넥터(electrical connector)

신호(command output signal)들은 각각 분리된 케이블과 커넥터들을 통하여 A 채널과 B 채널을 통하게 된다.

2.4 엔진 정격/식별 플러그(Engine Rating/Identification Plug)

식별 플러그(Identification: ID plug)는 EEC 프로그래밍 플러그(programming plug) 또는 데이터 입력 플러그(data entry plug) 등 엔진의 형식 및 제작사에 따라 명칭이 다르게 불러지지만 기본 목적은 원활한 엔진작동을 위하여 [그림 12-8]과 같이 EEC에 연결되어 엔진 환경설정 정보(configuration information)를 EEC에 제공해주는데, 금속 띠(metal strap)로 팬 케이스에 부착되어 있어서 EEC가 교체되어도 엔진에 남아 있다.

EEC는 비휘발성 메모리(Non-Volatile Memory: NVM)로서 가능한 모든 엔진 설정 정보의 스케줄을 저장하고 있는데, 초기화 중에 식별 플러그의 특정 핀(pin)들의 위치와 전압을 감지하여 특정한 엔진의 스케줄을 선택하게 된다.

ID 플러그가 유실되거나 손상되었을 때는 EEC는 비휘발성 메모리에 저장된 이전의 플러그 설

[그림 12-8] EEC와 연결된 식별 플러그(Identification: ID plug)

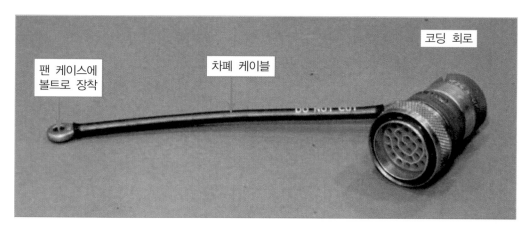

[그림 12-9] 식별 플러그(Identification: ID plug)

정(plug configuration)값을 사용한다.

ID 플러그는 EEC에 다음과 같은 환경설정 자료를 제공한다.

- 엔진계열과 모델(engine family and model)
- N1 트림 수정(trim modifier)
- 정격추력(thrust rating)
- 추력승급 옵션(bump option)
- 엔진 상태감시(engine condition monitoring)
- 엔진 연소실 형태(engine combustor configuration)
- 연소실 스테이지 밸브의 작동 여부(BSV active, or inactive)

2.5 EEC 전원공급(Power Supply)

EEC에 사용되는 전원은 [그림 12-10]과 같이 항공기의 트랜스퍼 버스(transfer bus) 1&2에서 받는 115V AC 400Hz와 엔진 기어박스(gear box)에 장착된 교류발전기(alternator)로부터 공급받는데, 교류발전기는 엔진의 속도가 N2, 12% 이상에서 전원공급이 가능하다.

EEC는 전원이 중단되지 않고 안정적으로 공급받을 수 있는 전원(power source)을 자동으로 선택하는 논리회로(logic circuit)를 가지고 있다.

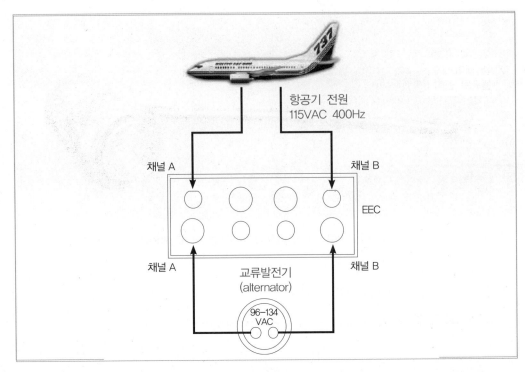

항공기 전원
115VAC 400Hz

채널 A   채널 B

EEC

채널 A   채널 B

교류발전기
(alternator)

96-134
VAC

[그림 12-10] EEC 전원공급(power supply)

2.5.1 EEC 전원공급 논리(Power Supply Logic)

각 채널의 EEC 논리(logic)는 [그림 12-11]과 같이 EEC 내부 스위치들에 의해 항공기로부터 오는 교류전원(alternate power)을 다음 조건에 따라 EEC 전원공급 장치(power supply unit)에 공급하거나 차단한다.

- N2 〈 12%: 스위치는 접속되어 항공기 28-VDC 전원이 들어와서 교류전원 릴레이 (alternate power relay)를 자화시켜서 115-VAC 교류전원(alternate power) 공급
- N2, 12~15%: EEC 내부 릴레이 자화되고, 스위치 변화 없이 현 상태 유지
- N2 〉 15%: 스위치는 차단(open)되고, EEC 교류발전기(alternator)로부터 전원공급

엔진이 정상작동 중에는 각각의 EEC 채널들은 1순위로 엔진 보기 기어박스(accessory gear box)에 의해 구동되는 EEC 교류발전기로부터 전원이 공급된다. 그러나 EEC 교류발전기가 작동

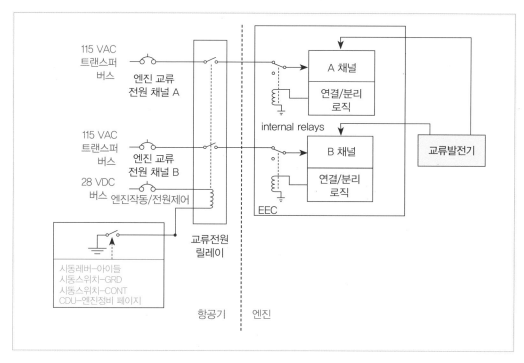

[그림 12-11] EEC 전원공급 로직

하지 않거나 고장일 때는 차선책으로 항공기 115V AC 400Hz 전원이 공급된다.

2.5.2 EEC 제어 교류발전기(Control Alternator)

EEC 제어 교류발전기는 EEC의 일차적인 동력원으로서 보기 구동기어박스(Accessory Gear Box: AGB)의 전방 상면에 장착되어 있다.

구성품은 보기 구동 기어박스 마운트 패드(mount pad)에 3개의 볼트로 고정된 스테이터 하우징(stator housing)과 각각의 EEC 채널에 연결되는 2개의 전기 커넥터(electrical connector), 보기 구동 기어박스 기어 축(gear shaft)에 너트로 고정된 로터(rotor)로 이루어져 있다.

교류발전기는 습식 형(wet type) 발전기로서 보기 구동 기어박스 엔진 오일로 윤활 된다.

둘로 나누어져 있는 고정자 권선(stator winding)들은 전압을 공급해주는데, 하나의 권선이 결함일 경우에는 다른 권선이 EEC로 전원을 공급해주고, 두 개가 모두 결함일 때에는 항공기 트랜스퍼 버스(transfer bus)로부터 전원이 공급된다.

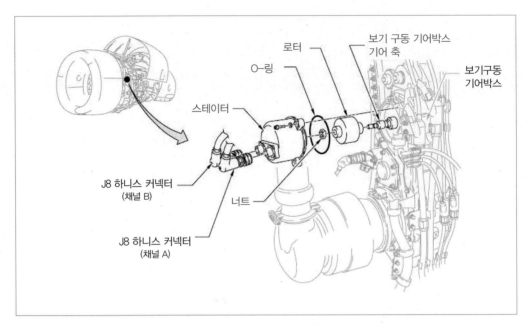

[그림 12-12] EEC 제어 교류발전기

로터
보기 구동 기어박스
기어 축
O-링
보기구동
기어박스
스테이터
J8 하니스 커넥터
(채널 B)
너트
J8 하니스 커넥터
(채널 A)

3 엔진 센서(Engine Sensors)

EEC는 항공기 운항조건에 따라 엔진을 제어하기 위해서는 엔진의 가스 통로(gas path)와 작동
상태를 나타내는 파라미터(parameter) 등의 정보가 필요하다.

이러한 정보는 엔진의 공력 스테이션(aerodynamic station)과 여러 위치에 장착된 센서(sensor)
에 의해서 측정되어 EEC 서브 시스템(subsystem)으로 제공된다.

공력 스테이션에 장착된 센서들은 스테이션 번호(station number)를 부여한다.

예를 들어 T25 센서의 경우에는 스테이션 번호 25의 온도, 즉 고압 압축기 입구 온도를 의미
한다. 또한, 특별한 곳에 장착된 경우에는 해당 부분의 명칭을 붙인다. 예를 들어 케이스(case)에
장착된 경우에는 Tcase 센서로 명명된다.

엔진의 센서들은 다음과 분류된다.

- 속도 센서(speed sensors)
  - N1: 저압 회전시스템 속도
  - N2: 고압 회전시스템 속도
- 온도 센서(temperature sensors)
  - 측온저항체(Resistive Thermal Device: RTD sensors)
    - T12: 팬 입구 온도
    - T25: 고압 압축기 입구 온도
  - 열전대(thermocouples)
    - T3: 압축기 출구 온도
    - T49.5(EGT): 배기가스 온도
    - T5: 저압터빈 출구 온도
- 압력센서(pressure sensors)
  - P0: 대기정압
  - PS3(CDP): 고압 압축기 출구정압
  - PS13: 팬 출구 정압
  - P25: 압축기 입구 전압
  - → 압력은 EEC 안에 있는 트랜스듀서(transducers)를 통해서 측정된다.

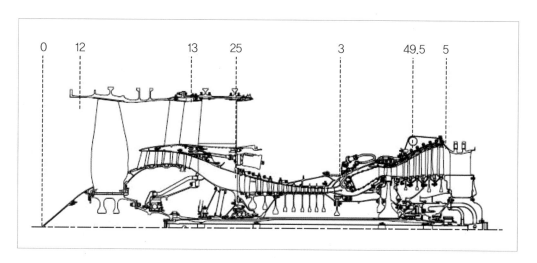

[그림 12-13] 공력 스테이션(aerodynamic station)

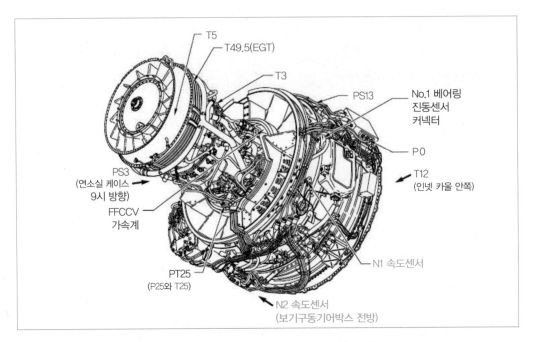

[그림 12-14] CFM56-7엔진 센서장착 위치

- 진동 센서(vibration sensors)
  - No.1 베어링 진동 센서(accelerometer)
  - 팬 프레임 압축기 케이스 수직(Fan Frame Compressor Case Vertical: FFCCV) 가속도계 (accelerometer)

3.1 속도 센서(Speed Sensor)

속도 센서는 N1과 N2의 회전속도를 나타내는 신호를 EEC 채널 A와 B로 보내주는데, 나머지 각 센서의 세 번째 커넥터는 진동 센서(vibration sensor)에서 감지된 데이터와 함께 진동분석 (vibration analysis)을 위해 AVM 시그널 컨디셔너(signal conditioner)로 신호를 보내준다.

N1과 N2 속도 센서들은 전기적인 출력 신호를 내보내는 유도형 회전계(induction type tachometer)이며, 출력은 교류 신호로서 주파수는 로터(rotor)의 회전속도와 정비례한다.

각 센서는 전자석으로 되어있는 3개의 감지 소자(sensing element)를 갖고 있으며, 각각 격리되

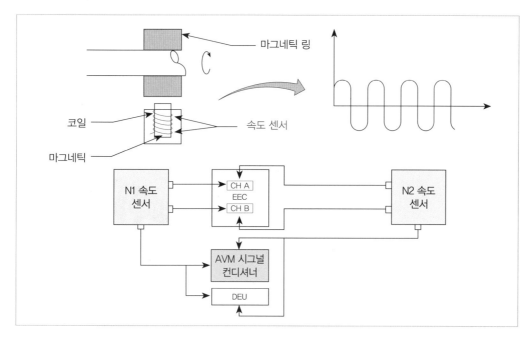

[그림 12-15] 속도 센서 설계개념

어 독립적으로 감지된 값을 해당 커넥터로 보내준다.

센서 톱니바퀴 링(sensor tooth ring)의 움직임은 철심 주변에 자장이 생성되어 코일(coil) 내에 자속의 변화를 일으켜서 코일에 펄스(pulse)가 유도되는데, 각 톱니바퀴(tooth)에 의해서 발생하는 펄스의 수는 센서 링 속도(sensor ring speed)와 비례한다.

NOTE N1 센서 링: 30개 톱니바퀴
　　　N2 센서 링: 71개 톱니바퀴

3.1.1 N1 속도 센서(Speed Sensor)

N1 속도 센서는 팬 프레임 버팀대(fan frame strut) 4시 방향에 장착되어 있으며, 2개의 볼트로 고정되어 있는데, 장착 후에는 센서 몸체(sensor body)와 리셉터클(receptacle)만 외부로 노출되고, 나머지는 엔진 안쪽으로 들어간다.

리셉터클에는 3개의 커넥터(connector)가 있는데, 2개는 EEC로 출력신호(output signal)를 보내주고, 나머지 하나는 DEU/AVM 시그널 컨디셔너와 연결되어 있다.

N1 센서 링(sensor ring)의 30개의 톱니바퀴 중 한 개가 다른 것보다 크고 두껍게 되어있는데,

이 하나가 센서에 더욱 강한 펄스(pulse)를 생성하게 된다.

센서 내부에 있는 인장 스프링(tension spring)은 열팽창 등에 의한 길이(dimensional) 변화에 대응하여 센서 프로브(sensor probe)가 항상 일정한 간격을 유지할 수 있도록 해주고, 외부에 있는 2개의 댐핑 링(damping ring)은 엔진 진동으로부터 프로브를 격리 시켜준다.

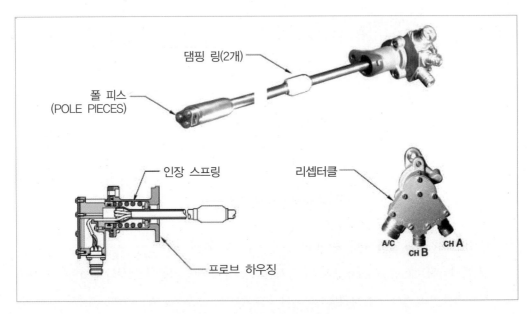

[그림 12-16] N1 속도 센서(speed sensor)

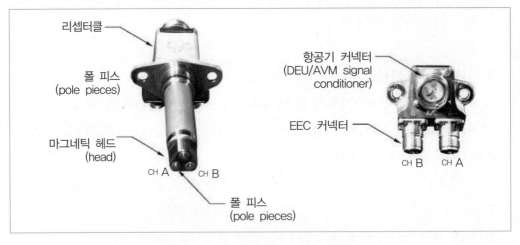

[그림 12-17] N2 속도 센서(speed sensor)

3.1.2 N2 속도 센서(Speed Sensor)

N2 속도 센서는 보기 구동기 어 상자 전방 9시 방향에 2개의 볼트로 장착되어 있다. 센서 하우징(sensor housing)에는 3개의 커넥터가 있는데, 2개는 EEC 채널 A와 B로 나머지 한 개는 DEU/AVM 시그널 컨디셔너로 연결된다.

3.2 측온저항체 형식 온도 센서(Temperature Sensors-RTD Type)

측온저항체(Resistive Thermal Devices: RTD)는 엔진 스테이션 12와 25에 장착되어 있으며, T12와 PT25 센서로 불린다.

EEC는 감지 소자(sensing element)의 전기적인 저항값에 따라 온도를 측정하는데, 감지 소자는 에어스트림(airstream)에 삽입된 프로브 주택(probe housing) 안에 있으며, 백금선(platinum wire)으로 감겨 있는 세라믹 코어(ceramic core)로 만들어져 있다.

공기 흐름(airflow)에 의해서 소자(element)가 가열되면 소자의 전기저항이 변화되는데, 공기 온도가 높으면 소자의 저항도 비례해서 증가하며, EEC는 소자로 전기 자극 신호(electrical excitation signal)를 보내서 전압이 떨어지는 결과를 측정해서 저항값을 구한다[그림 12-18 참조].

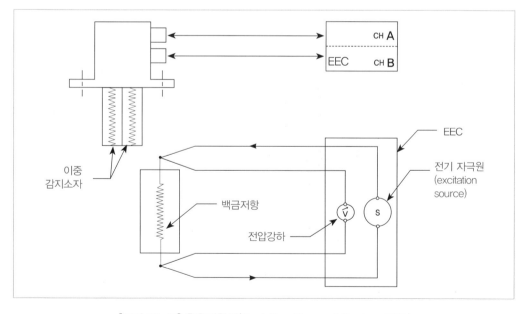

[그림 12-18] 측온저항체(Resistive Thermal Device: RTD)

3.2.1 T12 센서(Sensor)

T12 센서는 팬 인넷 케이스(fan inlet case) 2:30 방향에 장착되는데, 하나의 하우징(housing)에 2개의 백금소자(platinum element)와 EEC로 연결되는 2개의 커넥터(connector)로 구성되며, 팬 입구(fan inlet) 온도를 감지하여 추력산출계산(thrust management calculation)을 위해 EEC로 보내준다.

총 공기 온도(Total Air Temperature: TAT)는 EEC가 엔진제어(control)를 위해 사용하는 온도로서 T12는 T12 센서에 의해서 감지된 총 공기 입구 온도(total air inlet temperature)이다[그림 12-19 참조].

3.2.2 PT 25 센서(Sensor)

PT 25 센서는 팬 프레임 미드 박스 구조물(fan frame mid-box structure) 7시 방향에 장착되어 있으며, 하나의 하우징(housing)에 2개의 백금소자(platinum element)와 EEC로 연결되는 2개의 커넥터(connector)로 구성되어 있다.

램 공기 압력 튜브(ram air pressure tube)가 센서 프로브(sensor probe)의 한 부분으로 포함되어 있다.

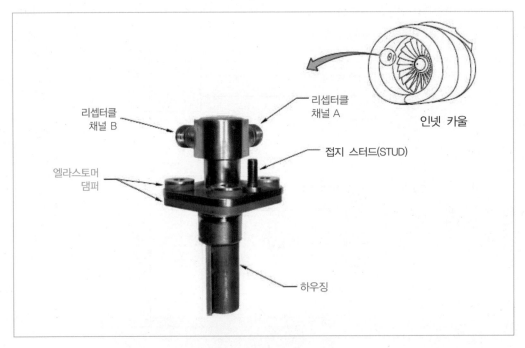

[그림 12-19] T12 센서(sensor)

PT25 센서의 한 부분인 T25 온도 센서(temperature sensor)는 연료 조절 밸브(fuel metering valve), 가변 스테이터 베인(VSV), 가변 브리드 밸브(VBV), 트랜지션 브리드 밸브(transition bleed valve), 고압 터빈 능동 틈새조절(HPT active clearance control)등의 논리 제어(logic control)를 위한 고압 압축기 입구 온도를 EEC로 제공해준다.

선택사항인 P25 램 공기 압력(ram air pressure)은 엔진 상태감시(condition monitoring) 목적으로 EEC로 제공되는데, 공기 압력(air pressure)는 EEC로 직접 들어가고, 들어온 압력 신호(pressure signal)는 EEC에 의해서 전기신호(electrical signal)로 변환된다.

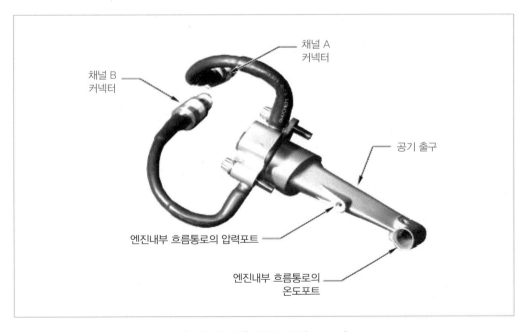

[그림 12-20] PT25 센서(sensor)

3.3 열전대식 온도 센서(Temperature Sensors-Thermocouple Type)

열전대 센서(thermocouple sensor)는 EEC와 같이 고온을 신호(signal)로 변환시켜 준다.

열전대(thermocouple)의 원리는 [그림 12-21]과 같이 크로멜(chromel: +)과 알루멜(alumel: -)의 이질금속이 서로 연결된 회로를 이루고 있는데, 실제 1차 공기 흐름(primary airflow)의 온도를 감지한 열 접점(hot junction)과 EEC 내의 냉 접점(cold junction)과의 온도 차이에 비례해서 기전력이 발생한다. 즉, 1차 공기 흐름(primary airflow)의 온도가 증가하면 온도 차인 더 벌어지게 되고 비례해서 기전력이 더 커지게 된다.

열 접점은 센서 안에 포함되어 있고, 냉 접점은 EEC 내에 장착되어 있다.

3.3.1 압축기 출구 온도 T3(Compressor Discharge Temperature T3)

T3 센서는 [그림 12-22]와 같이 연소실 케이스(combustion case) 12시 방향의 연료 노즐(fuel nozzle) 바로 뒤에 장착되어 있다.

같은 하우징(housing)안에 두 개의 열전대(thermocouple)가 들어 있고, 리지드 리드(rigid lead)

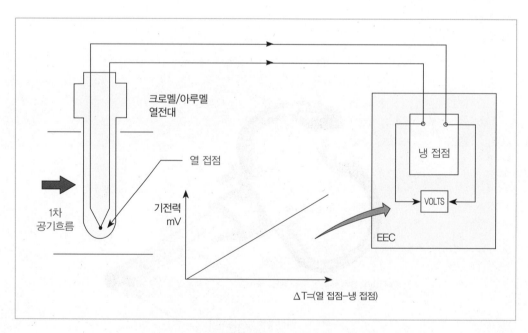

[그림 12-21] 열전대 원리(thermocouple principle)

---

1 엔진 배기가스 온도를 측정하는 온도감지계통에 사용하는 열전대 연결방법으로 두 개의 이질금속이 열을 받으면 기전력이 발생한다. 이 두 개의 이질금속을 접합시킨 것.

를 통해 정선 박스(junction box)로 연결되고 2개의 플러그는 EEC 각 채널로 전기신호(electrical signal)를 보내 준다.

T3 센서는 9단계 공기(압축기 출구)의 온도를 감지하여 고압 터빈 케이스 틈새 조절 밸브 (HPTACC valve)의 제어 로직(control logic)을 위한 데이터를 보내준다.

바이메탈릭(Bi-metalic: chromel-alumel) 센서는 온도와 비례해서 미리 암페어(miliampere: mA) 를 만들어 낸다.

3.3.2 배기가스 온도(Exhaust Gas Temperature: EGT)

EGT 감지시스템(sensing system)은 엔진 스테이션(station) 49.5에 있으며, EGT 값은 엔진의 상 태(condition)를 감시(monitor)하는데 사용된다.

시스템은 저압터빈 케이스(LPT case)에 장착된 8개의 프로브(probe)를 포함하고 있는데, 각 감 지 소자(sensing element)들은 저압터빈(LPT) 2단계 노즐(nozzle) 속으로 들어가 있다.

각각의 열전대(thermocouple)는 감지 프로브(sensing probe)의 온도에 비례해서 전기신호 (electrical signal)를 만들어 내는데, 8개의 센서는 인접한 프로브들 끼리 교류배선으로 조합되어 있다.

4쌍에서 측정된 값은 EEC로 보내지는데, 엔진 우측의 2개의 값은 A 채널로 좌측 2개의 값은 B 채널로 간다.

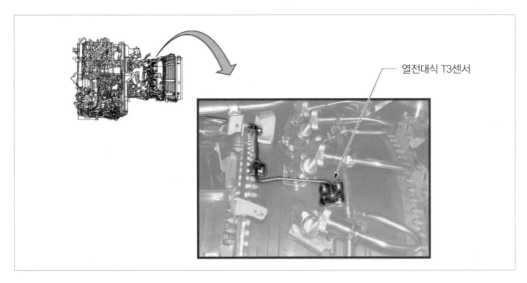

[그림 12-22] T3 온도 센서

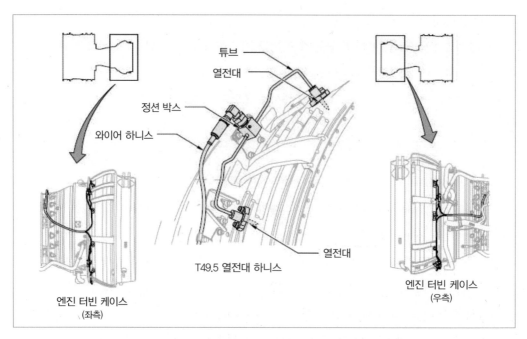

[그림 12-23] EGT 열전대와 하니스(EGT thermocouple and harness)

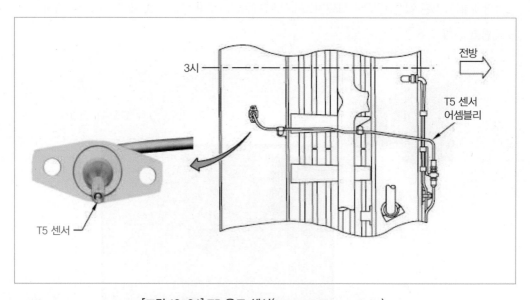

[그림 12-24] T5 온도 센서(temperature sensor)

3.3.3 저압터빈 출구 온도 T5(LPT Discharge Temperature T5)

T5 온도 센서는 저압터빈 후방 프레임(LPT rear frame) 4시 방향에 장착되어 있다.

이 센서는 엔진 상태감시 키트(monitoring kit)의 일부로서 항공사의 선택사항 중의 하나이며, 2개의 열전대 프로브를 가지고 있는 금속몸체(metal body)와 엔진에 장착하기 위한 플랜지(flange)로 구성되어 있다.

2개의 열전대는 정션 박스 안에서 병렬로 연결되어 하나의 신호가 EEC 채널 A로 보내준다.

3.4 압력센서(Pressure Sensors)

3.4.1 대기 정압(Ambient Static Pressure) P0

P0 센서는 대기 정압(ambient static pressure)을 감지하는데, EEC에 장착된 압력 판(pressure plate)의 벤트 플러그(vent plug)를 통해서 측정된다[그림 12-25 참조].

3.4.2 고압 압축기 출구압력(HPC Discharge Pressure) PS3

PS3 센서는 연료와 엔진제어를 위해 [그림 12-25]와 같이 고압 압축기 출구압력(HPC

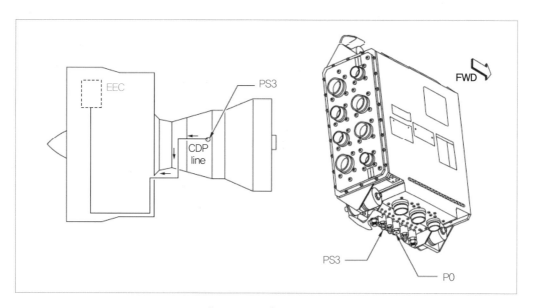

[그림 12-25] PS3 센서

discharge pressure)을 EEC로 보내주며, PS3 정압(static pressure)은 연소실 케이스(combustion case) 10시 방향에 2개의 연료노즐(fuel nozzle) 사이에서 감지한다.

압축기 출구압력 라인(CDP line)의 가장 아랫부분의 배수 구멍(weep hole)을 통해서 물을 빼낼 수 있다.

3.4.3 팬 출구 정압(Fan Discharge Static Pressure) PS13

PS13은 엔진 감시 키트의 한 부분으로 항공사 선택사항 중의 하나로서 팬 아웃렛 가이드 베인(Fan Outlet Guide Vane: OGV)의 출구 쪽 약 1시 방향에서 압력을 감지한다. 감지된 신호는 EEC 채널 A에서만 처리된다[그림 12-26 참조].

3.4.4 고압 압축기 입구 전압(HPC Inlet Total Pressure) P25

P25 역시 PS13과 마찬가지로 엔진 감시 키트의 한 부분으로 항공사 선택사항 중의 하나이다.

P25 프로브는 [그림 12-26]과 같이 팬 프레임 미드박스(fan frame mid-box) 구조물 약 7시 방향에 장착되어 있으며, 감지된 신호는 EEC 채널 B에서만 처리된다.

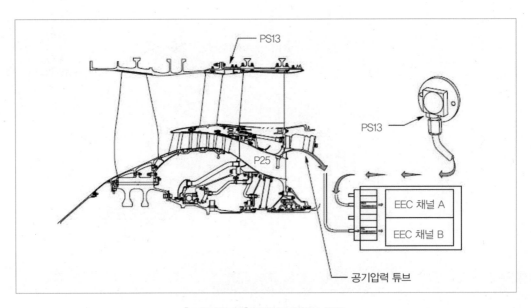

[그림 12-26] PS13과 PS25 센서

3.5 진동 센서(Vibration Sensors)

엔진은 엔진의 상하운동을 감지하고 측정할 수 있는 2개의 가속도계(accelerometer)를 장착하고 있다.

이러한 센서들은 질량(mass)과 베이스(base) 사이에 압전 디스크(piezo- electric disc)를 가진 압전형(piezo-electric type)으로서 가속도계(accelerometer)가 진동(vibration)에 직면하게 되면, 질량(mass)은 디스크(disc)에 하중(load)을 가하게 되고, 이 하중은 중력 하중(G-load)에 정비례한 전류량을 생성한다.

센서들은 지시(indicating), 진동분석(vibration analysis)과 트림 밸런스(trim balance)를 위해서 비행 중 진동감시 시그널 컨디셔너(airborne vibration monitoring signal conditioner)에 연결되어 있으며, 진동 신호들은 저압 혹은 고압 로터(rotor)에 대한 진동수준(vibration level)을 식별할 수 있도록 여과된다.

3.5.1 NO. 1 베어링 가속계(Bearing Accelerometer)

베어링 가속계는 No.1 베어링 지지대 전방 플랜지(bearing support front flange) 9시 방향에 장착된 진동 센서(vibration sensor) 구조로서 100pc/g 압전 센서(piezo-electric sensor)이다.

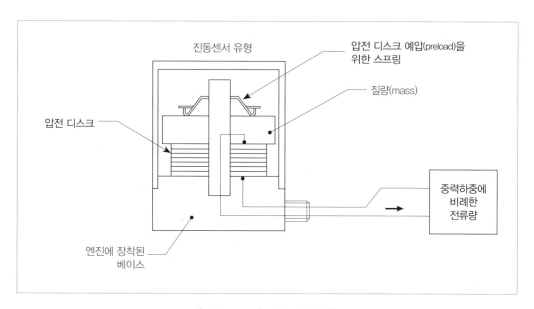

[그림 12-27] 진동 센서 유형

진동 센서는 반강성 케이블(semi-rigid cable)에 의해 [그림 12-28]과 같이 엔진 팬 프레임(fan frame)을 거쳐 팬 프레임 바깥쪽 배럴(fan frame outer barrel) 3시 방향에 있는 전기출력 커넥터 (electrical output connector)와 연결되어 있다.

케이블의 보호를 위해 진동이 발생하는 부분과 접촉되는 부위에는 충격흡수장치(shock absorber)들이 장착되어 있다.

NO.1 베어링 가속계는 장착 위치의 영향으로 좀 더 민감하게 팬과 저압 압축기 진동을 영구 적으로 모니터하지만 N2와 저압터빈(LPT)의 진동 또한 감지한다. 데이터는 팬 트림 밸런스(fan trim balance) 수행에 사용되며, 센서는 운항(line)에서 교환할 수 없다.

3.5.2 팬 프레임 압축기 케이스 수직 가속계(FFCCV Accelerometer)

팬 프레임 압축기 케이스 수직 가속계(fan frame compressor case vertical accelerometer)는 미 드 박스 구조물(mid box structure) 3시 방향에 장착된 고체소자 어셈블리(solid state assembly)로서, 100pc/g 압전 센서(piezo-electric sensor)이다.

센서 리드(sensor lead)는 고압 압축기 상부 스테이터 케이스(HPC upper stator case) 11시 방향 의 브래킷(bracket)으로 지지가 된다[그림 12-29].

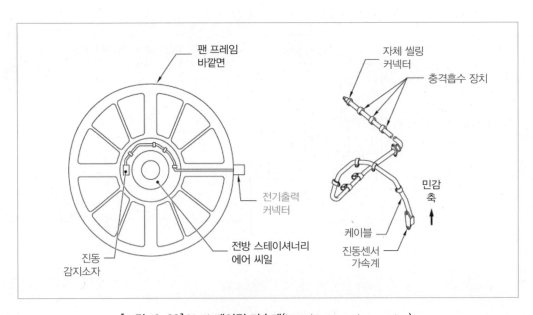

[그림 12-28] No.1 베어링 가속계(bearing accelerometer)

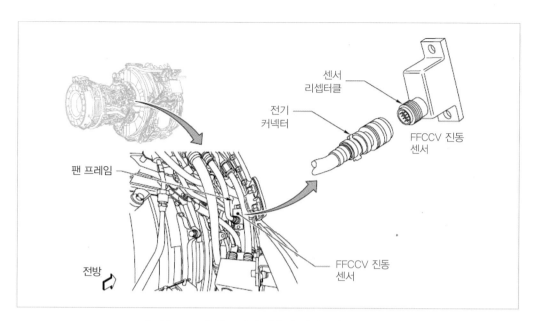

[그림 12-29] 팬 프레임 압축기 케이스 수직 가속계
(fan frame compressor case vertical accelerometer)

제13장 터빈엔진 점화계통 (Turbine Engine Ignition System)

1 점화계통 일반

터빈엔진의 점화계통은 시동주기 동안 짧은 시간만 작동되기 때문에 원칙적으로 전형적인 왕복 엔진 점화 시스템보다 고장이 없는 것으로 정평이 나 있다. 현대 가스 터빈 엔진 점화 시스템은 고강도, 커패시터 방전식(high-intensity, capacitor-discharge type)[1]이 일반적이다.

가스 터빈의 연소실 내에서 연료와 공기의 혼합기를 점화시키는 것은 점화계통(ignition system)의 전기 스파크에 의해 행해진다. 점화계통은 엔진마다 이중으로 장착되어 있어서 하나의 계통이 고장 나도 한쪽의 계통만으로 점화가 가능하게 되어 있다.

점화계통의 전원에는 항공기 배터리의 직류 28v, 혹은 교류 115v, 400Hz가 일반적으로 사용되고 있다. 점화장치의 출력 에너지의 크기는 j(주울)로 표시되는데, 20j 정도의 출력 에너지가 사용되고 있다.

점화계통은 엔진의 시동 및 비행 중에 연소정지(flame out)가 생길 때의 재점화를 위해 사용되며, 일단 엔진이 정상 운전 상태로 들어가면 곧 작동이 정지된다. 이 외에 이착륙 중과 결빙(icing) 기상 조건 및 악기류 속의 비행에서 연소정지를 예방하기 위해 장시간 연속해서 사용된다.

또한, 점화계통에는 간헐적인 기능(intermittent duty)으로 사용에 시간적 제한이 있는 고에너지 계통과 연속작동(continuous duty)으로 시간적 제한 없이 연속 사용할 수 있는 저에너지 계통이

---

[1] 가스터빈 엔진의 핫–점화 프러그에 높은 에너지를 만들어 내는 점화계통으로 축전기에 높은 전압을 축적하였다가 일순간 점화플러그의 공기간극 사이로 방전 될 때 높은 에너지를 만들어 낸다.

있다.

위의 두 가지 작동계통을 분리해서 시동과 재점화는 간헐 작동계통을 사용하고 연소정지의 예방은 연속작동 계통을 각각 적절하게 사용하는 경우와 연속 작동계통만으로 양쪽을 겸용시키고 있다.

2 / 터빈엔진 점화계통의 구조

가스 터빈 엔진의 전형적인 점화계통의 주요 구성 부품은 점화 익사이터(ignition exciter)와 하이텐션 리드(high-tension lead 또는 exciter-to-igniter plug cable) 및 점화 플러그(igniter plug)가 각각 2개씩 있다.

[그림 13-1]은 CFM56-7엔진의 점화계통의 구성이다.

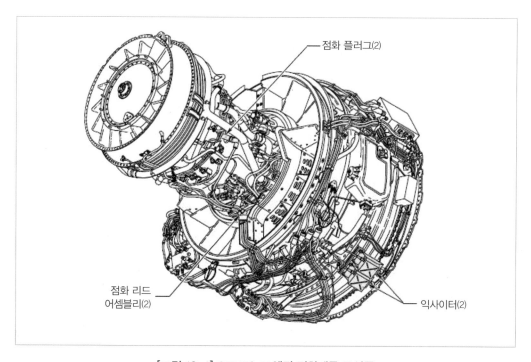

점화 플러그(2)

점화 리드 어셈블리(2)

익사이터(2)

[그림 13-1] CFM56-7 엔진 점화계통 구성품

팬 케이스 우측 5시 방향과 코어(core)의 양쪽 편에 위치되어 있는 점화 시스템은 2개의 고에너지 점화 익사이터(high energy ignition exciter), 2개의 점화 리드 어셈블리(ignition lead assembly), 2개의 점화 플러그(igniter plug) 등으로 구성된 독립적인 2개의 회로를 가지고 있다.

점화 1 어셈블리(ignition 1 assembly)는 좌측에 있는 아래쪽 점화 익사이터(lower ignition exciter)에 연결되고, 점화 2 어셈블리(ignition 2 assembly)는 우측에 있는 위쪽 익사이터(upper exciter)에 연결된다.

점화 익사이터로 공급 된 전력은 고전압의 펄스(pulse)로 변환되어 점화 리드(ignition lead)를 통해서 점화 플러그(igniter plug)의 끝단(tip)에서 스파크(spark)를 발생한다.

2.1 점화 익사이터(Ignition Exciter)

점화 익사이터(ignition exciter)는 점화 플러그에서 고온 고에너지의 강력한 전기 불꽃을 튀게 하려고 항공기의 저 전원 전압을 고전압으로 변환하는 장치로 점화 유닛(ignition unit)이라고도 불리고 있다.

익사이터에는 유도코일(induction coil)을 이용한 유도 형(induction type)과 커패시터 방전(capacitor discharge)을 이용한 커패시터 타입(capacitor type)이 있는데, 최근에는 커패시터형 고에너지 회로가 주로 이용되고 있다.

[그림 13-2]는 전형적인 구형 가스 터빈 엔진의 커패시터 형식의 점화계통이다.

직류전원(24V DC)이 항공기 전기계통에서 유기된 잡음 전압을 방지하기 위하여 노이즈 필터(noise filter)를 통하여 익사이터로 들어와서 트랜스포머(transformer)의 1차 코일(primary coil)로 공급된다.

저전압의 전원은 멀티 로브 캠(multilobe cam)과 싱글 로브 캠(single-lobe cam)을 구동하는 직류 모터를 작동시킨다. 동시에 입력 전원은 멀티 로브 캠에 의해서 동작하는 브레이커 포인트(breaker points)의 세트에 공급된다.

브레이커가 닫히면(closed), 트랜스포머의 일차권선(primary winding)을 통해 전류의 흐름이 자기장(magnetic field)을 형성되고, 브레이커가 열리면(opened), 전류의 흐름이 중단되어 트랜스포머의 2차에 전압이 유기되면서 자기장이 붕괴하여 전압은 한 방향으로만 흐르도록 제한하는 정류기를 통하여 저장 커패시터(storage capacitor)로 흐르는 전류의 펄스를 일으킨다.

반복되는 펄스는 저장 커패시터를 약 4 주울 이상으로 충전시키며, 저장 커패시터는 트리거링 변압기(triggering transformer)와 보통 열려있는 접촉기(contactor)를 통하여 불꽃 점화기(spark igniter)로 연결된다.

커패시터가 충분히 충전되면 접촉기는 싱글 로브 캠의 기계적인 작동으로 닫히게 되고, 충전 일부는 트리거링 변압기의 1차와 트리거 커패시터로 흐른다. 이 전류는 이차코일에 불꽃 점화기에서 갭을 이온화 시킬 수 있는 고전압을 유도하여 스파크를 발생시킨다. 블리더 저항(bleeder resistor)은 부하전류가 변화할 때 전압 변동이 일어나는 것을 방지하여 항상 일정한 전류를 트리거링 트랜스포머로 흐르게 한다.

익사이터는 고공에서 공기 밀도가 떨어지면 절연 불량에 의한 플래시 오버(flush over: 섬광 단락)를 발생시키고 점화 성능이 떨어지기 때문에, 보통의 경우 작은 사각형 박스로 완전히 밀폐된

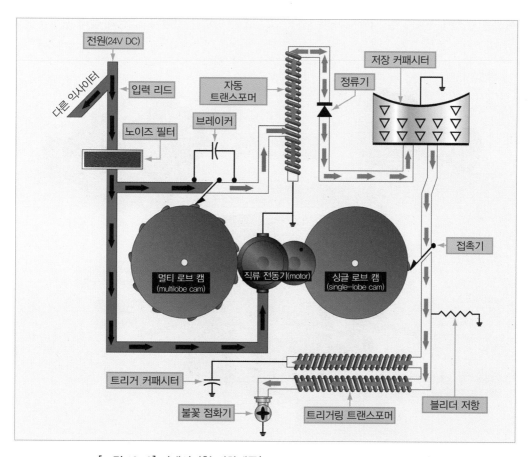

[그림 13-2] 커패시터형 점화계통(capacitor-type ignition system)

구조로 되어 있다.

[그림 13-3]은 일반적인 터보팬에 사용되는 커패시터형 익사이터를 보여주고 있다.

다른 터빈 점화계통과 마찬가지로, 오직 엔진 시동을 위해 필요하며, 연소가 시작되면 화염은 지속한다.

에너지는 커패시터에 저장된다. 각각의 방전 회로는 2개의 저장 커패시터로 되어 있는데 모두 익사이터 유닛(excitor unit)에 위치된다. 커패시터를 건너뛰는 전압은 변압기에 의해 승압된다. 점화플러그가 점화하는 순간은 커패시터 용량이 충분히 크게하기 때문에 점화플러그 간극의 저항을 뛰어넘는 방전이 발생한다. 두 번째 커패시터의 방전은 저전압의 방전이지만, 그러나 아주 고에너지의 방전이다. 결과는 비정상적인 연료혼합기체를 점화하는 것뿐만 아니라 플러그의 전극에 어떠한 외부의 이물질도 있으면 태워 버릴 만큼 능력이 있는 대단한 열 강도의 불꽃이 발생한다.

익사이터는 2개의 점화 플러그의 각각에서 불꽃을 나게 하는 이중 장치이다. 일련의 연속적인 불꽃은 엔진이 시동이 될 때까지 나게 한다. 그 이후는 동력은 차단되고, 점화 플러그는 엔진이

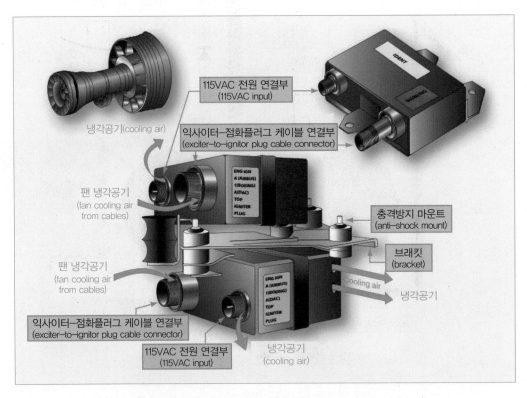

[그림 13-3] 팬 공기로 냉각되는 익사이터(fan air-cooled exciter)

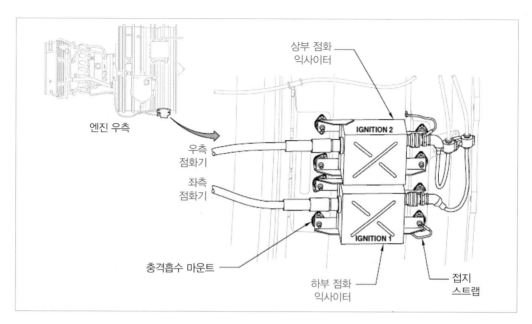

엔진 우측

상부 점화
익사이터

우측
점화기

좌측
점화기

IGNITION 2

IGNITION 1

충격흡수 마운트

하부 점화
익사이터

접지
스트랩

[그림 13-4] CFM56-7 점화 익사이터(ignition exciter)

연속점화가 필요한 특정 비행상태가 아닌 이상 점화하지 않는다. 이것이 익사이터가 연속점화의 긴 작동 시간 내내 과열을 방지하기 위해 공기로 냉각되는 이유이다.

[그림 13-4]는 B737NG(CFM56-7) 엔진의 점화 익사이터(ignition exciter)이다. 커패시터 방전 형식(capacitor discharge type)으로서 115V AC를 18KV의 고전압의 펄스(pulse)로 승압시켜서 점화 플러그로 보내준다.

2개의 점화 익사이터는 팬 케이스 5시 방향에 장착되어 있으며, 알루미늄 하우징(aluminium housing)으로 보호되어 엔진 진동(vibration)등의 영향을 받지 않도록 충격 흡수장치(shock absorber)에 장착되어 있고, 접지 되어 있다.

또한, 하우징(housing)은 어떠한 외부적이 환경이나 상태에 영향을 받지 않고 작동할 수 있도록 밀봉되어 있다.

2.2 하이텐션 리드(High Tension Lead)

익사이터와 점화 플러그를 접속하고 있는 고압 전선을 하이텐션 리드라고 부른다. 하이텐션 리드는 무선 방해와 사용 중 접촉에 의한 마멸 단선을 막기 위해 차폐 케이블(shield cable)을 사용하고 있다.

CFM56-7엔진의 익사이터에서 점화 플러그로 가는 케이블을 [그림 13-5]에서 보여주고 있다.

2개의 점화 리드(ignition lead)는 실리콘 고무(silicone rubber)로 절연 처리(insulation)된 14번 선의 구리도선과 주석으로 도금 처리된 동 편조(copper braid)와 니켈 바깥쪽 편조(nickel outer braid)로 구성되어 있다.

리드들은 점화 익사이터에서 6시 방향에 공기 매니폴드(air manifold)로 연결되고 코어 엔진 모듈(core engine module) 하부를 거쳐서 연소실 케이스(combustion case)의 점화기(igniter)로 연결된다.

부스터 공기(booster air)는 공기 입구 어댑터(air inlet adapter)로 들어와서 편조된 전선관(braided conduit)의 냉각 부분(cooled section)으로 들어가서 점화 플러그 연결부위로 빠져나간다.

2개의 점화 리드 어셈블리(ignition lead assembly)는 같아 호환 가능하며, 하나의 점화 익사이터(ignition exciter)에서 하나의 점화 플러그로 각각 연결된다.

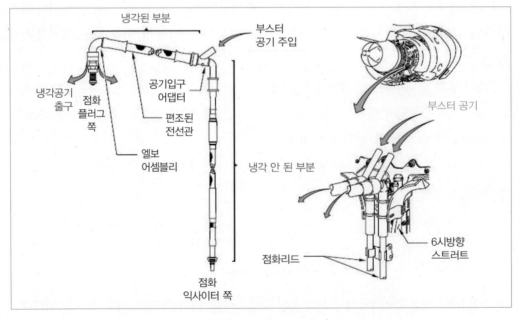

[그림 13-5] 점화 리드(ignition lead assembly)

2.3 점화 플러그(Igniter Plug)

[그림 13-6]과 같이, 터빈엔진 점화계통의 점화 플러그는 왕복 엔진 점화계통의 점화 플러그와 크게 다르다. 터빈엔진의 점화 플러그의 전극(electrode)은 재래식의 점화 플러그의 전극보다 훨씬 더 고에너지의 전류에 견딜 수 있어야 한다. 이 고에너지 전류가 전극을 빠른 속도로 침식시킬 수 있지만 작동 시간이 짧으므로 이그나이터의 정비에 걸리는 시간은 최소한으로 줄어든다.

전형적인 점화 플러그의 전극 간극(electrode gap)은 작동압력이 훨씬 낮은 조건에서도 쉽게 불꽃을 튈 수 있도록 재래식보다 훨씬 크게 설계되었다. 결과적으로, 점화 플러그에서 흔히 일어날 수 있는 점화 플러그의 오염(fouling)은 고강도 불꽃의 열에 의해서 최소화된다.

[그림 13-7(A)]와 같이 중심 전극과 원주 전극의 갭이 고리 모양으로 된 애뉼러 간극(annular-gap)이 일반적으로 사용되고 있다.

양전극 간에 전압이 가해지면 갭 사이의 공기가 먼저 이온화되고 이온화된 공기는 전기 저항이 낮으므로 비교적 저 전압으로 충분한 불꽃 방전이 순간적으로 행해진다.

이 방식의 장점은 점화 플러그가 손상되어도 발화가 가능한 것이다. 또한, 최근에는 원주 전극에 반도체를 장치하기도 하고 원주 전극부에 특수 코팅을 해서 이온화하기 쉽게 한 점화 플러그도 사용되고 있다. 어느 쪽이든 점화 플러그의 전극은 작동 시간과 주울 수에 비례해서 소모된다.

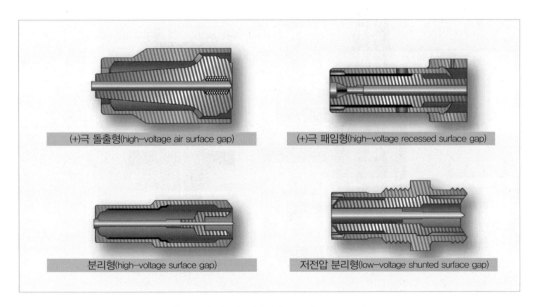

[그림 13-6] 점화 플러그(ignitor plugs)

점화 플러그의 또 다른 형태는 [그림 13-7(B)]와 같은 일부 터빈엔진에서 사용되고 있는 컨스트레인 간극(constrained-gap) 플러그이다. 연소실 라이너 안쪽으로 노출되지 않기 때문에 애뉼러 간극에 비해 훨씬 낮은 온도에서 작동하는 장점이 있다.

[그림 13-8]은 CFM56-7엔진에 사용되고 있는 점화 플러그의 실제 구조로서 2개의 점화 플러그가 연소실 케이스(combustion case) 4시와 8시 방향에 장착되어 있으며, 중심 전극(center electrode)은 알루미나로 알려진 산화알루미늄(aluminum oxide)에 의해 절연되어 있다.

엔진에 장착된 점화 플러그는 일종의 단일 호스 클램프(single hose clamp)로 플러그에 장착된 두 쪽의 슈라우드(shroud)에 의해서 열로부터 보호되는데, 부스터 공기(booster air)가 플러그와 슈라우드 사이로 흘러들어와서 엔진 케이스 쪽으로 흘러나가면서 플러그를 냉각해준다.

점화 플러그를 엔진에 장착하기 전에는 소량의 흑연 그리스(graphite grease)를 연소실 케이스 보스(combustion case boss)와 점화 플러그 부싱(igniter bushing)이 연결되는 나사산에 발라야 한다. 그러나 점화리드(ignition lead)의 연결 나사산에는 점화 플러그와 리드가 손상될 수 있으므로

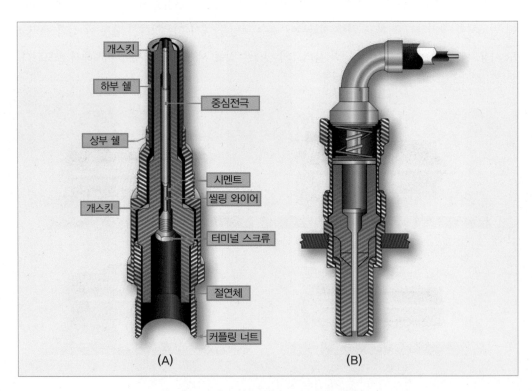

[그림 13-7] 점화 플러그의 구조 및 단면도

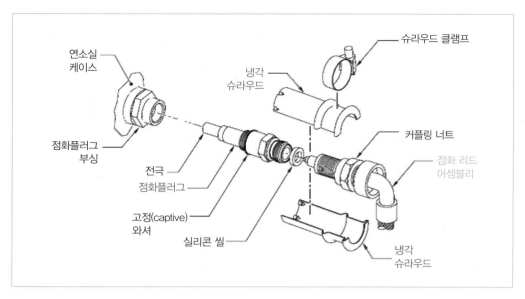

[그림 13-8] CFM56-7엔진 점화 플러그(igniter plug)

그리스(grease) 혹은 어떠한 윤활제도 바르면 안 된다.

또한, 점화 플러그를 정비 혹은 수리를 위해 장탈 하였을 때는 흰색의 실리콘 씰(silicone seal)은 반드시 교환하여야 한다.

3 점화계통의 작동

B737NG 항공기의 점화 시스템 작동은 조종실의 점화선택 스위치(ignition selector switch), 엔진 시동 스위치(engine start switches), 시동 레버(start levers) 와 EEC에 의해서 조절된다.

EEC는 2개의 엔진 점화기들(igniter 좌측과 우측)을 EEC 내부에 채널(channel)당 1개씩 있는 릴레이(relay)로 조정되는 스위치(switch)에 의해 'ON' 혹은 'OFF'로 바꿔준다.

점화 시스템은 시동 레버(start lever)가 'IDLE' 위치에 있을 때 항공기로부터 전력(electrical power)을 공급받는데, 115V AC/400Hz가 2개로 나누어져서 IGN 1은 항공기 트랜스퍼 버스

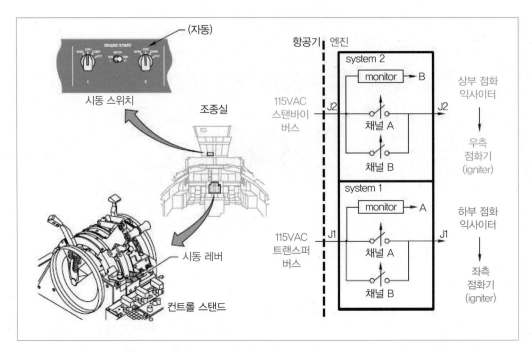

[그림 13-9] B-737NG(CFM56-7) 엔진 점화 시스템(ignition system)

(transfer bus)에서 IGN 2는 항공기 스탠바이 버스(standby bus)로부터 EEC를 통해 공급되며, EEC 의 각 채널은 점화 릴레이(ignition relay)에 의해 점화 익사이터(ignition exciter)를 제어한다[그림 13-9 참조].

3.1 점화기 선택 스위치(Igniter Selector Switch)

점화기 선택 스위치는 3개의 선택 위치가 있으며, 각각의 기능은 다음과 같다[그림 13-10 참조].

- IGN L: 좌측 점화계통만 작동
- IGN R: 우측 점화계통만 작동
- BOTH: 좌, 우측 점화계통 모두 작동

조종사는 IGN L, IGN R 혹은 both로 선택할 수 있는데, 표준작동 절차는 연속적인 엔진 시동 시에는 시동 시마다 IGN L에서 IGN R로 혹은 IGN R에서 IGN L로 교대로 바꾸어서 선택하여야 한다. 이는 각 점화기(igniter)의 작동 시간을 비슷하게 유지할 수 있고, 점화계통(ignition system)의 결함 유무를 파악할 수 있기 때문이다.

3.2 엔진 시동 스위치(Engine Start Switch)

엔진 시동 스위치는 [그림 13-10]과 같이 4개의 선택 위치가 있으며, 각각의 기능은 다음과 같다.

- GRD: 지상 혹은 비행 중 시동 시 선택된 점화계통(L 혹은 R)만 작동
- OFF: EEC가 연소정지 상태임을 감지하지 않은 이상, 점화하지 않음
- CONT: 지상 혹은 비행 중 선택된 점화계통(L 혹은 R)은 연속적으로 작동
- FLT: 윈드밀(windmill) 시동 시 스위치 위치 선택과 관계없이 2개의 점화계통이 동시에 작동

3.3 비정상 작동(Abnormal Operation)

[그림 13-11]은 엔진 점화 스위치와 시동 스위치의 위치에 따른 점화 작동으로서 엔진이 작동 중일 때, 시동 스위치(start switch)는 일반적으로 OFF 혹은 AUTO(auto가 option으로 장착된 경우)로 선택 돼 있는데, 다음과 같은 현상이 발생하게 되면, 선택 스위치(selector switch)의 위치와 관

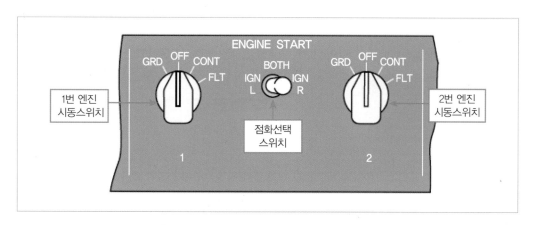

[그림 13-10] 점화선택 스위치와 시동 스위치

계없이 2개의 점화기(igniter)들은 자동으로 30초 동안 작동한다.

- 엔진이 아이들 속도(idle speed)[2] 이상으로 작동 중, 명령받지 않은 N2 감속(정상적인 감속 스케줄보다 300rpm 이상의 감속 비율)을 EEC가 감지할 경우
- 지속할 수 없는 N2 아이들(50% ~ 56.8%)을 EEC가 감지 한 경우

만약 선택사항(option)으로 자동점화(automatic ignition)가 장착된 경우에는 항공기의 이, 착륙 시 혹은 방빙계통 사용 시에는 선택된 IGN(L 혹은 R)을 자동으로 작동한다.

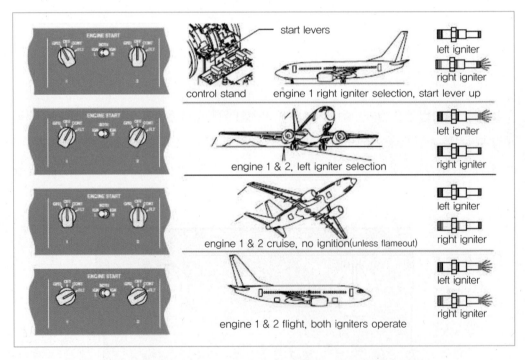

[그림 13-11] B-737NG(CFM56-7) 엔진 점화/시동 스위치 위치와 점화 작동 조절

---

2 엔진이 기계적인 부하를 이송하지 않고 유연하게 작동하는 최저속도. 측정 단위는 rpm으로 표시함.

4 점화계통 정비와 검사

4.1 점화계통 작업 안전사항

터빈엔진 점화 시스템은 정비사의 안전을 보장하고 엔진 시스템의 손상을 방지하기 위하여 정비사는 특별한 취급이 필요하다. 이 '고강도(high intensity)' 점화 시스템은 치명적인 전하를 가지고 있으므로 다음과 같은 취급 시 주의사항을 준수하지 않을 경우, 목숨까지도 위태롭게 할 수 있다.

- 점화 스위치가 점화 시스템 정비를 수행하기 점화 스위치가 꺼져 있는지 확인할 것.
  → 일부 시스템은 작업하기 전에 일정 시간 경과 후 안전하게 작업할 것을 요구한다.

- 점화 플러그를 제거하려면 제작사에서 규정한 시간을 기다린 다음 변압기 입력 리드 (transformer input lead)를 분리하고 나서 엔진에 점화 리드와 접지 중심 전극을 분리할 것.
  → 점화 리드 및 플러그는 이렇게 하여야 안전하게 장탈 할 수 있다.

- 손상된 변압기(transformer units)를 취급할 때에는 특별히 주의할 것. 일부는 에어 갭 포인트(air gap points)에 방사성 물질이 포함되어 있다.
  → 이것은 미리 설정한 전압으로 방전 위치(discharge point)를 교정하는 데 사용된다.

- 사용 불가능한(unserviceable) 점화 플러그는 적절하게 폐기되었는지 확인할 것.
  → 사용된 재료는 제작사 자체에서 특수 처리가 필요할 수도 있다.

- 점화 플러그의 점화 시험(firing test)이 수행되기 전에, 화재 나 폭발을 방지하기 위해 연소실이 연료로 젖어있지 않은 지 확인할 것.

- 점화 플러그가 장탈 되어 있는 경우에는 고장탐구를 위해 시스템에 전압을 가하지 말 것.
  → 변압기에 심각한 과열이 발생할 수 있다.

4.2 점화장치의 검사와 정비

4.2.1 점화장치 장탈

점화 플러그를 검사하기 위하여 플러그를 장탈 할 때는 점화 리드선이 먼저 분리되어야 한다. 커플링 너트(coupling nut)를 풀고 점화 리드 어셈블리(ignition lead assembly)를 점화 플러그에서 분리할 때에는 플러그 배럴(plug barrel)의 중심선과 일직선을 이루면서 주의 깊게 뽑아야 한다. 측면에 하중이 걸리면 배럴 절연체(barrel insulator)와 세라믹 리드 터미널(ceramic lead terminal)이 손상될 수 있다[그림 13-12].

리드가 분리되면, 적절한 크기의 딥 소켓(deep socket)을 이용하여 플러그를 장탈 한다. 한 손으로는 힌지 핸들을 잡고, 다른 한 손으로는 회전 중심선과 일치되게 소켓을 잡고 균등하게 힘을 주어 풀어야 한다. 소켓을 회전 중심선과 일치되지 않게 잡게 되면 소켓이 한쪽으로 기울어져서 점화 플러그의 손상을 유발할 수 있다[그림 13-13].

4.2.2 점화장치의 검사

점화장치의 기계적인 파손은 육안검사에 의하여 수행된다. 나사산의 마모, 균열, 또는 터미널 내부 벽의 세라믹 손실 또는 조각이탈, 균열 또는 전극 끝부분의 절연체 세라믹에 홈이 파인 부

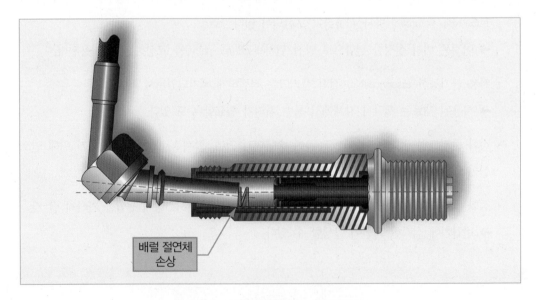

[그림 13-12] 부적절한 리드 장탈 방법

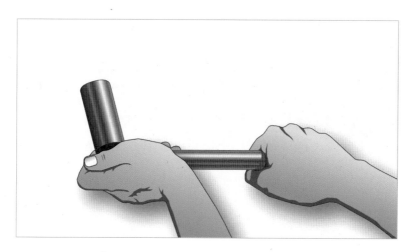

[그림 13-13] 적절한 점화 플러그 장탈 방법

분이 나타나면 점화장치는 폐기해야 한다.

또한, 점화장치의 외부 육각렌치부분, 또는 장착 플렌지의 물리적 파손과 전극이 타거나(burn) 침식(erosion) 되었을 때도 폐기해야 한다.

전극의 침식에 관한 특정한 한계는 엔진 정비 교범에 표기되어 있으며, 정비 교범의 한계를 벗어났을 때는 항공기에 사용하기 전에 일정한 서비스 절차에 의하여 검사를 수행하여야 한다.

4.2.3 점화장치의 작동점검

점화장치(igniter)는 익사이터가 방전하여 플러그에서 스파크가 발생하면, "딱딱" 하는 단속적인 소리를 낸다. 즉, 높은 에너지의 점화계통은 스파크가 일어날 때 매우 큰 소리를 내기 때문에 엔진 카울을 열지 않아도 들을 수 있다.

작동점검을 하기 위해서는 한 사람은 조종실에서 점화계통을 작동시키고, 다른 한 사람은 엔진 배기 덕트 한쪽에서 작동하는 소리를 듣는데, 이때 듣는 사람은 2개의 점화 플러그가 모두 작동하는가를 세심하게 들어야 한다.

제14장

엔진 에어 계통
(Engine Air System)

엔진 에어 시스템에는 압축기 실속을 방지하기 위하여 압축기 공기흐름을 조절하는 계통과 터빈 블레이드와 터빈 케이스 사이의 간격을 조절하여 엔진의 효율을 향상하게 시켜서 궁극적으로 연료 소모량을 감소시키는 터빈 틈 조절 계통(turbine clearance control) 등이 있다.

압축기 공기흐름 조절계통은 저압 압축기(LPC)를 제어하는 가변 블리드 밸브(VBV)와 고압 압축기(HPC) 공기흐름을 제어하는 가변 스테이터 베인(VSV)으로 구성되어 있으며, GE 엔진의 경우에

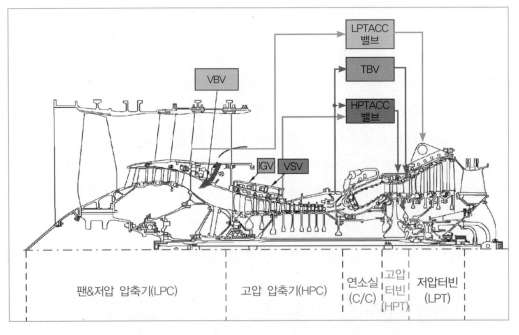

[그림 14-1] CFM 56-7엔진 에어 계통(engine air sytem)

는 엔진 시동 및 급가속 시에 고압 압축기 실속을 줄이기 위해 과도 블리드 밸브(Transient Bleed Valve: TBV) 계통이 추가되어 있다.

터빈 틈 조절 계통은 고압터빈 액티브 틈새 컨트롤(HPTACC), 저압터빈 액티브 틈새 컨트롤(LPTCC) 및 과도 블리딩 밸브(TBV)로 구성되어 있다.

1 압축기 조절시스템(Compressor Control System)

압축기 조절시스템은 어떠한 작동상태에서도 만족스러운 압축기 성능을 유지할 수 있도록 설계되어 있다. 이 계통은 엔진 제작사 및 엔진의 모델에 따라 기본 목적과 기능은 유사하지만, 작동방식이 다른 부분들이 매우 복잡하다. 본 장에서는 B-737NG 항공기에 장착 운용 중인 CFM56-7엔진의 가변 스테이터 베인 조절 계통과 압축기 가변 브리드 밸브 조절 계통의 구성 및 기능을 소개한다.

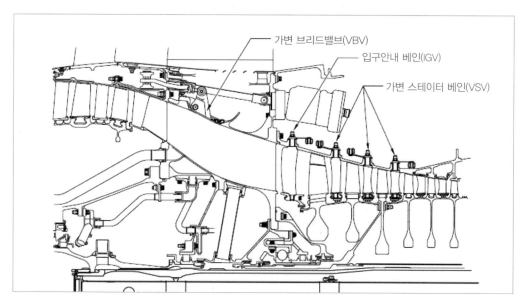

[그림 14-2] 압축기 조절 장치 형태(compressor control design)

CFM56-7엔진의 압축기 조절시스템은 부스터(booster)라고도 부르는 저압 압축기(LPC) 후방에 있는 가변 블리드 밸브(Variable Bleed Valve: VBV)와 고압 압축기의 첫 번째 단안에 있는 입구 안 내 베인 단계(Inlet Guide Vane stage)를 포함한 가변 스테이터 베인(Variable Stator Vane: VSV)로 구성되어 있다[그림 14-2].

압축기 조절시스템(compressor control system)은 EEC에 의해서 커맨드(command) 되고, 연료조 절장치의 유압 신호(hydraulic signal)를 통해서 작동된다.

1.1 가변 브리드 밸브(Variable Bleed Valve)

가변 브리드 밸브(Variable Bleed Valve: VBV)시스템은 저압 압축기(LPC)에서 배출되어 고압 압 축기로 들어가는 공기의 양을 조절해 준다.

저속이나 급감속 시에는 저압 압축기에서 공급하는 공기흐름이 고압 압축기(HPC)에서 수용

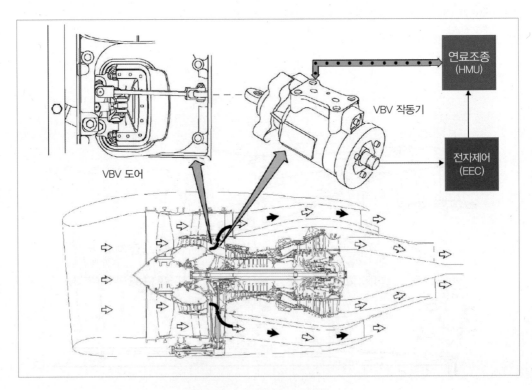

[그림 14-3] 가변 블리드 밸브(VBV)

할 수 있는 양보다 더 크다. 이때 밸브가 완전히 열려서 부스터 배출공기 일부를 2차 공기흐름 (secondary air flow)으로 방출하여 저압 압축기의 실속(stall)을 방지한다.

또한, 역추력장치가 작동 중에는 고압 압축기(HPC)로 물(water) 또는 외부 이물질(FOD)의 유입 을 차단하여 엔진 손상을 방지하고 엔진 안정성을 향상한다.

시스템은 [그림 14-3]과 같이 2개의 VBV 작동기(actuator), 하나의 작동기 링(actuator ring), 12 개의 벨 크랭크(bell crank), 10개의 블리드 도어(bleed door)와 2개의 마스터 블리드 도어로 구성 되어 있다.

1.1.1 VBV 작동기(Actuators)

2개의 VBV 작동기(actuator)들은 서로 호환 가능하며, 팬 프레임(fan frame) 주위에 장착된 작 동 링(actuation ring)과 12개의 브리드 도어(bleed door)들을 움직이는 데 필요로 하는 유압을 제 공하는데, 팬 프레임 안쪽 직경(fan frame inner diameter) 후방 4시와 10시 방향에 부착된 브래킷 (bracket)에 장착되어 있다.

연료조절장치로부터의 연료 압력은 [그림 14-4]와 같이 작동기의 머리(head)와 로드(rod)의 양 쪽으로 공급되는데, 높은 압력을 받은 포트(port) 쪽에 의해서 움직임의 방향이 결정되고, 연료의 양은 이동 거리를 결정한다.

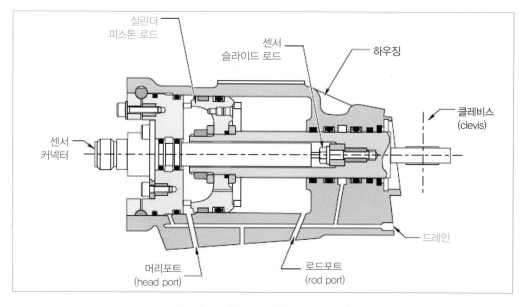

[그림 14-4] VBV 작동기(actuator)

작동기(actuator)의 머리 쪽의 연료 압력은 브리드 도어(bleed door)들을 전방으로 밀어서 닫힘 (closed) 위치로 만들어 준다.

각 작동기는 실제의 위치를 EEC로 피드백(feedback)을 제공해 주는 선형가변차동변압기(linear variable differential transformer: LVDT)를 가지고 있다.

1.1.2 VBV 도어(Doors)

12개의 블리드 도어(bleed door)들은 [그림 14-5]와 같이 벨 크랭크 어셈블리(bell crank assembly)를 통해서 작동 링(actuation ring)에 연결되어 있다.

블리드 도어들 중 2개는 마스터 도어로서 작동기(actuator)의 클레비스(clevis)와의 연결을 위해 좀 더 긴 벨 크랭크를 가지고 있다.

작동기가 움직일 때 작동 링(actuation ring)이 블리드 도어(bleed door)를 열거나 닫아서 이차 공기흐름(secondary airflow)으로 방출하는 저압 압축기(LPC) 공기의 양을 조절한다.

블리드 도어는 하나 또는 여러 개를 동시에 교환할 수 있다. 또한, 2개의 마스터 VBV 도어는 서로 호환 사용 가능하며, 나머지 10개의 도어들도 호환 사용할 수 있다.

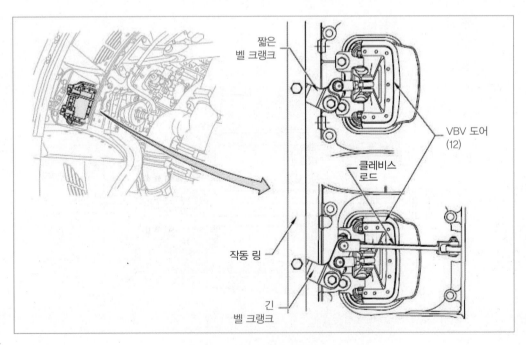

[그림 14-5] VBV 도어(doors)

1.1.3 VBV 시스템 작동(System Operation)

EEC는 항공기와 엔진 데이터를 사용해서 VBV 도어 작동기(door actuator)의 위치를 결정하는데, 위치가 확정되면, EEC는 커맨드 신호(command signal)를 보내서 연료조절장치 내부에 있는 서보 밸브(servo valve)를 움직여서 2개의 VBV 작동기(actuator)의 피스톤(piston)을 작동할 수 있는 연료 압력을 보낸다.

각각의 작동기는 LVDT를 가지고 있으며, 이 센서(sensor)들로부터 피드백(feedback)을 받아 작동기의 위치를 감시(monitor)하는데, [그림 14-6]과 같이 엔진 우측에 장착된 VBV 작동기의 LVDT는 A 채널로 전기신호(electrical signal)를 보내주고, 좌측의 LVDT는 B 채널로 보내준다.

N1 속도(speed)가 증가하면 VBV는 닫히기 시작해서 80% N1 속도 이상이 되면 완전히 닫힌다. 또한, EEC는 엔진이 빠르게 감속하거나 역추력장치(thrust reverser) 사용 시 혹은 결빙(icing)이 발생할 소지가 있을 때는 VBV 도어를 열도록 커맨드 한다.

EEC는 VBV 요구 신호(demand-signal)를 계산하는데, 이 계산에는 팬 속도(N1K12), 팬 입구온도(T12), 코어 속도(N2K25), 코어 입구 온도(T25), 외기압력(P0), 추력 리졸버 각도(TRA), VSV 위치

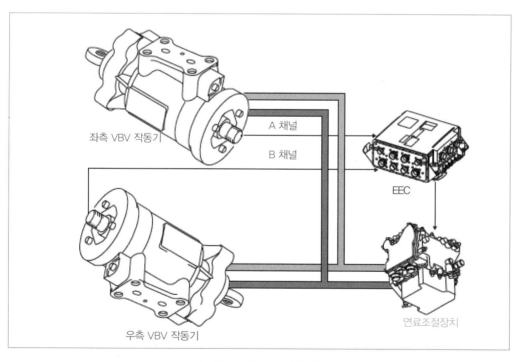

[그림 14-6] VBV 시스템

로직 등을 사용한다.

EEC는 기본적으로 N2 속도와 VSV 위치에 따라 VBV 위치를 계산하며, 최종 위치는 계산된 값과 실제의 N1 속도 사이의 차이도 고려해서 정교하게 조절된다.

또한, TRA 위치에 의해 엔진이 역 추력모드(reverser mode)로 작동 중일 때에는 열림(open) 방향으로 작동하게 한다.

1.2 가변 스테이터 베인(Variable Stator Vane)

가변 스테이터 베인(Variable Stator Vane: VSV) 시스템은 고압 압축기 스테이터 베인을 최적의 고압 압축기 효율에 적합한 각도로 위치시킨다. 그것은 또한, 엔진의 과도작동(transient operation) 중에 실속 마진(stall margin)을 개선한다.

VSV 시스템은 고압 압축기 전방에 있으며, [그림 14-7]과 같이 고압 압축기 케이스 양쪽에 작동기와 벨 크랭크 어셈블리(bellcrank assembly)의 시리즈로 2개의 유압 작동기(hydraulic actuator),

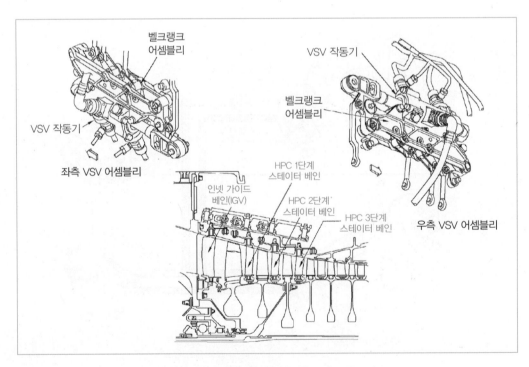

[그림 14-7] 가변 스테이터 베인(VSV) 계통 일반

각각의 작동기에 장착된 피드백 센서(feedback sensor), 2개의 벨 크랭크 어셈블리(bellcrank assembly), 4개의 작동 링(actuation ring)으로 구성되어 있다.

고압 압축기 케이스 안쪽에 있는 가변 스테이터 단(variable stator stage)은 입구 안내 베인(Inlet Guide Vane: IGV) 1단과 가변 스테이터 베인(VSV) 1-2-3단이다.

1.2.1 VSV 작동기(Actuator)

작동기는 연료 압력에 따라서 VSV 시스템을 움직여 주는데, 연료조절장치로부터의 연료 압력은 [그림 14-8]과 같이 각 작동기의 머리(head)와 로드(rod)의 양쪽으로 공급된다.

피스톤(piston)은 덮여있어서 피스톤의 누설을 방지하는 패킹(packing)과 피스톤 로드(piston rod)의 오염을 방지하는 와이퍼(wiper) 역할을 한다.

로드 끝(rod end) 쪽 드레인 포트(drain port)에는 이중 씰(seal)이 장착되어 있고, 냉각을 위해 피스톤 머리끝(piston head end) 쪽에는 연료가 통할 수 있는 오리피스(orifice)가 있다.

각각의 작동기는 EEC로 실제의 움직임을 피드백(feedback)해 주는 선형가변차동변압기(Linear Variable Differential Transformer, LVDT)가 있다.

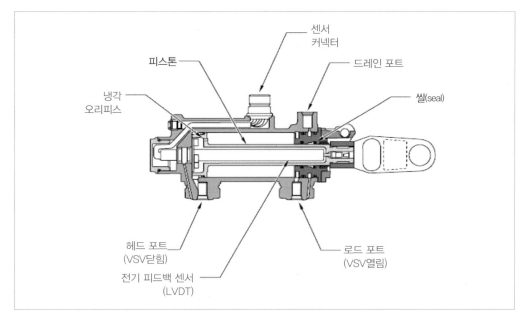

[그림 14-8] VSV 작동기(actuator)

1.2.2 VSV 시스템 작동(System Operation)

가변 스테이터 베인(VSV) 시스템은 자동으로 작동한다. EEC는 일반적으로 디스플레이 전자 장치(DEU)를 통해 ADIRU로부터 TAT, PT 및 P0를 가져오고, 엔진 센서로부터 N1 속도, N2 속도 및 고압 압축기 입구온도(T25) 등의 엔진 데이터를 가져온다. 이러한 파라미터에 의해 EEC는 적절한 VSV 작동기 위치를 계산한다.

EEC는 VSV 작동기의 작동을 위해 HMU로 신호를 보내주고, HMU는 서보 연료 압력을 두 개의 VSV 작동기로 보낸다. 각 작동기는 벨 크랭크 어셈블리에 연결되어 2개의 액추에이터와 벨 크랭크 어셈블리가 함께 작동하여 4개의 작동 링을 통해 가변 스테이터 베인을 움직인다.

EEC는 각 작동기에 장착된 LVDT를 사용하여 VSV 작동기의 위치를 모니터링한다. 하나의 LVDT가 전기신호를 EEC의 채널 A로 보내고, 다른 LVDT는 채널 B로 전기신호를 전송한다.

VSV는 N2가 완속 운전(idle) 중에는 닫힘 위치(closed position)에 있으며, N2가 증가하면 열린 위치로 움직이기 시작해서 N2가 95% 이상일 때 완전히 열린다. 또한, 서지(surge)가 감지되면 EEC는 VSV를 닫힘. 위치로 커맨드 한다.

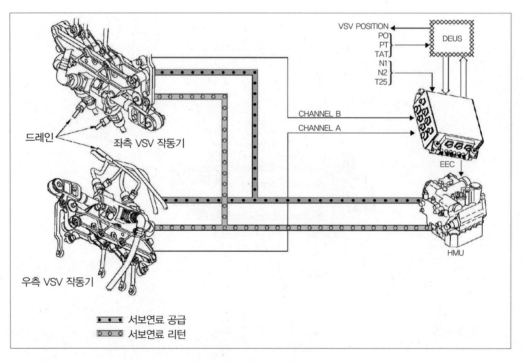

[그림 14-9] VSV 작동개요

1.3 과도 블리드 밸브(Transient Bleed Valve) 계통

과도 블리드 밸브(TBV) 시스템은 1 단계 저압터빈(LPT) 노즐로 들어가는 고압 압축기(HPC) 9 단계 블리드 공기의 양을 제어한다.

TBV 시스템은 엔진 시동 및 엔진 가속 중에 고압 압축기 실속마진(stall margine)을 증가시켜준다.

[그림 14-10]과 같이 고압 압축기 케이스(HPC case) 6시 방향에 장착된 TBV와 TBV 매니폴드로 구성되어 있으며, 엔진 파라미터들을 사용하여 EEC 로직(logic)을 계산하여 TBV가 열리거나 닫힐 때 고압 압축기 9단계 블리드 공기를 TBV 매니폴드를 통해서 저압터빈(LPT) 1단계 노즐(nozzle)로 보내준다.

1.3.1 과도 블리드 공기 밸브(Transient Bleed Air Valve)

TBV는 단일 작동기(single actuator), 버터플라이 형 차단밸브(butterfly-type shut-off valve)로서 열림(open) 혹은 닫힘(closed)으로 2개의 위치가 있다.

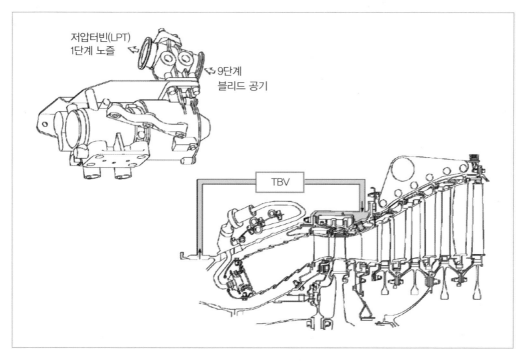

[그림 14-10] 과도 블리드 밸브(transient bleed valve) 일반

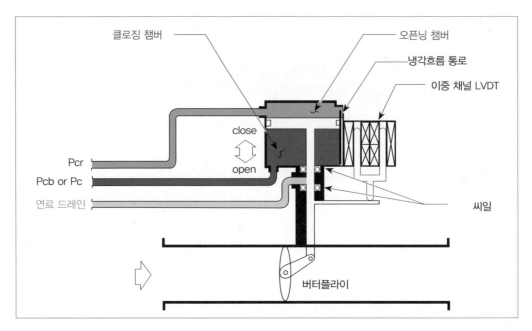

클로징 챔버

오프닝 챔버

냉각흐름 통로

이중 채널 LVDT

close

open

Pcr

Pcb or Pc

연료 드레인

씨일

버터플라이

[그림 14-11] 과도 블리드 공기 밸브(transient bleed air valve)

Pcr 포트(port)를 통해서 오프닝 챔버(opening chamber)로 일정한 압력으로 공급된 연료 압력과 함께, 클로징 챔버(closing chamber)의 연료압력(Pcb 혹은 Pc)의 변화에 따라 밸브 위치(valve position)가 결정된다. 즉, 버터플라이 밸브는 클로징 챔버 쪽에 연료 압력이 증가할 때 공기흐름(airflow)을 차단하고, 클로징 챔버 쪽에 연료 압력이 감소하면 작동기 피스톤(actuator piston)은 열림 위치 쪽으로 움직인다.

피스톤(piston)은 작동기의 냉각을 위해 피스톤 단면으로 연료가 흐를 수 있도록 오리피스(orifice)가 결합하여 있으며, 드레인 포트(drain port)는 샤프트 씨일(shaft seal)에서 발생하는 누출물이 드레인 마스트(drain mast)로 배출될 수 있도록 통로를 제공한다.

밸브 위치는 작동기에 연결된 이중 채널(dual channel)의 LVDT를 통해서 EEC에 의해 모니터되는데, 이때, LVDT는 버터플라이 밸브 위치에 대응하여 피드백 신호(feedback signal)를 보내준다. 페일세이프 위치(failsafe position)에서는 피스톤은 닫힘 위치로 간다.

1.3.2 과도 블리드 밸브 작동(TBV Operation)

EEC는 항공기와 엔진 데이터를 사용하여 TBV 위치를 스케줄 한다. EEC로 부터 전기적인 커

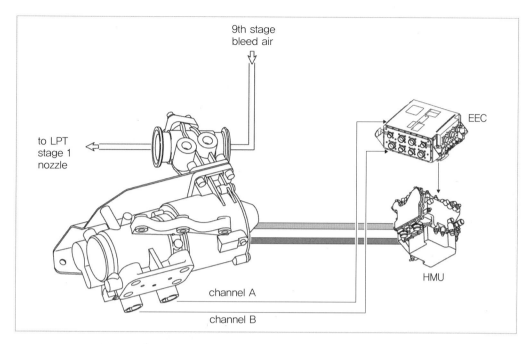

9th stage
bleed air

to LPT
stage 1
nozzle

EEC

HMU

channel A

channel B

[그림 14-12] TBV 작동

멘드(command)에 의해 HMU 안쪽의 서보밸브(servo valve)가 움직이면, HMU 서보 연료 압력 (servo fuel pressure)은 열림(open) 혹은 닫힘(close) 위치로 작동기(actuator)를 이동시켜서 다음과 같이 밸브를 작동한다.

- 완속 운전(idle): 닫힘
- 가속(idle to 76%~80% N2): 열림
- N2 80% 이상: 닫힘

EEC는 2개의 LVDT(channel A와 B)를 통하여 TBV 시스템을 모니터한다.

2 터빈 틈새 조절 계통(Turbine Clearance Control)

일반적으로 PW4000 엔진을 비롯한 PW 사의 엔진들은 터빈 케이스 냉각 시스템(turbine case cooling system)이라고 부르며, GE사의 엔진들은 터빈 틈새 조절시스템(turbine clearance control)으로 명칭과 작동 방법 등에서 다소의 차이가 있으나 차가운 팬 공기(fan air) 또는 압축기 공기로 이륙, 상승 및 순항 시 고압터빈(High Pressure Turbine: HPT)과 저압터빈(Low Pressure Turbine: LPT) 케이스를 EEC에 의해 냉각시킴으로써 터빈 블레이드 끝단(blade tip)과 케이스 사이의 틈새(clearance)를 감소시켜 엔진의 추력 효율을 증가시켜서 보다 나은 연료 효율과 케이스의 수명을 증가시킨다는 목적은 같다고 볼 수 있다.

본서의 제9장 배기 부분에서 PW 사의 PW4000 엔진 계열의 터빈 케이스 냉각시스템을 설명한 바 있으므로 이 장에서는 GE사의 CFM56-7엔진의 터빈 틈새 조절계통을 설명하고자 한다.

[그림 14-1]과 같이 CFM56-7엔진의 터빈 틈새 조절계통은 고압터빈 액티브 틈새 조절(HPTACC)과 저압터빈 액티브 틈새 조절계통(LPTACC)으로 구성되어 있다.

2.1 고압터빈 액티브 틈새 조절
(High Pressure Turbine Active Clearance Control: HPTACC)

고압터빈 액티브 틈새 조절(HPTACC) 시스템은 고압 압축기(HPC) 9단계 블리드 공기와 4단계 블리드 공기를 제어한다.

HPTACC 밸브는 4단계와 9단계 공기를 혼합하여 HPT 슈라우드 지지대(shroud support)의 열팽창을 제어한다. 일반적으로 HPTACC 시스템은 HPT 블레이드 팁과 HPT 슈라우드 지지대 사이의 간격을 최소로 유지하여 연비를 향상 시킨다. 그러나 엔진 내부 온도가 안정적이지 않거나 고출력 조건에서는 HPTACC 시스템은 터빈 틈새를 증가시켜서 HPT 블레이드가 슈라우드에 닿지 않도록 간격을 늘려준다.

HPTACC 시스템은 [그림 14-13]과 같이 HPTACC 밸브(4 단계 블리드 에어 덕트 포함), 9 단계 블리드 에어 덕트 및 HPTACC 매니폴드로 구성되어 있다.

다음은 다섯 가지 HPTACC의 5가지 작동 모드이다.

(1) 엔진 꺼짐(no air)

작동기가 완전히 수축하여 HPC 4단계 및 9단계 밸브가 닫혀 있는 상태로서 엔진이 작동하지 않을 때의 작동기 위치이다. 이 위치는 페일세이프 위치로서 EEC 또는 HMU의 오작동이 있을 때 EEC는 HPTACC 밸브를 이 위치로 명령한다. 이때 HPT 블레이드 팁 틈새는 최대가 된다.

(2) 로우플로우 9단계(low flow 9th stage)

EEC는 작동기를 8% 확장으로 설정한다. 9단계 밸브는 9단계 공기의 낮은 흐름을 HPT 슈라우드 지지대로 전달한다. 4단계 버터플라이 밸브는 완전히 닫혀 있어서 서포트 슈라우드는 약간 냉각된다.

(3) 하이플로우 9단계(high flow 9th stage)

EEC는 작동기를 37% 확장으로 설정한다. 9단계 밸브는 완전히 열린다. 4단계 버터플라이 밸브는 완전히 닫혀 있는 상태이지만 슈라우드 지지대를 더 냉각시키게 된다.

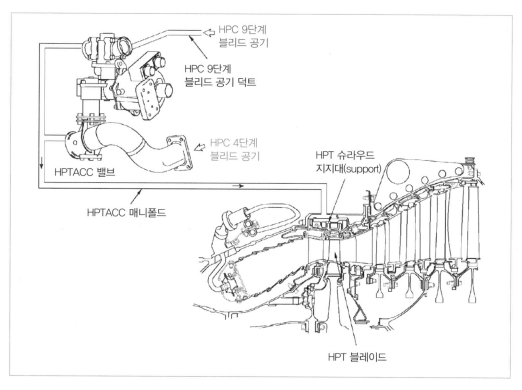

[그림 14-13] HPTACC 계통

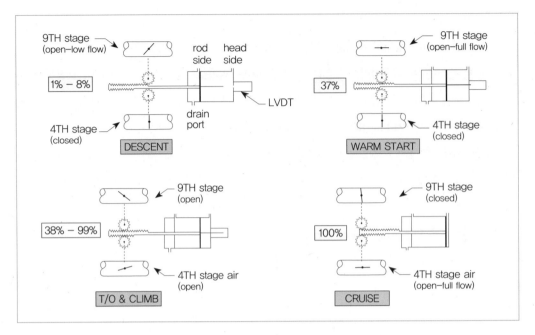

[그림 14-14] HPTACC 작동 모드

(4) 혼합(mixed)

EEC는 38%에서 99% 사이의 작동기 위치를 계산한다. 이렇게 하면 HPT 틈새를 정확하게 조정할 수 있는 9단계 및 4단계 공기비를 설정하여 슈라우드 지지대는 더욱 냉각된다.

(5) 풀 4단계(full 4th stage)

작동기가 완전히 확장된다(100%). 9단계 밸브는 완전히 닫히고, 4단계 밸브가 완전히 열린다. 이는 최소 HPT 틈새를 제공하는 최대 슈라우드 서포트 냉각을 제공한다.

2.2 저압터빈 액티브 틈새 조절
(Low Pressure Turbine Active Clearance Control: LPTACC)

LPTACC 시스템은 저압터빈 케이스(LPT case)로가는 팬 배출 공기(fan discharge air)의 양을 조절하여 LPT 케이스를 냉각시킴으로써 저압터빈(LPT) 블레이드 팁 틈새를 조절한다. LPT 케이스 냉각은 열팽창을 제어하여 LPT 블레이드 팁과의 간격을 최소로 유지하게 되어 연비를 증가시킨다.

LPTACC 시스템은 [그림 14-15]와 같이 LPTACC 밸브(valve), LPTACC 공기 덕트(air duct) 및 매니폴드(manifold)로 구성되어 있다.

EEC는 총 공기압(PT), 대기압력(PO), 총 기온(TAT), N1 속도 및 배기가스 온도(EGT) 등의 데이터를 항공기와 엔진에서 받아서 LPTACC 밸브를 스케줄링한다. 일반적으로 LPTACC로 흐르는 공기흐름은 이러한 파라미터가 증가하면 함께 증가한다.

LPTACC 시스템은 자동으로 작동한다. EEC는 일반적으로 디스플레이 전자 장치(DEU)를 통해 ADIRU에서 PO, PT 및 TAT를 가져오고, 엔진 센서에서 N1과 EGT를 얻는다. EEC는 이러한 데이터를 사용하여 LPT 케이스로 가는 팬 배출 공기의 양을 조절하기 위하여 신호를 HMU로 보낸다. HMU는 LPTACC 밸브 작동기에서 피스톤을 움직이기 위해 서보 연료 압력을 보내고, 피스톤은 팬 배출 공기 버터 플라이 밸브를 움직인다.

LPTACC 밸브에는 두 개의 RVDT(Rotary Variable Differential Transformer)가 있다. EEC는 RVDT를 사용하여 LPTACC 작동기의 위치를 모니터링한다. 하나의 RVDT는 신호를 EEC의 채널 A로 보내고, 다른 RVDT는 신호를 채널 B로 보낸다.

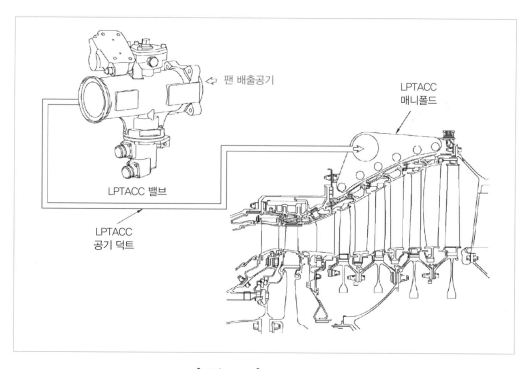

[그림 14-15] LPTACC 계통

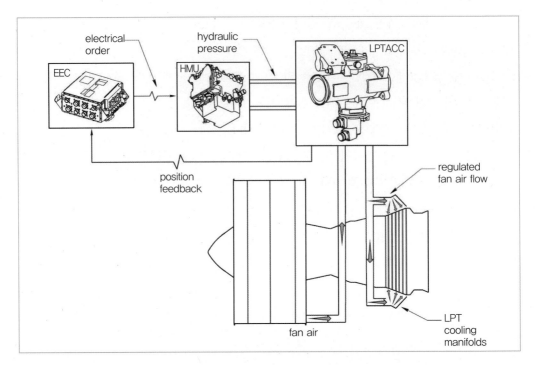

electrical
order

hydraulic
pressure

LPTACC

EEC

HMU

position
feedback

regulated
fan air flow

LPT
cooling
manifolds

fan air

[그림 14-16] LPTACC 작동

엔진 제어계통
(Engine Control System)

    엔진제어 시스템은 엔진작동을 위한 수동 및 자동 제어 입력을 제공한다. 즉, 엔진 추력(engine thrust)을 제어하기 위해 많은 신호(signals)를 공급하고, 엔진제어 현황을 이용하는 항공기의 다른 시스템에 신호를 공급하기도 한다.

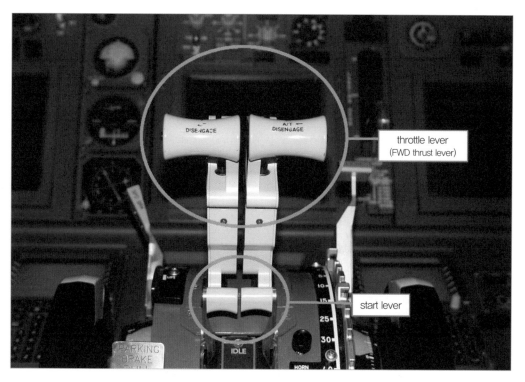

[그림 15-1] B737NG 추력 레버와 시동 레버

엔진제어 시스템의 구성은 다음과 같다.

- 추력 레버 어셈블리(thrust lever assemblies)
- 추력 레버 리졸버(thrust lever resolvers)
- 엔진 시동 레버 및 스위치(engine start levers and switches)
- 추력 레버 인터로크 솔레노이드(thrust lever interlock solenoids)

1 추력 레버(Thrust Lever, Throttle Lever)

조종실 중앙 정면에 놓인 컨트롤 스탠드(control stand)에 추력레버(thrust lever 또는 throttle lever)가 장착 엔진 대수만큼 나란히 설치되어 있다.

각각의 추력 레버는 해당 엔진의 연료 조종 장치의 출력 레버와 컨트롤 케이블(로드, 케이블 드럼, 풀리와 브래킷, 컨트롤 박스, 푸쉬-풀 케이블 등)로 기계적으로 접속되어 있고 추력레버의 작동이 직접 연료 조종 장치에 전달된다.

[그림 15-2]와 같이 최근 항공기 엔진의 추력 제어계통(thrust control system)은 각 추력 레버 밑에 리졸버(resolver)가 있어 추력 레버의 움직임을 전기적인 신호로 변환시켜 배선(wiring)을 통하여 각 엔진에 장착된 전자식 엔진제어장치(Electronic Engine Control: EEC)에 전달한다.

이러한 신호로 EEC는 연료조절 장치의 연료 흐름을 조절하기 위하여 전기적 토크모터(torque motor)를 작동시킨다.

각각의 추력 레버는 전진 추력 레버(forward thrust lever)와 역 추력 레버(reverse thrust lever)로 구성되어 있다.

전진 추력 레버는 손으로 전후 방향으로 조작하는 것으로 엔진 출력의 증감을 얻을 수 있다.

전진 추력 레버에 장착된 역 추력 레버는 손으로 위쪽으로 끌어 올림으로써 역 추력을 얻을 수 있다. 단, 역 추력 레버는 전진 추력 레버가 아이들의 위치에서만 조절할 수 있게끔 잠금 장치가 되어 있으며, 현재 대형 항공기에 있어서 역추력 장치의 작동은 반드시 지상모드(ground mode)에서만 작동되도록 회로가 형성되어 있다.

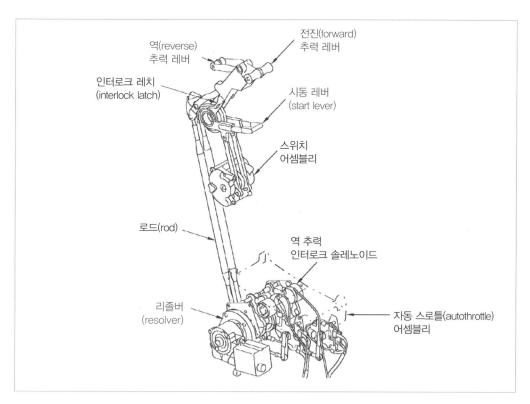

[그림 15-2] B737 NG 추력 제어계통

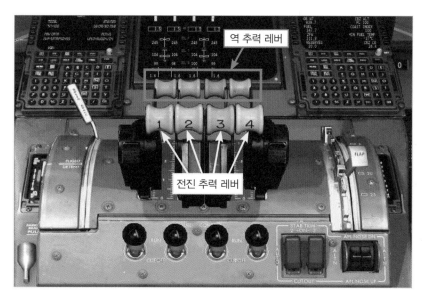

[그림 15-3] B747-400 전진 추력 레버와 역 추력 레버

또한, 최근에는 조종사의 부담을 덜어주기 위해 추력 레버의 조작을 컴퓨터를 이용하여 자동
으로 수행하는 자동-스로틀 시스템(auto-throttle system)이 장치되어있다.

2 　시동 레버[Start Lever]

각 엔진에 하나씩 시동 레버가 있다. [그림 15-1]의 경우 B737 항공기는 엔진이 2개이므로 2
개의 시동 레버가 있는 것을 볼 수 있다.

시동 레버에는 완속(idle) 및 컷오프(cutoff)의 두 위치가 있다. 시동을 시작하려면 완속 위치에
놓아야 하며, 엔진작동을 멈출 때는 컷오프 위치에 놓아야 한다.

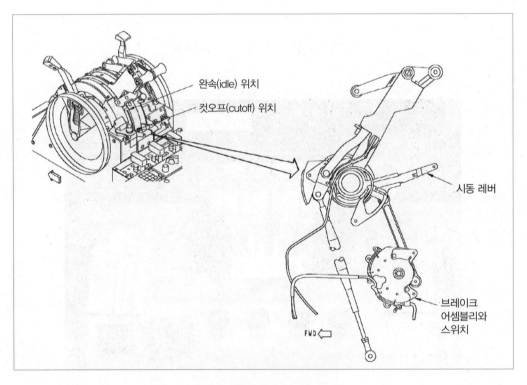

[그림 15-4] B737NG 시동 레버

시동 레버는 마찰력을 제공하는 브레이크에 기계적으로 연결되어 각각의 레버는 6개의 스위치를 작동한다. 두 개의 스위치는 EEC로 신호를 보내주고, 또 다른 2개는 엔진 점화 시스템과 연결되며, 나머지 다른 두 개의 스위치는 엔진 연료 공급 시스템의 밸브로 신호를 보내준다.

이러한 동작은 시동 레버를 완속(idle) 위치로 이동하고 스위치가 완속 위치로 이동할 때 발생한다.

[그림 15-5]에서 스위치의 작동을 보여주고 있다. 시동 레버를 완속 위치에 놓으면, 스위치 모듈 내에 6개의 스위치는 완속(idle) 쪽으로 붙는다.

2개의 스위치는 지시 논리(indication logic)를 위한 시동 레버 위치를 연료 제어패널에 입력해주고, 엔진으로 연료가 흐를 수 있도록 28V DC 배터리 파워가 엔진 연료 스파 밸브(engine fuel spar valve)를 열어준다.

또 다른 2개의 스위치는 115V AC 스탠바이 버스와 트랜스퍼 버스 파워가 엔진 점화를 위해 EEC에 공급해준다.

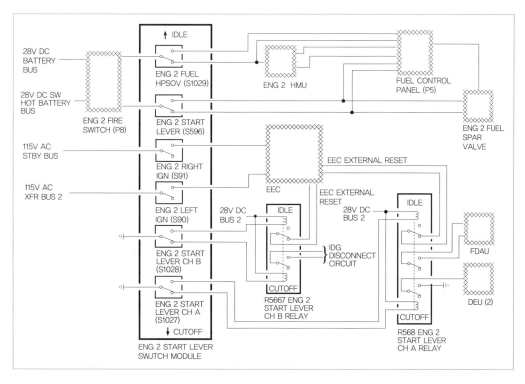

[그림 15-5] 시동 레버 스위치 작동

나머지 2개의 스위치는 2개의 엔진 시동 레버 릴레이를 완속 운전 위치로 이동시켜 주고, 통합 구동 발전기(IDG)의 회로를 차단시켜주며, FDAU(Flight Data Acquisition Unit)가 완속운전(엔진작동)이 시작되었음을 확인할 수 있는 시동 레버 위치를 알려준다. 또한, 두 개의 CDS/DEU도 완속운전(엔진작동) 상태임을 확인할 수 있도록 시동레버의 위치를 알려준다.

이러한 동작은 시동 레버를 차단 위치(cutoff position)로 이동하고 스위치가 차단 위치로 이동할 때도 발생한다.

연료 제어패널은 시동 레버 위치의 입력을 받고, 전력은 엔진 연료 스파 밸브를 닫는다. 또한, 점화 전원이 EEC에서 제거되고, 2개의 엔진 시동 레버 릴레이가 차단 위치로 이동하고, EEC 채널 A 및 B가 재설정된다.

3 엔진 정격출력(Engine Power Rating)

엔진 추력은 흡입 공기 온도와 압력에 의하여 크게 영향을 받아 달라진다. 특히, 최대추력 조건에서의 작동은 터빈 입구 온도(Turbine Inlet Temperature: TIT)의 제한을 받게 된다.

대기가 고온일 때에는 TIT를 일정하게 유지하기 위하여 추력이 제한되고, 저온일 때에는 압축기 배출압력(Compressor Discharge Pressure: CDP) 제한을 위하여 추력을 일정하게 유지하게 된다.

또한, 엔진의 수명과 신뢰성을 위해서 저온 영역에서는 여유 추력을 전부 내지 않고 온도에 의해 추력이 변화하는 점까지 일정추력을 내도록 하는데, 이를 고정 정격 엔진(flat rated engine) 또는 부분 스로틀 엔진(part throttle engine)이라고 한다.

〈표 15-1〉은 민간 항공운송용 주요 항공기에 사용하는 터보팬 엔진의 정격출력(power rating)을 보여주고 있다.

Engine Type	CFM56-7B24	PW4056	PW4168	PW4090	GP7200	GE90-115B	Genx-2B67	Genx-1B
A/C Installation	B737NG	B747-400	A330	B777	A380	B777-300ER	747-8	B787
T/O Thrust (lbs)	24,200	56,000	68,000	90,000	70,000	110,760	67,400	74,000
N1 rpm	5,380	3600	3,300	2,842	2,738		2,560	
N2 rpm	15,183	9,900	9,900	10,152	13,060		11,377	
BPR(Cruise)	5.6:1	5.0:1	5.1:1	6.4:1	8.8:1	9:1	8.6:1	
Fan Dia.	61	94	100	112		128	104.7	111
EGT red line (℃)	950	650	620	675	1,035		1,060	

3.1 정격 추력의 종류

터빈엔진의 정격 추력(engine rating)은 이륙(T/O), 최대연속상승(max. continuous climb), 그리고 순항(cruise)과 같은 특정한 엔진 운전 조건에서 엔진 제작사가 설정한 추력 성능(thrust performance)을 의미한다.

3.1.1 이륙 추력(Take-Off Thrust)

항공기 이륙을 위하여 사용되는 최대추력으로 최대 5분간으로 사용이 제한된다. 이륙 추력에 해당하는 대기 온도 및 대기압에 대해 수정한 N1 또는 엔진 압력비(EPR)가 나오도록 스로틀을 설정하여 얻어지는 추력이다.

3.1.2 최대연속추력(Maximum Continuous Thrust)

비행 상태에서 시간제한 없이 연속하여 사용할 수 있는 엔진의 최대추력으로 이륙 추력의 90% 내외이다. 이 추력은 해당하는 대기 온도 및 대기압에 대해 수정한 N1 또는 EPR이 나오도록 스로틀을 설정하여 얻어진다.

3.1.3 최대상승 추력(Maximum Climb Thrust)

상승을 위해 보증되고 있는 추력으로 최대연속추력과 같은 추력일 때가 많다.

3.1.4 최대 순항 추력(Maximum Cruise Thrust)

순항을 위하여 인정된 최대추력으로 보통 이륙 추력의 70~80% 내외의 추력이다. 따라서 엔진의 연료 소비율이 가장 적은 추력이다. 이것도 최대 순항 추력에 해당하는 대기 온도 및 대기압에 대해 수정한 N1 또는 EPR이 나오도록 스로틀을 설정하면 얻어진다.

3.1.5 완속 추력(Idle Thrust)

엔진이 자전할 수 있는 적합한 최소추력으로 이륙 추력의 5~6% 정도이다.

3.2 출력 산정(Power Computation)

추력은 엔진으로 들어오는 공기의 질량과 엔진 사이클(cycle) 중에 주어지는 가속에 따라서 좌우된다.

추력을 산정하는 방식은 엔진 제작사에 따라 다르다. 일반적으로 PW사 엔진들은 엔진 입구와 출구의 압력비(EPR)를 이용하지만 GE사의 엔진들은 N1 RPM을 기준으로 한다.

본 장에서는 터보팬 엔진의 특성상 팬에서 발생하는 추력의 비중이 크므로 N1을 기준으로 설명하도록 한다.

3.2.1 추력 정격 N1 계산(Thrust Rating N1 Calculation)

현재의 비행 조건에 따라 추력조절을 위한 6개의 기본적인 추력 정격(thrust rating)들은 EEC에 의해서 계산되는데, EOB, MTO, MCT 및 MCL은 엔진 모델과 항공기 형식에 따라서 계산되지만, MREV 정격과 아이들 기준(idle reference)은 엔진 모델과 항공기 형식과 관계없이 모두 같다.

기본적인 추력 정격계산들은 다음과 같다.

- EOB: 비상 예비-오버부스트(emergency reserve/bump-over boost)
- MTO: 최대이륙/복행(maximum takeoff/go around)
- MCT: 최대연속(maximum continuous)
- MCL: 최대상승(maximum climb)

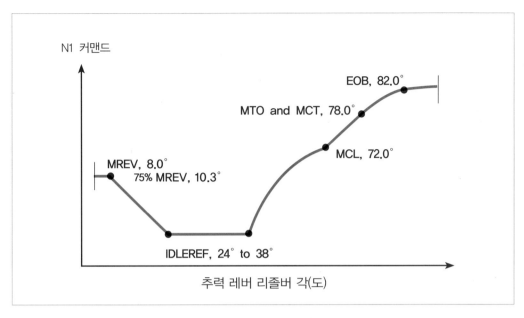

[그림 15-6] TRA와 정격 추력

- IDLE: 완속 기준 추력(idle reference)
- MREV: 최대 역 추력(maximum reverse)

[그림 15-6]과 같이 각각의 정격은 스로틀 리졸버 각도(TRA) 위치와 연관되어 팬 속도(N1)를 맞추고, EEC는 이러한 기본적인 정격들 사이의 추력 레벨을 TRA의 위치에 따른 중간값을 계산하는데, MTO 레벨이 가장 높은 추력 정격이 된다.

최대이륙/복행(MTO)과 최대연속정격(MCT)은 TRA setting이 78도로 같지만, 고도 15,000피트 이하, 마하 0.4 이하에서는 최대이륙/복행 정격이 되고 이외에서는 최대연속정격이 된다. 즉, TRA 세팅은 같지만, 최대이륙/복행 정격은 저고도 저속에서만 사용된다.

3.2.2 엔진 팬 속도수정 트림(Engine Fan Speed Modifier Trim)

엔진 제작공정의 허용 공차에서 기인하는 편차를 줄여서 발생할 수 있는 과잉의 추력 마진(thrust margin)은 엔진의 추력 정격 스케줄(thrust rating schedule)을 증진시킨다.

EEC는 N1 개별수정(discrete modifier)을 사용해서 각 엔진 사이의 추력 차이를 줄여주며, EEC

내에서 N1 커맨드는 감소하는데, 이 감소는 퍼센트(%)에 의한 실제의 N1 속도로서, 차이 나는 추력을 변화시켜서 N1 속도와 추력이 같아지도록 일치시킬 수 있다.

N1이 감소한 N1 수정 레벨(modifier level)은 계기에 나타나기 위해 조종실로 보내지는 값에는 아무런 영향이 없다. 즉, 조종실의 N1 계기에 지시되는 값에는 영향을 받지 않는다.

N1 트림 레벨(혹은 modifier)은 [그림 15-7]과 같이 엔진 시운전실에서 작동 중에 결정된다.

CFM56-7엔진의 경우 N1 trim은 3,900RPM 이상에서 활성화되고, N1 속도가 N1 레드라인 (redline)의 0.46% 이내이거나 또는 고도가 15,000피트 이상이거나, 속도가 마하 0.4 이상일 때 는 계산된 트림을 없애 버린다. 이는 이륙출력에서만 N1 트림이 적용됨을 의미한다.

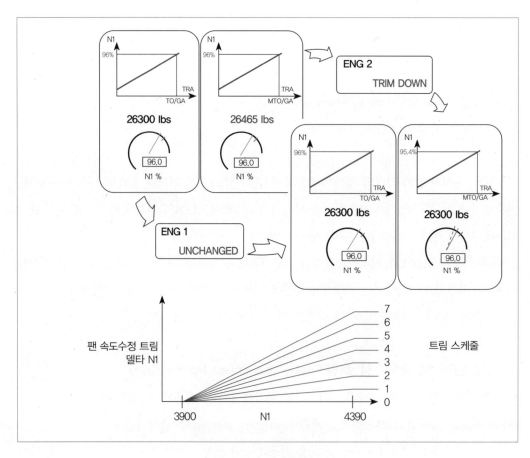

[그림 15-7] N1 트림(trim)

- 0 = no trim adjustment

- 1 = 0.4% downtrim of N1

- 2 = 0.8% downtrim of N1

- 3 = 1.1% downtrim of N1

- 4 = 1.5% downtrim of N1

- 5 = 1.9% downtrim of N1

- 6 = 2.5% downtrim of N1

- 7 = 3.0% downtrim of N1

3.2.3 추력조절 모드(Thrust Control Mode)

EEC로 추력이 제어되는 대부분의 현용 터빈엔진들은 정상조절 모드(normal control mode)와 항공 데이터 관성 기준장치(Air Data Inertial Reference Units: ADIRU)의 전압데이터(total pressure data)의 손실 결함에 대비하여 두 가지 대체 추력조절 모드(alternate thrust control mode)를 가지고 있다.

PW4000 엔진 등은 엔진 입구와 출구의 압력비(Engine Pressure Ratio: EPR)를 추력 산정으로 사용하여 정상 추력 모드가 EPR이 되지만, CFM56-7엔진을 비롯한 GE사 엔진들은 팬 스피드(N1)를 사용하고 있다.

[그림 15-8]은 CFM56-7엔진의 추력조절 모드이다.

(1) 소프트 얼터네이트 모드(Soft Alternate Mode)

EEC가 ADIRU 통신(communication), 공기의 전압(total pressure: PT), 공기의 전압을 감지하는 프로브의 어는 것을 방지하는 장치(PT probe heat)등이 손실되었거나, ADIRU 1&2의 데이터가 일치하지 않을 경우에는 EEC 스위치는 소프트 얼터네이트 모드(soft alternate mode)로 전환되며, PT로부터 마하 넘버(mach number)를 계산할 수 없으므로, 마지막으로 유효한 표준대기 온도와 현재의 외기압력(P0)의 차이 값으로 계산한다.

ADIRU 입력은 CDS/DEU를 통해서 받으므로 보통 두 개의 엔진은 같은 데이터를 받게 되기 때문에 두 엔진의 스위치는 동시에 소프트 모드(soft mode)로 전환되게 된다. 그러나 해당 엔진의 데이디 비스(data bus)가 고장일 때에는 한 엔진만 소프트 모드가 될 수 있다.

(2) 하드 얼터네이트 모드(Hard Alternate Mode)

추력 레버(throttle lever)를 최대연속추력(MCL) 위치 아래로 내리면 EEC 스위치는 자동으로 소프트 얼터네이트 모드에서 하드 얼터네이트 모드(hard alternate mode)로 전환되며, 조종실 오버헤드 패널(overhead panel)에 있는 EEC 스위치에 의해서 수동으로도 전환 시킬 수 있다.

이 모드에서는 EEC는 고정된 TAT(Total Air Temp)값인 30℃와 외부 대기압(P0)을 가지고 마하수(mach number)를 계산하므로 하드 얼터네이트 모드에서는 정상 모드(normal mode)에서의 최대 N1 추력정격(maximum N1 thrust rating) 보다 높은 N1 데이터가 EEC에 의해서 제공되기 때문에 더운 날 작동 중에는 현격한 최대 추력 정격 초과(maximum thrust rating exceedances)가 발생 될 수 있다.

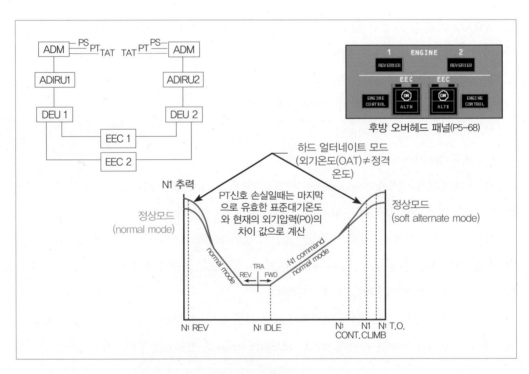

[그림 15-8] 추력조절 모드(thrust control mode)

4 자동출력제어장치[Auto Throttle System]

자동출력제어장치(auto throttle system)는 엔진의 파워 레버(power lever)를 자동으로 동작하여 항공기 엔진의 추력을 비행 상태와 조종사 선택에 따라 자동으로 제어해주며 엔진의 수명을 연장해주고 연료를 절감시켜주는 기능을 수행한다.

자동비행조종장치(automatic flight control system)의 속도 선택기(speed selector)로 세팅(setting)된 지시대기속도(indicated airspeed)를 유지하도록 자동으로 추력을 조절해주며, 자동 착륙(automatic landing) 시에는 전파고도계(radio altimeter)가 약 50피트에 도달되면 자동으로 추력을 줄여주고, 비행 상황에 따라 컴퓨터가 계산한 최대허용 압력비를 유지하여 자동 착륙이 가능하여지는 것은 물론 추력조절이 자동화됨으로써 조종사의 부담을 덜어 줄 수가 있다.

[그림 15-9]와 같이 추력 레버 측면에 있는 자동추력 해제 스위치(auto throttle disengage switch)를 누르면 자동출력장치는 해제되어 수동으로 전환된다.

자동출력제어장치(auto throttle system)는 전술한 바와 같이 모든 비행 중에 스로틀 레버(throttle lever)를 자동으로 움직여 주며, [그림 15-10]과 같이 비행관리 컴퓨터(Flight Management Computer: FMC), 디지털 비행조종 장치(Digital Flight Control System: DFCS), 자동출력제어 컴퓨터

자동추력 작동범위

자동추력 해제 스위치

[그림 15-9] A330 항공기 엔진 추력 레버(engine thrust lever)

(Autothrottle Computer: ATC), 2개의 자동출력 서보기구(Autothrottle Servo Mechanism: ASM)로 구성되어 있다.

비행관리 컴퓨터(FMC)는 목표 N1 파워 설정(target N1 power setting) 혹은 목표 대기속도(target airspeed)를 자동출력제어 컴퓨터(ATC)에 제공하고, 이차적으로 디지털 비행조종 장치(DFCS)에서도 목표 대기속도(target airspeed)를 자동출력제어 컴퓨터(ATC)에 제공할 수 있다.

자동추력 조정(automatic thrust control)이 연동되면, 목표 N1 파워 설정 혹은 목표 대기속도를 얻기 위해 2개의 자동출력 서보기구를 이용하여 두 엔진의 스로틀 레버를 위치시킨다.

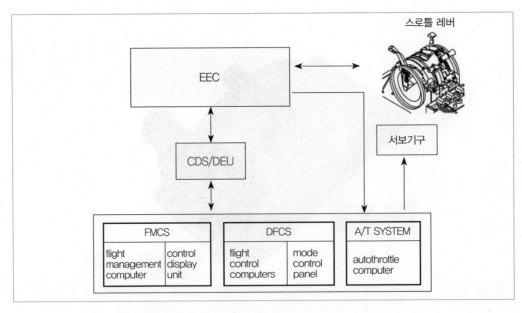

[그림 15-10] 자동출력제어장치(auto throttle system)

엔진 계기계통
(Engine Indicating System)

제16장

1 ┃ 엔진 계기계통 일반

엔진 계기계통의 목적은 엔진과 관련 시스템 정보를 조종실의 계기를 통하여 조종사와 정비사에게 제공하는 것이다.

조종실(cockpit: 대형 항공기의 경우 flight deck)의 엔진 계기는 성능 지시계기(performance indicators)와 엔진 상태 지시계기(engine condition indicators) 두 가지의 부류로 구분할 수 있다.

엔진 압력비(Engine Pressure Ratio: EPR), 팬 속도(fan speed: N1), 배기가스 온도(Exhaust Gas Temperature: EGT), 연료 유량(fuel flow), 압축기 속도(N2)와 같은 엔진 추력에 직접적인 영향을 주는 지시 계기들은 성능 지시계로 볼 수 있으며, 오일압력, 온도계기, 진동계기 등은 엔진 상태를 나타내는 계기가 된다.

엔진 일부분이 비정상(working too hard)상태이면 성능 지시계기는 높은 배기 온도, 고 RPM 상태 등을 표시하게 되며, 조종사는 출력을 줄인다든가 엔진을 정지시킨다든가 하는 등의 항공기를 안전하게 운용하는 데에 필요한 조처를 해야 한다.

[그림 16-1]은 JT9D 엔진을 장착

[그림 16-1] 아날로그 형식의 B747-200 조종실 계기

한 B-747 항공기의 일반적인 아날로
그 형식의 계기판을 보여주고 있으나,
최근에는 [그림 16-2]와 같이 광전관
(cathode ray tube) 또는 발광 다이오
드(light emitting diode)로 표시되는 새
로운 형태의 PW4000 엔진을 장착한
B747-400 항공기와 같이 디지털 형
식의 지시계통이 주로 사용되고 있다.

이러한 새로운 지시계통은 계기류
(instrument package) 및 엔진의 오동
작을 막을 수 있고, 더욱 다양한 정보

[그림 16-2] 디지털 형식의 B747-400 조종실 계기

를 표시할 수 있으며, 조종사의 부담(load)을 경감시켜 준다.

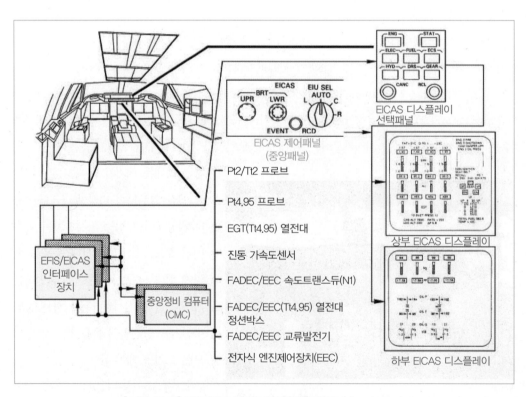

[그림 16-3] PW4000 엔진 계기계통(indication system)

[그림 16-3]은 B747-400 항공기의 PW4056 엔진 계기계통으로서 구성품은 다음과 같다.

엔진 쪽에는 엔진 입구압력과 온도를 감지하는 Pt2/Tt2 프로브(probe), 엔진 출구압력을 감지하는 Pt4.95 프로브, 배가스온도를 측정하는 EGT(Tt.4.95) 열전대(thermocouple), FADEC/EEC 스피드 트랜스듀서(N1), 영구자석 교류발전기(PMA), 전자동 디지털전자 엔진제어장치(FADEC) 등이 장착되어 있다.

항공기 쪽에는 전자비행 계기장치인 EFIS(Electronic Flight Instrument System)와 엔진 상태 및 다른 시스템의 경고 상태를 종합적으로 알려주는 EICAS(Engine Indications and Crew Alerting System), EICAS 제어 패널(control panel), 항공기 운항 중 발생한 결함들을 저장 분석하여 고장탐구를 위한 정보를 제공하는 중앙정비 컴퓨터(central maintenance computer), 위험/경고 등(master warning/caution light)등으로 구성되어 있다.

FADEC/EEC는 선택된 항공기 엔진 부품으로부터 입력 신호를 받아서 요구되는 기능을 수행한 후, 데이터를 전시하고 저장하기 위하여 엔진 계기장치(EIU)와 중앙정비컴퓨터(CMC)로 출력한다. 일부 부품과 센서들은 FADEC/EEC를 거치지 않고 엔진계기장치에 디스플레이 되기도 한다.

중앙정비 컴퓨터는 대략 6,500건 이상의 결함을 생성해서 500건 정도의 결함을 저장한다.

[그림 16-4]는 PW4168 엔진을 장착한 A330 항공기의 엔진 지시계통이다. 보잉계열 항공기

E/WD(Engine Warning Display)　　　　　SD(System Display)

[그림 16-4] A330, ECAM(Electronic Centralized Aircraft Monitoring)

에서는 EICAS(Engine Indications and Crew Alerting System)라고 부르지만, 에어버스 항공기 계열은 ECAM(Electronic Centralized Aircraft Monitoring)이라고 부르는 데 목적과 기능은 서로 유사하다. ECAM은 중앙 상부의 E/WD(Engine Warning Display)와 하부의 SD(System Display)로 구성되어 있다.

E/WD에는 B747-400 항공기의 상부 EICAS 디스플레이처럼 엔진 성능에 관련된 EPR, EGT 및 N1 등을 지시하고 있으며, SD에는 하부에 장착된 EICAS처럼 엔진 상태에 관련된 오일 양, 오일압력 및 엔진 진동 등을 지시하고 있다.

[그림 16-5]는 B737NG 항공기의 CFM56-7엔진의 계기계통으로서 엔진의 성능을 나타내는 일차 엔진디스플레이(primary engine display)와 엔진 상태를 나타내는 이차 엔진디스플레이(secondary engine display)로 구분되어 있으며, PW4000 엔진과 달리 엔진 압력비(EPR) 계기가 없는 것이 특징이다. 전통적으로 GE사 제작 엔진들은 추력설정을 N1 로터 속도로 하기 때문이다.

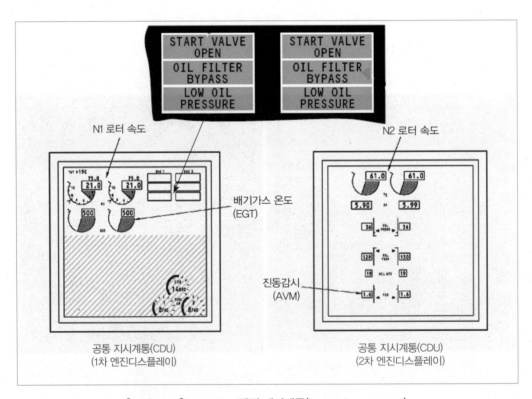

[그림 16-5] CFM56-7엔진 계기계통(indication system)

엔진 압력비 계기계통(EPR indicating system)은 엔진의 출력(power output)을 나타내며, 엔진 추력 설정(setting)과 감시(monitoring)를 한다. 실제 EPR은 PW사에서 제작된 엔진에 주로 사용되며, GE 사에서 제작된 엔진들은 EPR 계기 및 관련 구성품이 없고, 추력설정 또한 N1을 사용하고 있다.

2.1 EPR 계통 구성

PW4000 엔진의 압력비(EPR) 시스템은 엔진 출구 압력(Pt4.95)을 엔진 입구압력(Pt2)으로 나눈 값인 실제 엔진 압력비(actual EPR)를 디스플레이 한다.

엔진 쪽에는 엔진 입구압력과 온도를 감지하는 Pt2/Tt2 프로브(probe), 엔진 출구압력을 감지 하는 Pt4.95 프로브와 매니폴드, FADEC/EEC와 EEC프로그래밍 플러그로 구성되어 있으며, 항 공기의 EICAS 컴퓨터, 추력관리 컴퓨터(thrust management computer) 등과 인터페이스 되어있다 [그림 16-6 참조].

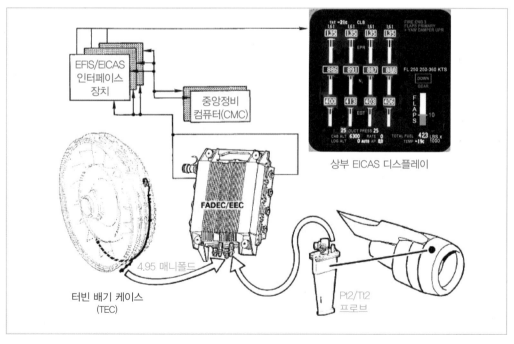

[그림 16-6] PW4000 엔진 EPR 계기계통

2.2 EPR 시스템 작동

엔진 입구압력은 엔진 입구 카울(inlet cowl) 안쪽에 장착된 Pt2/Tt2 프로브에서 감지하고, 엔진 배기가스압력은 터빈 배기 케이스(turbine exhaust case)에 장착되어있는 2개의 Pt4.95 프로브에서 매니폴드 평균값을 취하여 FADEC/EEC로 보내진다.

FADEC/EEC에 내장된 트랜스듀서(transducer)는 Pt4.95와 Pt2의 입력을 전기적 신호로 변환하고, Pt4.95를 Pt2로 나누어 EPR을 계산한다.

EEC 프로그래밍 플러그(programming plug)에 의해서 엔진 성능에 따른 추력의 차이를 보상하여 EICAS 컴퓨터와 추력관리 컴퓨터로 출력되어 실제의 EPR 값을 지시해준다.

실제의 EPR은 FADEC/EEC가 N2 RPM 5~10%에서 전원이 공급되었을 때부터 지시하기 시작한다.

3 | 엔진 회전계 계통(Engine Tachometer System)

가스터빈 엔진의 속도는 압축기와 터빈의 조합인 스풀의 회전수(RPM of rotating spool), 즉 분당 회전속도(RPM)로 측정된다.

대부분의 터보팬 엔진은 서로 다른 속도로 독립적으로 돌아가는 2개 이상의 스풀(spool)을 갖추고 있다. [그림 16-7]과 같이, 회전속도계는 회전수가 각기 다른 여러 종류의 엔진을 같은 기준으로 비교하기 위해 보통 % RPM으로 보정된다.

터보팬 엔진을 구성하는 두 개의 축, 즉 저압 축과 고압축을 각각 N1, N2로 표시하며 각 축의 분당 회전수는 회전속도계에 지시되며 이를 통해 엔진의 회전 상황이 정상인지 비정상(overspeed 등)인지를 확인한다.

구형 엔진에서 엔진 회전속도를 ±0.1% 정확도 이내로 유지하기 위해서는 회전속도계-발전기(tachometer-generator)의 주파수를 RPM 분석기(analyzer)로 측정해야 한다. 회전속도 점검 회로(RPM check circuit)를 항공기 회전속도계와 병렬로 연결하고 엔진 작동하면 항공기 회전속도계의 정확성을 % RPM으로 비교하고 점검할 수 있다.

하지만 대부분의 최신 엔진에는 [그림 16-8]과 같이, 자석을 통과하는 회전 기어에 의해 발생하는 전기적 펄스(electrical pulse)를 이용해 엔진의 회전수를 계산한다. 이런 형식의 회전속도 시스템(magnetic pickup system)은 회전 기어와 자석 사이의 간격 조절 이외의 정비사항은 거의 없을 정도로 신뢰성이 높다.

최신의 디지털 엔진 회전계 계통(tachometer system)은 [그림 16-9]와 같이 엔진의 저압 로터(N1)와 고압 로터(N2)의 속도 신호를 전자엔진제어장치(EEC), 디스플레이 전자장치(DEU) 및 비행 중 진동감시 시그널 컨디셔너(airborne vibration monitoring signal conditioner)로 공급한다.

EEC는 각각의 속도 센서(speed sensor)에서 받은 아날로그 신호를 디지털 신호로 변환하여 아링크 429 데이터버스(ARINC 429 data bus)를 통하여 각각의 DEU로 보내준다.

보통 DEU는 EEC로부터 입력을 받아 공통 디스플레이 장치(Common Display System: CDU)에 N1과 N2를 보여주지만, EEC를 거치지 않고 속도센서로부터 직접 입력을 받아 N1과 N2를 지시하기도 한다.

비행진동감시 시그널 컨디셔너는 속도 센서로부터 아날로그 입력을 받아 진동수준(vibration level)을 계산한다.

[그림 16-7] 회전속도계

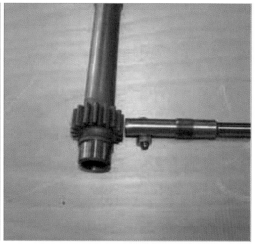

[그림 16-8] 자기 픽업과 기어
(magnetic pickup and gear)

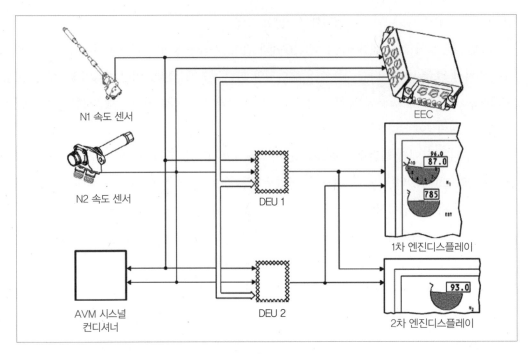

[그림 16-9] CFM56-7 엔진 회전계 계통(engine tachometer system)

3.1 N1 회전계(N1 tachometer)

N1 회전계는 조종실의 계기에 저압 로터의 속도(RPM)를 퍼센트(%)로 지시해준다. 일반적으로 디스플레이 전자장치(DEU)는 EEC로부터 데이터를 입력받아 N1 속도를 나타내주지만, EEC가 전원이 없을 때는 속도 센서로부터 직접 받기도 한다. [그림 16-10]은 B737-NG 항공기의 N1 회전계이다.

3.1.1 N1 디지털판독과 포인터(N1 Digital Readout&Pointer)

N1 디지털판독과 박스 둘레(box around)는 N1이 레드라인(redline) 아래일 경우, 백색(white)으로 나타나며, 원형 다이얼의 포인터 또한 백색으로 N1 속도를 지시하고, 일반적으로 포인터가 지나간 자리는 회색(gray)으로 나타난다.

N1 레드라인을 초과할 때는 N1 디지털판독, 박스 둘레(box around), 포인터와 포인터가 지나간 자리들은 적색(red)으로 바뀌고, 레드라인 아래로 떨어지면 정상 색깔로 돌아온다.

엔진 작동 중 N1 속도가 한계를 초과한 경우, 엔진을 정지하면 박스둘레가 적색으로 바뀌어 엔진에 이상이 있음을 정비사에게 정보를 제공해준다.

3.1.2 N1 레드라인(N1 Redline)

N1 레드라인은 엔진에 승인된 최대 저압 로터 속도로서 적색으로 표시되는데, 레드라인 값은 EEC가 제공한다.

3.1.3 N1 커맨드 섹터(N1 Command Sector)

커맨드 섹터는 실제 N1과 N1 커맨드 값과의 차이를 보여주며, 추력 레버 위치가 N1 커맨드를 설정한다.

N1 커맨드는 커맨드 섹터의 상단(top edge)또는 하단(lower edge)이 될 수 있는데 엔진 속도를 증가시켜야 할 때는 상단이 N1 커맨드가 되고, 반대로 엔진 속도를 줄여야 할 경우에는 하단이 커맨드가 되며, 색깔은 커맨드 섹터와 N1 커맨드의 색은 백색이다.

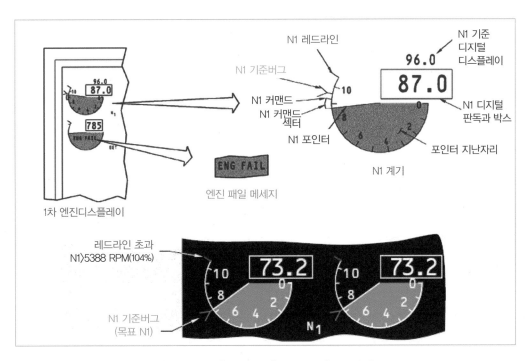

[그림 16-10] B737NG(CFM56-7) N1 계기

3.1.4 N1 기준 버그(N1 Reference Bug)

N1 기준버그(reference bug)는 조종사가 수동으로 설정한 N1 추력 목표(thrust target)를 보여준다. 버그는 비행관리 컴퓨터(FMC)로 설정할 수 있으며, 색깔은 녹색(green)이다.

N1 기준 디지털 디스플레이(reference digital display)는 N1 목표를 수동으로 설정하였을 경우 백색(white)으로 나타나며, FMC로 설정할 때는 나타나지 않는다.

3.2 N2 회전계(N2 Tachometer)

N2 회전계는 조종실의 계기에 고압 로터의 속도(RPM)를 퍼센트(%)로 지시해준다. 디스플레이 전자장치(DEU)는 EEC 또는 N2 속도 센서로부터 데이터를 입력받아 N2 속도를 보여준다.

3.2.1 N2 디지털판독과 포인터(N2 Digital Readout and Pointer)

[그림 16-11]과 같이 N2 디지털 디스플레이와 박스는 N2가 레드라인(redline) 아래일 경우, 백색(white)으로 나타나며, 원형 다이얼의 포인터 또한 백색으로 N2 속도를 지시하고, 일반적으로 포인터가 지나간 자리는 회색(gray)으로 나타난다.

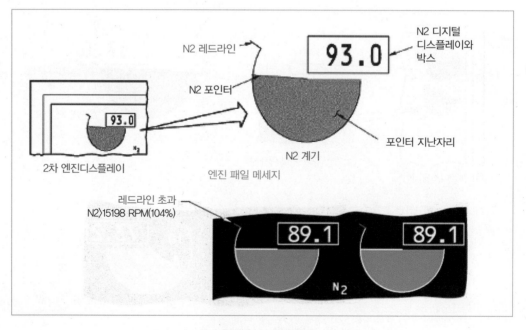

[그림 16-11] N2 계기

N2 레드라인을 초과할 때는 N2 디지털판독, 박스 둘레(box around), 포인터와 포인터가 지나간 자리들은 적색(red)으로 바뀌고, 레드라인 아래로 떨어지면 정상 색깔로 돌아온다.

엔진 작동 중 N2 속도가 한계를 초과한 경우, 엔진을 정지하면 박스 둘레가 적색으로 바뀌어 엔진에 이상이 있음을 정비사에게 정보를 제공해준다.

3.2.2 N2 레드라인(N2 Redline)

N2 레드라인은 엔진에 승인된 최대 고압 로터 속도로서 적색으로 표시되는데, 레드라인 값은 EEC가 제공한다.

4 배기가스 온도지시 계통
(Exhaust Gas Temperature Indicating System)

배기가스 온도지시 계통(exhaust gas temperature indicating system)은 엔진의 작동한계와 터빈의 기계적 상태를 감시하기 위해 있다.

엔진 운용 중 각 부위에서 감지되는 모든 온도는 엔진을 안전하게 운전하기 위한 제한조건(operating limit)일 뿐만 아니라 엔진의 운전 상황(operating condition) 및 터빈의 기계적인 상태(mechanical integrity)를 감시하는 데 사용된다.

실제로 제1단계 터빈 인렛 가이드 베인(turbine inlet guide vane)으로 들어오는 가스의 온도는 엔진의 많은 파라미터 중에 가장 중요한 인자이지만, 대부분 엔진에서, 터빈 입구 온도(turbine inlet temperature)는 너무 높으므로

[그림 16-12] 아날로그 형식의 배기가스 온도계

이를 직접 측정하는 것은 불가능하다. 터빈 출구의 온도는 터빈 입구 온도보다는 상당히 낮지만 엔진 내부의 운전 상황을 관찰할 수 있으므로, 터빈 출구에 열전쌍(thermocouple)을 장착하여 터빈 입구 온도와 비교하여 측정한다. 터빈 출구 주위에 일정한 간격으로 몇 개의 열전쌍을 장착하고 그 평균값을 조종실에 있는 배기가스 온도계(exhaust gas temperature)에 나타낸다.

[그림 16-12]는 전형적인 아날로그 형식의 배기가스 온도계를 보여주고 있다.

PW4000 엔진을 비롯하여 PW사에서 제작한 엔진들은 엔진의 배출구(저압터빈의 마지막 단)의 배기가스 온도를 모니터하는 반면, CFM56-7엔진을 비롯한 GE사에서 제작된 엔진들은 저압터빈 2단계 노즐에서 배기가스온도를 모니터하기 때문에 PW사 엔진에 비해 배기가스온도(EGT)가 상대적으로 월등히 높다.

다른 장에서 배기가스 온도 계통과 깊은 연관이 있는 FADEC, 점화 및 시동 계통을 CFM56-7엔진을 기준으로 소개하였음으로 연계성을 높이고자 여기에서도 CFM56-7 엔진을 기준으로 설명하고자 한다.

4.1 엔진 EGT 지시계통 구성

[그림 16-13]은 CFM56-7엔진의 EGT 지시계통으로서 8개의 열전대(thermocouple)와 4개의 T49.5 열전대 하니스(harness) 어셈블리를 가지고 있다. 각각의 와이어 하니스(wire harness) 어셈

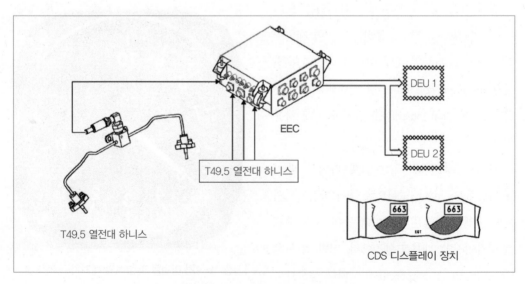

[그림 16-13] 배기가스 온도 지시계통

블리는 2개의 열전대를 가지고 있고, EEC에 입력신호를 보내준다.

EEC는 EGT 신호를 사용하여 공통 디스플레이 장치(CDS)에 EGT를 보여주고, 엔진의 과열시동(hot start)과 습식시동(wet start: no ignition) 논리와 저압터빈(LPT) 냉각 로직을 수행한다(과열 및 습식시동 로직에 대한 구체적인 사항들은 제19장 시동 계통에서 참조 바라며, 저압터빈 냉각은 제14장 엔진 에어 계통을 참조하기 바람).

EEC는 EGT 데이터를 ARINC 429 데이터 버스를 통하여 디스플레이 전자장치(DEU)로 보낸다. CDS의 일부분인 DEU는 보통 상부 중앙 디스플레이 장치(DU)에 EGT를 보여준다.

4.2 EGT 계기(EGT Indicator)

EEC는 EGT 신호를 DEU에 보내서 CDS에 지시하게 한다. 배기가스 온도는 엔진에 장착된 8개 열전대의 평균값을 지시한다.

[그림 16-14]는 CFM56-7엔진의 EGT 계기를 보여주고 있다.

4.2.1 EGT 디지털판독과 포인터(Digital Readout&Pointer)

계기에 나타난 디지털판독의 배기가스 온도 단위는 섭씨(℃)이며, 판독과 박스 둘레는 일반적으로 백색(white)이다.

원형 다이얼 상의 포인터(pointer) 또한 EGT를 나타낸다. 다이얼에는 눈금(scale)이 없고, 포인터는 백색이며, 포인터가 지나간 부분을 그늘진 부분(shaded area)이라고 부르는데 회색(gray)으로 나타난다.

EGT가 EGT 레드라인(redline)은 넘지는 않았지만, 최대연속한계(maximum continuous limit)를 초과하면 EGT 판독과 박스 둘레, 포인터 및 그늘진 부분은 호박색(amber)으로 변하고, 레드라인을 넘으면 적색(red)으로 바뀐다.

배기가스 온도가 정상범위로 돌아오면 색깔은 백색으로 돌아온다.

엔진 작동 중에 EGT가 레드라인을 넘었을 경우에는 엔진이 정지되어 EEC가 비자화(de-energizes) 되었을 때에도 박스둘레는 적색으로 변화된다.

N2 속도가 약 10% 이하에서 EEC는 비 자화되고, 디지털판독, 포인터 및 그늘진 부분은 사라진다(blank).

엔진 지상 시동 중에 EEC가 과열시동(hot start)을 감지하면 디지털판독과 박스는 번쩍번쩍 플래시(flash)한다(제19장 시동 계통 참조).

4.2.2 EGT 최대연속한계(Maximum Continuous Limit)와 앰버 밴드(Amber Band)

EGT 최대연속 한계는 EGT 경고범주(caution range)의 시작이다. 이 값 이상으로 엔진을 계속 작동하는 것은 엔진에 손상을 가져올 수 있다.

EEC는 EGT 최대 연속한곗값을 제공하는 데 한계는 호박색(amber)으로 나타난다. 앰버 밴드(amber band)는 EGT 경고 범위로서 이 범주에서 엔진을 계속작동 할 경우에는 엔진 손상을 초래할 수 있다. 앰버밴드는 최대연속 한계와 EGT 레드라인 사이의 원호(arc)로 나타난다.

4.2.3 EGT 시동 레드라인(Start Redline)

EGT 시동 레드라인은 지상에서 엔진 시동 중 EGT에 대한 최대 한계이다. 레드라인은 오로지 지상 시동 중에만 나타나며, 엔진이 아이들에 도달되면 없어지고 비행 중에는 나타나지 않는다.

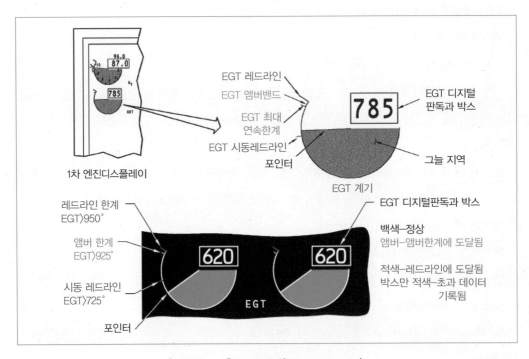

[그림 16-14] EGT 계기(EGT indicator)

지상에서 시동 중에 EGT가 시동 레드라인(start redline)을 넘어가면 EGT 판독과 박스둘레, 포인터 및 그늘진 부분은 적색으로 바뀌고, EEC는 연료흐름과 점화를 중단시킨다.(제19장 시동계통 참조)

5 | 진동 감시계통(Airborne Vibration Monitoring)

급작스럽거나 지속적이고 비정상적인 엔진 진동(engine vibration)은 엔진의 고장을 뜻한다. 비정상적인 엔지 진동은 압축기 또는 터빈 블레이드의 손상(damage), 베어링 피로(bearing distress), 압축기 로터 불균형(compressor rotor unbalance), 보기 구동기어의 고장, 엔진에 장착된 보기류의 회전부 고장, 등등이 원인이 될 수 있다.

진동이 작을 때 이를 수정하면 심한 손상을 방지할 수 있다. 2.0 in/sec은 각 로터의 경고 상태고 3.0 in/sec 수준에서는 추력을 줄여야 한다.

5.1 진동감시계통 구성

진동감시(Airborne Vibration Monitoring: AVM) 시스템은 지속해서 코먼 디스플레이 계통(Common Display System: CDS)에 엔진 진동수준을 공급하는데 [그림 16-15]와 같이 AVM 시그널 컨디셔너(AVM signal conditioner), 엔진 전방 끝 부근의 진동 센서(vibration sensor: accelerometer)와 팬 프레임의 진동 센서(vibration sensor: accelerometer)로 구성되어 있다.

시그널 컨디셔너는 No.1 베어링 진동 센서, 팬 프레임 압축기 케이스 수직 진동 센서, N1 속도 센서와 N2 속도 센서들로부터 신호를 받아 진동수준(vibration level)을 계산한다(진동 센서의 자세한 작동원리는 제12장 참조).

시그널 컨디셔너는 진동 데이터(vibration data)를 디스플레이 전자장치(DEU)와 비행자료 획득장치(Flight Data Acquisition Unit: FDAU)에 제공한다. 엔진 진동은 일반적으로 중앙 아래 디스플레이 장치(DU)의 이차 엔진지시계통(secondary engine display)에서 보여준다.

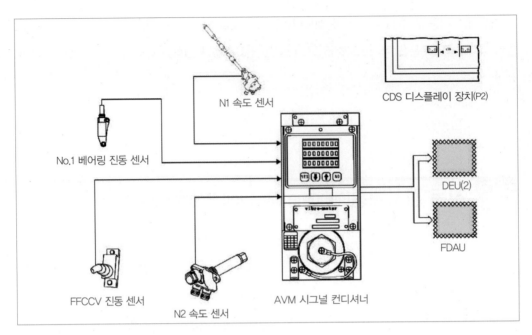

[그림 16-15] AVM 계통 구성

시그널 컨디셔너는 자체시험장비(Built-In Test Equipment: BITE)가 있어서 지상에서 진동 관련 결함에 관한 고장탐구를 수행할 수 있을 뿐만 아니라 AVM 시그널 컨디셔너에 저장된 진동 데이터를 보고 지울 수 있으며, 엔진 진동에 대한 밸런스 솔루션(balance solution)을 구할 수 있다.

5.2 AVM 시스템 작동개요

AVM 시스템은 [그림 16-16]과 같이 N1과 N2 속도 센서, No.1 베어링 진동 센서, 팬 프레임 압축기 케이스 수직(FFCCV) 센서 등의 입력 값을 계산하여 가장 높은 진동수준을 CDS에 연속적으로 보여주고, 또한 결함자료와 과거의 진동 자료를 저장한다.

5.2.1 진동 센서(Vibration Sensors)

진동 센서는 작은 전기신호를 출력하고, 출력수준은 엔진구조가 지름 방향(radial direction)으로 움직일 때 출력수준이 변화한다. 출력의 차이는 엔진 진동수준에 비례한다.

No.1 베어링 센서는 엔진 오버홀 중에만 교환 가능하다.

5.2.2 비행진동 감시신호 장치(AVM Signal Conditioner)

시그널 컨디셔너는 속도 센서 입력을 사용하여 저압 압축기, 고압 압축기, 저압터빈, 고압 터빈들의 진동수준을 계산하여 가장 큰 값의 진동 신호가 ARINC 429 데이터버스를 통해 DEU로 가서 CDS에 나타난다. 이 정보는 또한 비행자료 획득 장치(FDAU)로 보내져서 비행기록장치(FDR)에 저장된다.

시그널 컨디셔너는 최종 32번의 비행에서 발생한 진동 자료를 가지고 있으며, 한 엔진의 N2가 45% 이상일 때 새로운 비행이 시작되고, 양쪽 엔진 모두가 N2 45% 이하가 되면 비행이 종결된다.

프로그램 핀은 엔진모델과 항공사의 선택사항들을 식별할 수 있도록 해주고, 전원은 115V AC 트랜스퍼 버스에서 공급받아 내부의 전원공급 장치(power supply)에서 24V DC로 전환하여 사용한다.

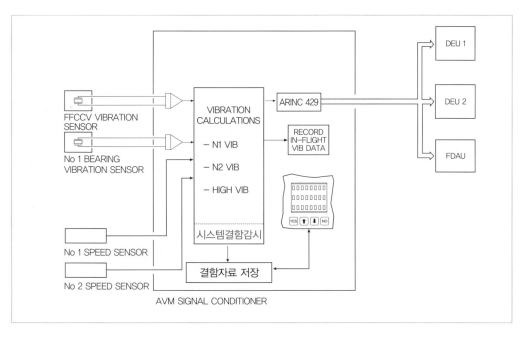

[그림 16-16] AVM 시그널 컨디셔너 작동

제**17**장 엔진 배기계통 (Engine Exhaust System)

터빈을 통과한 배기가스를 엔진 외부로 효율적으로 배출하기 위한 일련의 장치를 배기계통 (exhaust system)이라고 한다. 배기계통에는 배기 덕트와 배기 노즐, 배기 소음장치, 역추력 장치, 후기 연소기 등이 포함된다.

1 | 터빈엔진 배기 노즐(Turbine Engine Exhaust Nozzles)

터빈엔진은 엔진의 형태에 따라 여러 종류의 배기 노즐을 가지고 있다. 헬리콥터에 사용하는 터보샤프트(turboshaft) 엔진은 확산형 덕트(divergent duct) 형태의 배기 노즐을 사용하기도 하는데, 이는 모든 엔진 동력(engine power)이 로터를 회전시키는 것에 사용되기 때문에 노즐에서는 추력 발생이 없으면서 헬리콥터의 공중정지 기량(hovering abilities)을 향상할 수 있기 때문이다.

1.1 수축형 배기 노즐(Convergent Exhaust Nozzle)

배기 덕트(exhaust duct) 후방에 연결된 장치를 흔히 터빈 슬리브(turbine sleeve) 또는 배기 노즐 (exhaust nozzle)이라고 부른다. 아음속 항공기용의 터보팬 엔진, 터보프롭 엔진에는 보통 끝이 좁아지는 형상을 한 수축형 배기 노즐(convergent exhaust nozzle)이 사용되고 있다.

278 PART 3 가스터빈엔진 계통

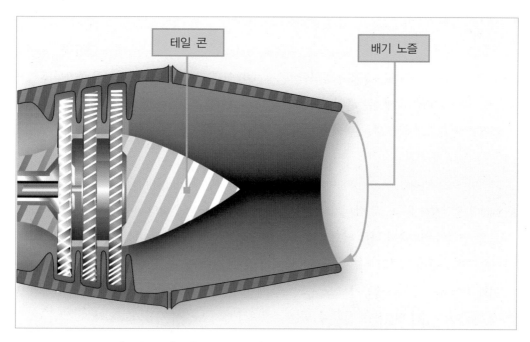

[그림 17-1] 수축형 배기 노즐(convergent exhaust nozzle)

[그림 17-1]의 배기 노즐은 단순한 원형 단면을 한 고정 면적 배기 노즐(fixed area exhaust nozzle)로 되어있고, 그 내부에는 원뿔꼴을 한 테일 콘(tail cone)[1]이 장착되어 노즐과 함께 배기가스의 흐름 통로를 형성하고 있다.

수축형 노즐에는 외부(대기)압력과 노즐 내부압력과의 비가 많을수록 배기가스의 분출 속도는 빨라지지만, 이 압력비가 약 1.9 정도가 되면 배기가스의 분출 속도는 음속에 달하고 그 이상 아무리 압력비가 증가하더라도 분출 속도는 일정(음속)하게 된다. 이와 같은 상태의 노즐을 초크 노즐(choked nozzle)이라고 한다.

1.2 수축-확산형 배기 노즐(Convergent-Divergent Exhaust Nozzle)

초음속 항공기에서는 배기가스의 분출 속도를 초음속으로 분출하기 위해서 [그림 17-2]와 같은 수축-확산형 배기 노즐이 사용된다.

---

1 가스터빈엔진의 배기부분에 고깔모양으로 장착된 엔진 부품으로 배기가스를 정확하게 흐르도록 유도하는 부분.

이것은 터빈에서 분출되는 배기가스는 아음속이므로 수축형 배기 노즐을 지나면서 압력의 감소, 가속도 에너지의 증가를 발생시킨다. 이렇게 해서 증가한 속도가 음속에 도달한 후, 확산형 노즐 부분을 통과할 때에는 초음속에 의한(압축성 흐름) 압력 감소가 속도 에너지의 증가를 유발해서 덕트 외부로 배출될 때에는 흡입 속도보다 속도가 증가한 분출 속도를 얻을 수 있다.

이러한 배기 노즐을 통한 추력의 향상이 설치무게에 의한 단점을 능가할 때는 항공기 속도가 빠를수록 효과가 커진다.

그러나 덕트 면적(duct area)의 변화가 너무 작거나 크면 목(throat) 부분의 다운스트림(down stream)이 불안정하게 되므로 에너지의 손실을 초래하며, 결국은 추력의 손실을 발생시킨다.

또한, 면적의 변화율이 너무 낮으면 요구한 속도에 도달하지 못할 것이며, 면적의 변화율이 지나치게 크면 흐름이 노즐의 표면에서 떨어져 나가 요구하는 속도 증가 효과를 얻지 못할 것이다.

이와 같은 문제점으로 항공기 속도 등의 변화에 따른 면적 변화율을 조절하기 위해 압력의 변화 조건에 따른 면적 형상을 조절할 수 있는 가변면적 배기 노즐이 사용되고 있다.

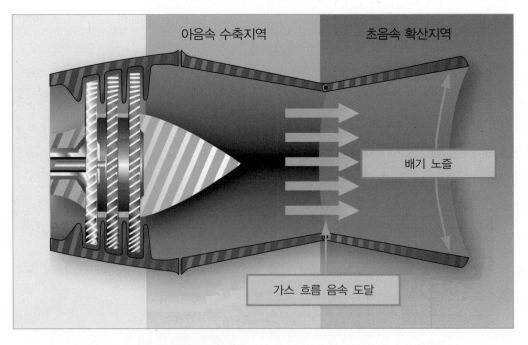

[그림 17-2] 수축-확산형 배기 노즐(convergent-divergent exhaust nozzle)

1.3 가변면적 배기 노즐(Variable Area Exhaust Nozzle)

초음속 항공기에는 이륙에서 착륙까지의 비행 중에 비행속도가 정지 상태에서 초음속의 범위로 연속적으로 변화하기 때문에 엔진 배기가스 속도도 비행속도에 대응해서 광범위하게 변화시킬 필요가 있다.

초음속 항공기에는 배기 노즐의 형상과 면적이 비행속도와 엔진 출력에 맞추어 자동으로 변화하는 [그림 17-3]과 같은 가변면적 배기 노즐(variable area exhaust nozzle)이 사용되고 있다.

가변-면적 배기 노즐은 일반적으로 후기 연소기(afterburner)와 같은 짧은 시간에 추력증가를 해야 하는 전투기 엔진에 사용되는데, 후기 연소기에서 연료가 연소하면 가스 속도의 증가, 온도의 상승으로 추력이 향상한다.

후기 연소기의 작동은 제트노즐 주위에서 온도와 압력이 증가하게 되고, 증가한 압력은 터빈에서 분사되는 배기가스에 의하여 배압(back pressure)이 일어나게 되고, 그 결과로 터빈 근처에서 가스의 온도상승이 안전 허용범위를 넘어서는 경우가 발생한다. 이때 가변-면적 노즐의 배기 면적이 변하게 된다. 즉, 노즐이 열려 면적이 커지면서 배기가스 온도가 감소하여 허용범위 안으로 유지한다.

가변-면적 노즐은 그림에서 보는 것과 같이 배기 파이프의 외부표면으로부터 밖으로 벌어지는

[그림 17-3] 가변면적 배기 노즐(variable area exhaust nozzle)

여러 개의 플랩으로서 플랩의 작동 각도에 의하여 배출면적이 조절되어 진다. 이 노즐의 플랩은 비행기에 따라 전기, 유압 또는 공압에 의하여 작동한다.

1.4 벡터링 배기 노즐(Vectoring Exhaust Nozzle)

추력 벡터링(thrust vectoring)은 비행체 방향으로만 평행하던 배기 노즐을 움직이거나 방향을 변화시켜 평행 축 이외의 다양한 방향으로 추력을 향하게 하는 항공기 주력 엔진의 능력을 말한다.

세로축으로 추력을 향하게 하는 수직 이착륙 항공기는 이륙 추력으로서 추력 벡터링을 이용하고, 그런 다음에 방향을 변경하여 수평비행으로 항공기를 추진시킨다.

전투기는 비행 중에 기동 방향을 바꾸는데 추력 벡터링을 사용한다. 추력 벡터링은 대체로 항공기가 필요한 경로로 나아가기 위한 추력을 내도록 배기 노즐의 방향을 원래 위치에서 기동 방향으로 돌리게 한다. 가스터빈 엔진 뒤쪽의 노즐은 엔진과 에프터버너 밖으로 뜨거운 배기가스를 방출한다. 보통 노즐은 엔진과 일직선을 이루며, 조종사는 벡터링 노즐을 위쪽과 아래쪽으로 20° 정도 움직이거나 방향을 바꿀 수 있다. 이러한 움직임은 항공기가 비행 중에 더 많은 기동력을 발휘할 수 있도록 해 준다[그림 17-4].

[그림 17-4] 벡터링 배기 노즐(vectoring exhaust nozzle)

2 엔진 역(逆) 추력 장치(Thrust Reverser)

엔진 역(逆) 추력 장치란 항공기 추력을 진행 방향과는 반대 방향으로 발생시킴으로써 착륙 시 착륙거리를 단축하는 목적으로 사용되는 시스템으로서 정상적인 착륙상태에서 제동능력 및 방향 전환능력을 도우며 제동장치(brake system)의 수명을 연장해주고, 비상착륙이나 이륙 포기(rejected take off) 시에도 제동능력을 향상한다.

특히 접지(touch down) 후의 항공기 속도가 빠른 시기에 효과가 있는데 정상 착륙 시에는 약 20% 정도의 제동력을 얻을 수 있으며, 활주로가 젖어 있거나 결빙상태에서는 항공기를 정지시키는데 약 50% 정도의 제동력을 낼 만큼 큰 도움이 된다. 그러나 항공기 속도가 늦어질 때까지 사용하면 배기가스가 엔진에 재흡입되어 실속(re-ingestion stall)을 일으키는 때도 있다.

따라서 보통의 비행에는 접지와 동시에 역추력 장치를 작동시켜 항공기 속도를 80~60kt(150~110km/hr) 정도까지 감속하고, 역 추력을 원상태로 돌린 후, 휠 브레이크(wheel brake)를 사용하는 조작이 이루어지고 있다.

또한, 터보프롭 엔진의 역 추력 발생은 보통의 경우 프로펠러의 피치 각 변경 때문에 좌우된다.

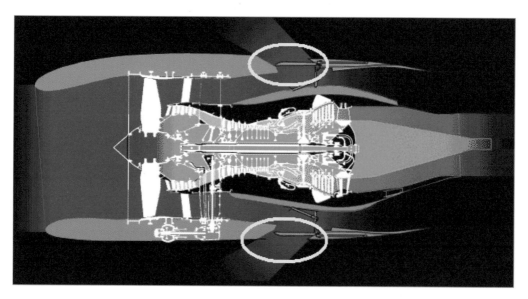

[그림 17-5] 터보팬 엔진 역추력 장치

2.1 역추력 장치의 구조

터보팬 엔진에는 터빈을 통과한 터빈 배기만이 아니라 팬을 통과한 팬 배기도 동시에 역방향으로 향하는 것이 필요하다. 이 경우에 터빈 배기와 팬 배기를 동시에 하나의 역추력 장치로 사용하는 것과 터빈 리버서(turbine reverser: 터빈 배기가스 전용 역추력 장치)와 팬 리버서(fan reverser: 팬 배기가스 전용 역추력 장치)를 각각 따로따로 갖춘 구조의 것이 있다. 다만, 최근의 고 바이패스비 터보팬 엔진에는 팬 리버서 만을 장착하고 터빈 리버서는 폐지되고 있다.

이것은 터빈 리버서의 발생 역 추력은 전체 역 추력의 20~30% 정도에 지나지 않고, 동시에 터빈 역추력 장치가 고온 고압에 노출되기 때문에 고장 발생률이 높다. 따라서 터빈 리버서를 폐지함으로써 고장(정비 지연)이 줄고 정비비가 절감되고 또한 중량 감소만큼 연료비의 절감이 가능하게 되는 등 많은 장점이 있기 때문이다.

역추력 장치를 작동시키기 위한 동력으로서는 엔진 블리드를 이용한 공압(pneumatic)식과 유압(hydraulic)을 이용한 유압식이 사용되고 있는데, 공압식은 뜨거운 블리드 공기 온도로 인하여 관련 부품의 결함이 많이 발생하여 주로 유압식이 많이 사용되고 있다. 그러나 최근의 A380과 B787 항공기 등의 새로운 엔진들은 전기모터를 이용하여 역추력 장치를 구동시킴으로써 항공기 무게를 가볍게 하고 좀 더 정확한 작동을 할 수 있게 되었다.

역추력 장치에서 공통으로 가장 많이 사용하는 차단 방식으로는 기계적 차단(mechanical blockage)과 공기역학적 차단(aerodynamic blockage) 방식의 두 가지 유형이 있다.

2.1.1 공기역학적 차단계통(Aerodynamic Blockage System)

[그림 17-6]과 같이 공기역학적 차단계통의 역추력 장치의 구성은 여러 개의 캐스케이드 베인(cascade vane), 이동 슬리브(translating sleeve), 차단도어(blocker door), 역추력장치 작동기(thrust reverser opening actuator) 등으로 구성되어 있다.

항공기가 착륙한 후에 조종사가 엔진 추력 레버를 완속(idle) 위치에 놓고, [그림 17-7]의 역추력 레버(reverser lever)를 당겨 작동시키면 이동 슬리브(translating sleeve) 또는 역 추력 카울(reverser cowl)이 엔진 후방으로 전개되면서 캐스케이드 베인이 노출되고, 차단 도어(blocker door)가 닫히면서 팬 바이패스 공기가 캐스케이드 베인을 통하여 진행 방향이 바뀌어 엔진의 앞쪽으로 흐르도록 한다.

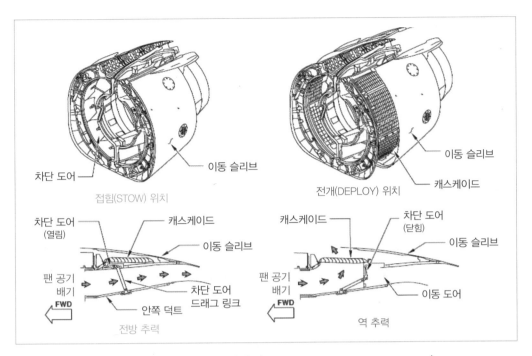

차단 도어 ─ 이동 슬리브

접힘(STOW) 위치

이동 슬리브

캐스케이드

전개(DEPLOY) 위치

차단 도어 (열림) ─ 캐스케이드

이동 슬리브

팬 공기 배기

FWD

차단 도어 드래그 링크

안쪽 덕트

전방 추력

캐스케이드 ─ 차단 도어 (닫힘)

이동 슬리브

팬 공기 배기

FWD

이동 도어

역 추력

[그림 17-6] 공기역학적 차단계통(aerodynamic blockage system)

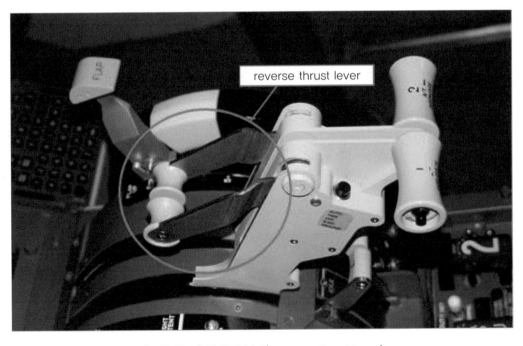

reverse thrust lever

[그림 17-7] 역 추력 레버(reverser thrust lever)

2.1.2 기계적 차단계통(Mechanical Blockage System)

[그림 17-8]은 기계적 차단 역추력 장치로서 2개의 배기가스 차단용 도어(blocker door) 또는 'Clamshell Door'(대합조개 모양을 한 도어)와 작동기(actuator) 및 기타 기계적인 연동 장치로 구성되어 있으며, 엔진의 후방 배기덕트 끝부분의 낫셀에 장착되어 있다.

기계적 역 추력 차단장치는 전기적으로 제어되고, 공압 또는 유압에 의하여 작동하며, 엔진 회전속도가 공기역학적 역추력 장치와 마찬가지로 완속운전(idle rpm)에서만 전개(deploy)된다.

조종실에서 엔진 스로틀을 아이들 위치에 놓고, 역 추력 레버를 역 추력 위치로 당기면 케이블에 의하여 전기 스위치가 작동하고, 이 스위치에 의하여 유압 선택 밸브가 작동하여 차단용 도어(clamshell door)가 배기가스를 차단하는 쪽으로 전개되어 배기가스를 엔진 전방으로 흐름을 바꾼다. 이때 차단용 도어에 연결된 피드백(feedback) 케이블이 작동하여 엔진 연료조절기(FCU)에 전달되어 엔진추력은 엔진 최대추력의 약 75%까지 증가하여 배기가스에 의한 역 추력을 만들어 낸다.

이러한 기계적 차단계통의 역추력 장치는 높은 온도와 배기가스 하중을 받으므로 계통의 도어를 비롯한 구성부품은 내열성 금속으로 특수하고 견고한 구조로 제작되어야 한다.

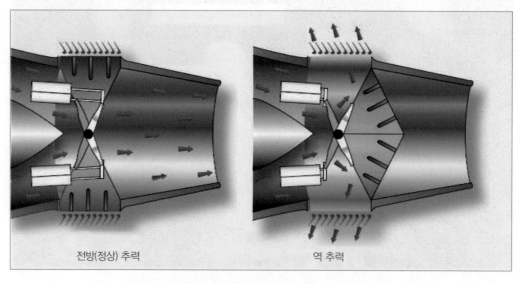

전방(정상) 추력   역 추력

[그림 17-8] 기계적 차단계통(mechanical blockage system)

2.1.3 전기적 역 추력 동작 계통
(Electrical Thrust Reverser Actuation System)

최근에 개발되어 운용 중인 B787과 A380 신형 여객기들은 역추력 장치를 작동시키기 위한 동력으로 전기모터를 이용하여 역추력 장치를 구동시킴으로써 항공기 무게를 낮추고 좀 더 정확한 작동을 할 수 있게 되었다.

[그림 17-9]는 A380 항공기의 역 추력 장치이다. 기존의 역추력 장치에 비해 특이한 점은 4대 엔진 중 인보드 엔진(inboard engine), 즉 No.2와 No.3 엔진에만 역 추력 장치가 있다.

또한 동력 구동장치(power drive unit)가 공압 또는 유압으로 작동하는 것이 아니라 전기 작동기(electrical actuator)로 구동됨으로써 기존의 공압식에 비해 고온 고압 공기에 의한 결함이 없어 신뢰성이 높을 뿐만 아니라, 유압식에 비해서도 작동에 필요한 유압유가 필요 없어 항공기 무게를 가볍게 하고, 전자식 엔진 제어장치에 의해 정확하게 제어할 수 있다는 강점이 있다.

차단 방식은 공기역학적 차단 방식과 유사하다.

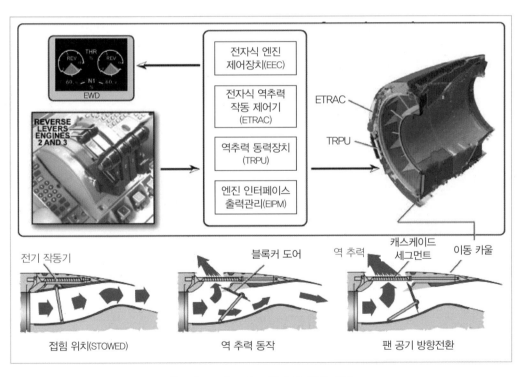

[그림 17-9] A380 역 추력 장치 계통

2.2 역추력 장치 제어계통(Thrust Reverser Control System)

[그림 17-10]은 B737NG 항공기의 역추력 장치의 전개(deploy) 작동을 보여주고 있다.

역 추력 레버를 올리면 전개 신호(deploy signal)가 역추력 장치(T/R) 제어 시스템으로 전달되고, 28V DC 스탠바이 버스 전원이 T/R 제어 밸브 모듈(T/R control valve module)을 제어한다. 각 T/R 제어 밸브 모듈에는 전개 솔레노이드(deploy solenoid)와 암 솔레노이드(arm solenoid)가 있는데 두 솔레노이드는 T/R을 전개하기 위해 유압을 보내도록 에너지를 공급한다.

T/R 제어 시스템 로직(T/R control system logic)은 비행제어 컴퓨터(flight control computer)에 의해 비행기가 지상에서 3m(10피트) 이상 떨어져 있을 때는 T/R 전개가 되지 않도록 한다.

역 추력 레버를 전개 위치로 옮기면, T/R 제어 스위치가 전개 위치로 이동하고, 자동 스로틀(A/T) 스위치 팩(autothrottle (A/T) switch pack)의 스위치가 전개 위치로 이동한다.

T/R 동기화 잠금 래치 릴레이(T/R sync lock (sl) latch relay)가 자화되어 동기화 잠금장치가 활성화되고 잠금장치는 해제된다. T/R 유압 액추에이터가 작동하려면 동기화 잠금이 해제되어야

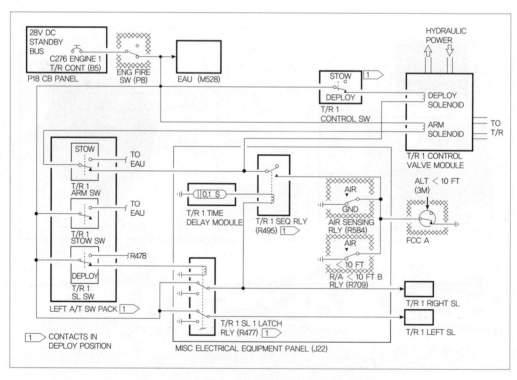

[그림 17-10] B737NG 항공기 역추력 장치 전개제어(deploy control)

한다.

T/R 시퀀스 릴레이(T/R sequence (seq) relay)는 동기화 잠금 해제 후 0.1초 시간 지연 모듈(time delay module)을 통해 전원이 공급되어 T/R 제어 밸브 모듈의 전개 솔레노이드와 암 솔레노이드를 자화시켜서 작동기로 작동 유를 보내 이동 슬리브(translating sleeves)를 전개한다. 이러한 시간 지연은 암 솔레노이드가 T/R 시퀀스 릴레이를 자화시켜서 T/R에 유압 동력을 보내기 전에 동기화 잠금이 해제되는 시간을 제공한다.

3 후기 연소기(Afterburner)

엔진 출력을 일시적으로 증가시키는 방법으로서 물 분사 또는 물 메탄올 분사 이외에 후기 연소기(afterburner)를 이용하는 방법이 전투기 엔진에 주로 사용되고 있다. 애프터 버너 리히터(reheater) 혹은 오그멘터(augmenter)라고도 불리는 후기연소기는 배기 덕트 중에 연료를 분사시켜서 터빈 배기가스를 다시 한번 연소시켜서 출력의 증가를 가져오는 장치이다.

후기 연소기를 사용하면 총 추력의 50%까지 추력을 증가시킬 수 있으나, 연료의 소비량은 거의 3배가 되기 때문에 경제적으로는 불리하다.

최근에 터보팬 엔진으로 터빈 배기와 팬 배기의 혼합 배기가스를 이용한 후기 연소기가 사용되기 시작했으며, 터보팬 엔진의 팬 배출 덕트 내에서 팬 배기만을 연소시키는 형식인 덕트 히터(duct heater)가 연구되고 있다.

3.1 후기 연소기의 구조

[그림 17-11]은 F-5A(J85-GE-13) 전투기 엔진의 후기 연소기 구조이다.

후기 연소기는 연소기 라이너(liner), 점화플러그(ignition plug), 연료 노즐(fuel nozzle), 불꽃 홀더(flame holder) 및 가변면적 배기 노즐 등으로 구성되어 있으며, 후기 연소기의 라이너는 후기 연소기가 작동하지 않을 때 엔진의 배기 덕트(exhaust duct)로 사용된다.

[그림 17-11] F-5A(J85-GE-13) 엔진 후기 연소기 구조

3.2 후기 연소기 작동

후기 연소기 입구의 공기는 과도한 압력손실을 피하고, 효과적인 연소가 이루어지게 하려면 속도가 작아야 한다. 이와 같은 목적으로 터빈의 출구와 후기 연소기의 입구 사이에 디퓨저를 설치한다. 이것은 후기 연소기 입구의 속도를 감소시키기 위한 하나의 확산통로이다. 즉, 터빈 뒤에, 테일 콘(tail cone)을 장착하여 확산통로가 되도록 한다.

연료 노즐은 확산통로 안에 장착하며, 후기 연소기는 연료 노즐 뒤에 [그림 17-12]와 같이 화염 안정기(flame holder)를 장치하여 이곳에서 속도를 감소시키고 와류를 형성시켜 연소가 계속되도록 함으로써 후기 연소기 안의 불꽃이 꺼지는 것을 방지한다.

후기 연소기의 작동 여부에 따라 배기가스의 체적이 변하기 때문에, 후기 연소기를 장착한 엔진에는 반드시 가변면적 배기 노즐을 장착해야 한다.

후기 연소기는 보통 이륙 출력 시에 사용되지만, 초음속 항공기와 그 밖에 음속을 넘을 때도 사용된다. 콩코드의 Olympus 593엔진은 애프터 버너 사용 때문에 이륙 출력 시에 22%, 아음속에서 초음속으로 가속한 모든 천음속 시에서 30%의 추력 향상을 얻는다. 단, 애프터 버너를 사용하면 연료 소비율이 극히 낮아지고, 커다란 소음 공해를 수반하기 때문에 아음속 제트 여객기에는 사용되지 않는다.

[그림 17-12] 후기 연소기 화염 안정기
(flame holder)

가스터빈 엔진의 소음의 근원은 주로 배기 소음이다. 배기 노즐(exhaust nozzle)에서 대기 중으로 고속으로 분출된 배기가스가 대기와 심하게 부딪혀 혼합될 때 발생하는 것으로서 배기가스의 분출 에너지에 약 10,000분의 1이 제트 소음의 음향 에너지로 변하고, 또 이 음향 출력이 배기가스 속도의 6~8제곱에 비례하여 배기 노즐의 제곱에 비례한다. 특히, 터보제트 엔진은 배기가스의 분출 속도가 터보팬 엔진이나 터보프롭 엔진에 비해 빠르므로 제트 소음이 매우 크다.

제트 소음은 저주파 영역을 주로 하는 광대역(broads band)의 음으로 되어있으나, 저주파 음은 고주파 음보다 지면이나 대기에 의한 흡수, 감쇠의 정도가 작아서 넓은 범위에 소음 공해를 일으킨다.

고주파 음은 배기 노즐 가까이에서, 저주파 음은 배기 노즐에서 멀리 떨어진 곳에서 발생한다. 따라서 배기 소음 중의 저주파 음을 고주파 음으로 변환시킴으로써 소음감소 효과를 얻도록 한 것이 배기 소음 억제장치이다[그림 17-13].

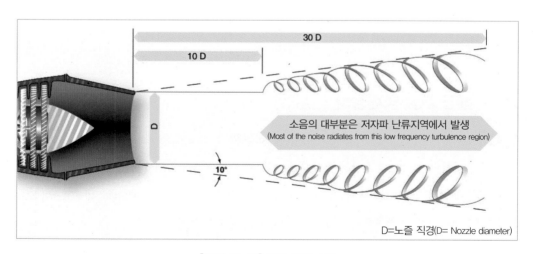

[그림 17-13] 엔진 배기 소음

4.1 소음(Noise)의 개념

소음은 듣기를 원하지 않는 시끄럽고 자극적인 소리를 말한다.

항공기의 소음은 가스터빈 엔진이 작동할 때 만들어지며, 인간의 귀로 들을 수 있는 모든 주파수가 혼합되어있는 소리로서 물리적 파괴범위(수준)에 도달할 수 있는 강도를 가지고 있다.

소리의 측정 단위는 데시벨로서 소음도가 평균 85dB 이상인 곳에서 8시간 동안 있으면 청력이 손상될 수 있으며, 일반적인 대화는 60dB 정도이고 제트엔진 소음은 140dB 정도이다.

〈표 17-1〉 음향 강도 레벨

데시벨	예	위험 노출 시기
0	미약한 소리를 들을 수 있음	-
30	조용한 도서관, 속삭임	-
40	조용한 사무실, 거실	-
50	원거리의 경미한 자동차 소리, 냉장고 잡음	-
60	6m 반경의 에어컨 소음, 대화	-
70	복잡한 교통상황, 시끄러운 음식점,	초기 위험 레벨
80	지하철, 대도시 교통소음, 자명종 시계	8시간 이상
90	트럭 소음, 잔디 깎는 기계	8시간 이내
100	체인톱, 공기 압축식 드릴,	2시간 이내
120	록 콘서트(스피커 앞), 모래폭풍, 천둥	위험
140	무기 발포, 15m 반경 내의 제트기	어떠한 노출이라도 나쁨
180	로켓 발사체	청각 손실을 피할 수 없음

American Academy of Otolaryngology, Washington, DC

4.2 엔진소음 억제장치

4.2.1 배기노즐(Exhaust Nozzle) 소음 억제장치

초기의 아음속 항공기에 사용된 터보제트 엔진에서는 배기 노즐의 단면을 [그림 17-14(A)]와 같이 주름-표면적 형(corrugated perimeter type)이나 (B)와 같이 다중 관형(multi-tube type) 등의 구조로 한 배기 소음 억제장치(exhaust noise suppressor)가 사용되었다.

주름-표면적 형은 단순형 노즐을 개조하여 배기 부분의 전체면적을 주름을 이용하여 표면적을

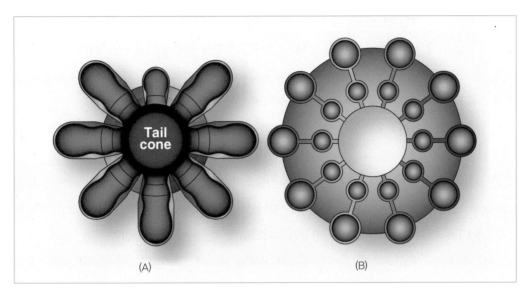

[그림 17-14] 터보 제트엔진의 배기 소음 억제장치

넓혀 최대의 제트효과를 부여하여 대기와 배기가스와의 접촉면적을 크게 하여 소음을 억제하는 효과가 있도록 한다.

다중-관 제트노즐의 효과는 개개의 제트 흐름을 만들어 배기가스의 흐름을 여러 개로 분산시켜 소리의 주파수를 증가시키는 역할을 한다. 이러한 고주파 음을 저주파로 만드는 것보다는 보다 빨리 음의 근원으로부터 거리를 증가시켜 멀리 보낸다. 즉, 항공기로부터 소리가 500피트 또는 1000피트(152.4m 또는 304.8m)로 보내어 엔진의 소리를 줄여주는 방법을 택한 것이다.

이러한 형태의 배기 노즐들은 노즐의 전체면적은 변화되지 않으면서 대기와 혼합되는 영역을 크게 만들어 준다. 그러나 출력손실이 큰 것이 가장 큰 문제점이다.

4.2.2 터보팬 엔진의 소음감소 방안

터보팬 엔진에서 고려해 볼 만한 소음은 엔진의 팬 부분으로 흐르는 이차 공기의 흐름에 의해서 발생한다. 이 소음은 코어 엔진을 통과하는 일차 공기 흐름보다는 낮은 속도이므로 그렇게 강하지는 않다.

최근의 터보팬 엔진은 엔진의 소음을 최대로 감소시킬 수 있도록 개발하여 제작되어 있으며, 일차 공기 흐름과 이차 공기 흐름의 속도를 터보제트 엔진의 흐름보다 감소시켰다.

높은 바이패스 비의 엔진들은 제트엔진 또는 낮은 바이패스 비의 터보팬 엔진보다 여러 가지 이유에서 낮은 강도의 소음을 만들어 낸다. 즉, 다른 엔진에 비해서 배출되는 공기의 속도가 느리고, 팬 부분의 앞쪽에 흡입구 안내 베인(inlet guide vane)이 없으며, 팬 덕트와 배기 노즐의 안쪽에 소음흡수 라이너(liner)를 설치하여 소음을 대폭 감소시켰다.

[그림 17-15]는 B747-400 항공기의 PW4000 엔진 소음흡수 라이너의 장착 상태를 보여주고 있다.

[그림 17-16]은 최근에 터보팬 엔진의 소음감소방안으로 개발되어 운영 중인 셰브런 노즐(chevron nozzle)을 보여준다. 노즐 끝부분을 톱니 모양으로 설계한 셰브런 노즐은 최근 개발된 B777-300ER의 GE90 엔진과 B787 항공기의 GEnX에 적용되어 운용 중이다.

엔진 배기 노즐 출구 부분이 확장된 형태로 셰브런 노즐이 장착되어 코어 엔진의 터빈노즐을 구성하고 있으며, 팬 덕트 역시 후미부터 확장된 셰브런 노즐로 되어있다.

노즐 후방의 톱니 모양 가장자리가 원주 방향 소용돌이의 방향을 바꾸어서 제트기류 내에서 축의 소용돌이 성분을 생성하고, 축 방향 소용돌이가 제트기류의 하류층에 반경 방향 바깥쪽으로의 움직임을 유발하여 볼륨효과를 발생시키는 것과 동시에 고속 제트기류에 낮은 흐름의 주변 류가 섞인다. 따라서 기류의 큰 난류가 점차 분리되고 감쇄되어 저주파 소음을 감소시킨다.

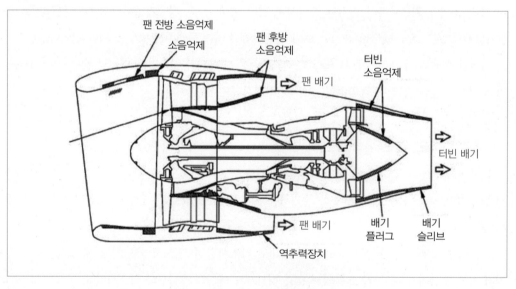

[그림 17-15] PW4000 엔진 소음흡수 라이너 장착 상태

[그림 17-16] 셰브런 노즐(chevron nozzle)

제18장 터빈엔진 오일 계통 (Engine Oil System)

오일 계통의 주요 목적이 엔진 베어링 부의 윤활과 냉각이므로 윤활계통(lubricating system)이라고도 부르며, 압력 공급방식이 사용되고 있다.

터빈엔진의 오일 계통은 엔진 섬프(sump)에 있는 베어링(bearing), 기어박스에 있는 기어와 베어링들을 적절한 윤활과 냉각을 통하여 마찰을 감소시키고, 열에 의한 영향을 최소화해준다.

터보프롭과 터보 샤프트 엔진에서는 프로펠러축 감속장치의 윤활 및 토크 미터의 윤활과 냉각이 추가로 요구된다.

1 가스터빈엔진 오일

엔진오일은 엔진의 혈액(life blood)으로 비유할 수 있으며, 엔진의 정상적인 작동에 있어서 대단히 중요하며, 엔진 오버홀 간격 연장에도 이바지한다.

가스터빈엔진 오일은 -40℃ 정도의 저온부터 250℃ 이상에 달하는 고온까지의 넓은 온도 범위에서 고속, 고 하중을 받으면서 사용되므로 온도에 의한 점도 변화가 적고 내열성이 뛰어난 것이어야 한다.

가스 터빈용 오일에는 석유계와 합성유계가 있다. 아주 초기의 가스터빈에서는 석유계의 광물유(mineral oil)가 사용되었다.

광물유는 원유의 증류에서 얻어진 것을 정제하여 만들고 여기에 각종 첨가제를 첨가하여 제품화한 것으로서 점도에 따라 등급 1005와 등급 1010의 2종류(미군 규격 MIL-L6081)가 있었다.

가스터빈의 발달에 대응하여 점도 지수가 더욱 높고 산화 안정성이 좋으며 내열성이 우수한 합성유계(synthetic oil)의 오일이 개발되었다. 이 합성유계는 2 연기 산 에스터계 연료에 여러 가지 첨가제를 더한 것으로 타입I 오일, 타입II 오일 및 어드밴스드 타입II 오일의 세 가지 구별된다.

1.1 오일의 역할 및 작용

엔진오일의 주요 기능은 마찰감소, 냉각, 청정, 방식, 및 완충 작용으로 구분할 수 있다.

1.1.1 마찰감소 작용

정밀하게 가공한 금속 표면이라도 두 가지의 금속 표면이 직접 접촉해서 미끄러지면 표면의 요철에 의해 마찰이 커지고 결국 파손된다. 이때 양 표면을 오일 막으로 분리하면 양쪽 금속 면에 직접 접촉해 있는 오일은 각각의 표면에 붙어서 서로 미끄러져 금속 마찰을 오일의 내부 마찰로 바꾼다.

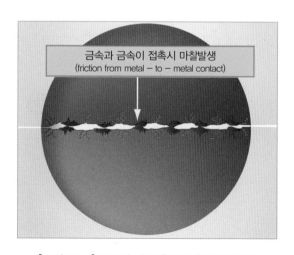

[그림 18-1] 두 금속의 접촉에 의한 마찰 발생

1.1.2 냉각 작용

엔진의 고속회전은 베어링에 열을 발산하게 되는데, 오일이 베어링 부위를 순환하면서 회전체에서 발생하는 금속 마찰열 흡수한다. 오일 냉각은 전체 엔진 냉각의 50% 정도를 담당하며 엔진에서 발생한 열을 오일 냉각기(oil cooler)로 전이시키는 우수한 매질이다.

1.1.3 청정 작용

기계적인 마찰에서 의해서 금속 표면이 마모되어 금속 미분 등이 발생하게 되는데 윤활을 위해서 오일이 순환하면서 금속 미분을 제거한다. 오일에 추가된 분산제(dispersant)는 이물질을 부유물로 가지고 있다가 오일이 오일필터를 지날 때 걸러낸다.

1.1.4 방식작용

금속 표면에 오일 피막을 형성, 수분과 공기 등의 외부물질을 차단하여 윤활 부품 및 오일시스템 내부의 부식을 방지한다. 오일은 엔진이 정지되었을 때, 내부의 부분품에 유막을 형성함으로써 부식을 방지하는 역할을 한다. 그렇지만 엔진을 오랜 시간 동안 정지 상태로 두지 않는 이유는, 실제로 부식 방지 기능의 유막은 그리 오래 지속되지 않아 녹이나 부식이 진행되기 때문이다.

1.1.5 완충 작용

금속과 금속 사이에 오일 피막을 형성하여 하중을 흡수, 충격하중을 완충시킨다.

[그림 18-2] 유막의 완충 효과

1.2 가스터빈 엔진오일의 구비조건

가스터빈 엔진의 오일은 엔진 시동 시의 저온 상태에서 최대 작동출력의 고온 상태까지 넓은 온도 범위에서 사용되므로 다음과 같은 구비조건을 갖추어야 한다.

1.2.1 높은 점도 지수

온도에 의한 점도 변화를 나타내는 척도로는 일반적으로 점도 지수(viscosity index)가 사용되는데 점도 지수가 높은 오일일수록 온도가 변화해도 점도 변화가 적다는 것에서 점도 지수가 높은 것이 바람직하다.

1.2.2 양호한 유성

오일이 금속 표면에 달라붙는 성질을 유성(oiliness)이라고 하며, 탄화수소는 흡착성이 약하기 때문에 광물성오일에는 유성 향상제를 첨가한다.

1.2.3 우수한 산화 안전성

오일은 고온에 노출되면 열분해나 산화를 받기 쉽고, 산화되면 점도가 늘어 검(gum)을 생성하여 산을 분해해서 부식성이 늘어난다. 그 때문에 산화 안정성이 좋고 내열성이 우수한 오일이 갖춰지어져야 한다.

1.2.4 우수한 내열성

터빈엔진은 고속, 고 하중으로 작동하고 터빈 부분은 고온으로 작동되므로 내열성이 좋아야 한다.

1.2.5 적절한 점도와 낮은 유동점

점도는 유체마찰로서 오일의 흐름저항에 관계되며, 점도가 낮으면 오일 유동이 자유롭고, 점도가 높으면 유동이 느리다. 또한, 유동점은 오일이 흐를 수 있는 가장 낮은 온도이며, 유동성이 낮으면 저온 순환 작용과 엔진 시동 특성에 좋은 영향을 미친다.

1.2.6 높은 인화점

인화점은 가열된 오일 표면에 가연성 증기가 생성되어 탈 수 있는 최저 온도로서 항공기 엔진은 고온에서 작동하므로 높은 인화점을 가져야 한다.

1.2.7 거품 저항성이 클 것.

오일과 공기의 분리성이 양호해야 오일 소모를 줄일 수 있다.

1.3 합성유계 오일

합성유계 오일의 특징은 점도 지수가 높고, 피막형성이 강하며 광범위한 온도에서 사용할 수 있다. 또한 침탄 물 형성을 최소로 유지하고, 높은 인화점과 낮은 유동점을 갖고 있으며, 고도 증기 손실 방지를 위한 낮은 휘발성과 거품 억제 특성 등을 갖고 있다.

터빈엔진 용으로 특별히 개발된 합성 오일은 여러 요구 조건을 만족시켜 준다. 합성 오일은 석유계 오일(petroleum oil)보다 두 가지 주요한 이점이 있다. 합성 오일은 고온의 오일에서 솔벤트를 증발시키지 않기 때문에 솔벤트가 증발하면 남게 되는 고체의 콕(coke)이나 로커(lacquer)를 침전시키는 경향이 적다.

일부 터빈엔진에 사용하는 오일 등급에는 통상 내열재(thermal preventive)와 산화방지제(oxidation preventive), 부하전달 첨가제(load-carrying additive), 그리고 유동점을 낮추는 합성화학 물질 등을 함유한다.

1.3.1 합성유의 종류

(1) 타입 I 오일(Type I Oil)

타입 I 오일(미군 규격 MIL-L-7808)은 1960년대 전반까지 세계적으로 사용되었던 초기의 합성유로 산성이 강하고 점도가 약간 낮은(210°F에서 3.0 centistokes) 것이 특징이다. 상품명은 TJ-15(엑손 석유) 등이 있으나 엔진용에는 현재 거의 사용되지 않는다.

(2) 타입Ⅱ 오일(TypeⅡ Oil)

가스터빈의 고성능화에 따라 보다 가혹한 사용 조건에 적합하도록 내열성이 더 뛰어나고 점도의 비율의 높은(210℉ 5.0~5.5 센티스토크스) 타입 Ⅱ오일(미군 규격 MIL-23699)이 개발되었다. 현재의 민간 항공용 제트 엔진에서는 대부분이 타입 Ⅱ오일이 사용되고 있다. 타입 Ⅱ 오일의 상품명은 ETO2380(엣소), MJO Ⅱ(모빌), ASTO 500(셸) 등이 가장 일반적이다.

(3) 어드밴스 타입Ⅱ 오일(Advanced TypeⅡ Oil)

최근에는 타입Ⅱ 오일의 내열성을 더 향상한 어드밴스 타입Ⅱ 오일이 개발되어 실용화가 진행되고 있다. 어드밴스 타입Ⅱ 오일(MIL-L-27502)의 상품명은 ASTO 555(셸)나, ETO 25(엑손) 등이 있다.

1.3.2 합성유 사용상의 주의 사항

합성유는 강한 솔벤트 특성이 있으므로 페인트에 침투가 되면 녹을 수 있어서 에나멜과 같은 물질에 침투되지 않도록 해야 한다.

오일 계통을 정비할 때는 피부에 묻지 않도록 주의하여야 한다. 피부에 묻었을 때는 즉시 세척제를 이용하여 닦아내야 한다.

[그림 18-3] 어드밴스 타입Ⅱ 오일

[그림 18-4] 1쿼터 캔을 이용한 엔진오일보급

오일 타입이 같은 것이라도 다른 상품명의 오일과의 혼합사용은 절대로 안 되며, 오일을 다른 타입으로 교환할 때는 제작사의 정비교범을 참조하여 절차에 의하여 수행하여야 한다.

보존 중의 이물 혼입이나 변질을 막기 위해 1쿼터(1/4 갤런)씩 캔에 봉입되어 있으므로 필요량에 따라 1캔씩 열어서 사용한다.

2 엔진오일 계통 일반

가스터빈 엔진의 오일 계통은 습식 섬프(wet sump) 윤활계통과 건식섬프(dry sump) 윤활계통으로 나누어진다.

오일 계통은 오일탱크와 같이 오일을 저장하는 계통과 엔진의 각 계통으로 오일을 분배 (distribution)하는 계통 및 엔진오일계통을 감시하기 위한 지시계통의 세 가지 계통으로 구성되어

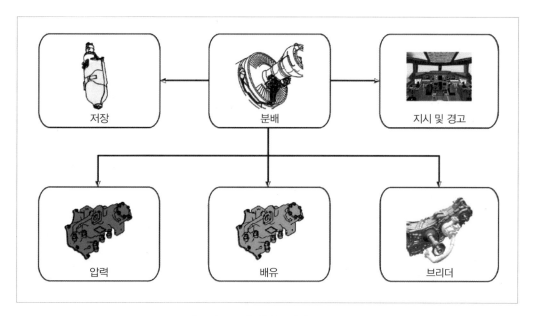

[그림 18-5] 엔진오일계통 구성

있으며, 분배 계통은 오일을 엔진으로 공급하는 압력계통(pressure system), 엔진 베어링과 기어들의 윤활을 마친 오일을 배출해내는 배유 계통(scavenge system), 적절한 오일 흐름과 배유를 원활하게 하기 위한 브리더 계통(breather system)으로 이루어져 있다.

2.1 섬프(Sump)의 개념

베어링 섬프는 엔진 자체 안에 있는 섬프에 오일을 저장, 가압, 이송 및 귀환하는 습식섬프(wet sump)와 엔진 외부에 오일탱크를 두고 펌프로 압력을 만들어 섬프에 오일을 분사하여 베어링을 윤활 시킨 후, 다시 펌프를 이용하여 탱크로 귀환시키는 건식섬프(dry sump) 방식이 있다.

[그림 18-6]은 현대의 터빈엔진에 가장 많이 사용하는 드라이 섬프형식의 베어링 섬프를 보여주고 있다.

오일 시일(oil seal)은 베어링 공간에 오일을 보유하는 역할을 하고, 그 종류는 카본 씨일(carbon seal)과 라비린스 씨일(labyrinth seal)이 있다.

---

1 가스터빈 엔진의 회전축과 고정된 하우징 사이에 사용하는 기밀장치(seal). 탄소로 만들어 졌으며, 회전축 표면에 밀착되어 회전할 때에 축과 탄소 실 사이에 공기압이 작용하여 윤활유가 밖으로 분산되지 않도록 한다.

라비린스 시일의 장점 중 하나는 씨일이 회전체와 고정된 부분과 직접 닿지 않아 마모가 생기지 않는다는 것이다. 그림에서 보는 것과 같이 베어링 다음에 오일 씨일이 있고, 그 외곽에 공기 씨일이 있는 공방으로 구성되어 있다.

공기 씨일(air seal)은 여압되는 공기 압력이 급격히 빠지는 것을 방지하고, 오일 씨일과 공기 씨일 사이의 여압공방(pressurization cavity)을 만들어주는 역할을 한다. 즉, 공기 씨일의 조성은 오일 섬프 안의 오일 씨일에 오일이 남아 있도록 한다.

베어링 윤활을 위한 오일의 흐름은 오일 제트(oil jet)를 통하여 베어링에 분사되고, 배유를 통하여 엔진 외부 오일탱크로 배출된다.

여압 공방은 엔진 블리드 공기 계통으로부터 공급된다. 공급되는 공기량은 공기 씨일이 회전과 고정부분 사이에서 약간의 누설을 고려하여 섬프의 안쪽을 충분히 여압 시킬 수 있는 공기량을 공급한다.

이 원리는 공기가 안으로 흘러 들어가려는 힘과 오일의 압력이 일치되었을 때 오일이 밖으로 흘러나오지 못 하게 하는 역할로서 여압 포트(pressurizing port)로 들어오는 공기량에 따라 이루어진다.

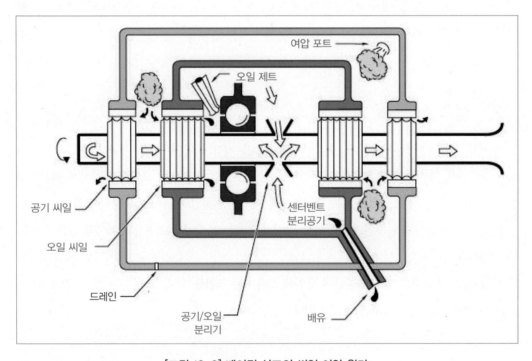

[그림 18-6] 베어링 섬프의 씨일 여압 원리

바깥쪽 드레인 계통(overboard drain system)은 오일 씨일(oil seal)을 통해서 빠져나온 오일이 여압 공방으로 들어오면, 여압에 의하여 자동으로 드레인 되도록 설계되어 있다. 만약 이러한 배출이 이루어지지 않으면, 오일 씨일을 지난 오일이 압축기로 들어가 블리드 공기를 오염시키고 이것이 다시 객실여압 계통에 희석되어 객실에서 오일 타는 냄새가 나는 경향이 있다.

베어링에 분사된 오일은 회전하는 공기/오일 분리기(air/oil separator)에 의해 오일에 함유되어 있던 공기는 센터벤트 튜브(center vent tube)를 통해서 엔진 배기가스와 함께 배출되고, 오일은 오일배유(oil scavenge)로 흘러서 배유 펌프(scavenge pump)에 의해서 추출되어 오일탱크로 귀환한다.

2.2 압력계통(Pressure System)

오일 압력계통 또는 오일 공급계통(oil supply system)은 인체의 혈액 계통에서 동맥에 상당하는 계통으로 일정한 압력과 온도가 유지된 오일을 정해진 위치에 적절한 흐름양으로 공급하는 작용을 한다.

압력계통의 형식은 오일 압력 조절 밸브(oil pressure regulating valve)로 오일 압력을 조절하여 일정한 오일 압력을 공급하는 압력 조절 윤활계통(pressure regulated lubrication system)과 N2 회전에 따라 압력이 가변적으로 변하는 가변압력 윤활계통(variable pressure lubrication system)형식이 있다.

[그림 18-7]은 CMF56-7엔진의 오일 공급계통으로서 오일을 저장하는 오일탱크(oil tank), 오일 관련 부품교환 시 오일탱크에서 오일이 누출되지 않도록 해주는 누출 방지 밸브(anti-leakage valve), 오일을 가압하는 오일 압력 펌프(oil pressure pump) 또는 오일공급펌프(oil supply pump), 오일 중의 불순물을 걸러내는 오일필터(oil filter), 과도한 압력을 방지하는 오일 압력 릴리프 밸브(oil pressure relief valve), 일정 흐름양의 압력 오일을 정해진 베어링에 분사하는 오일 노즐(oil nozzle) 및 이들을 서로 연결하는 오일 파이프(oil pipe), 호스(hose) 그 외에 흐름 통로 등으로 구성되어 있다.

또한, 오일탱크 내의 오일의 양을 감지하는 오일양 트랜스미터(oil quantity transmitter)와 오일의 압력과 온도를 측정하는 트랜스미터들이 오일 압력계통의 상태를 감시하기 위해 설치되어 있다.

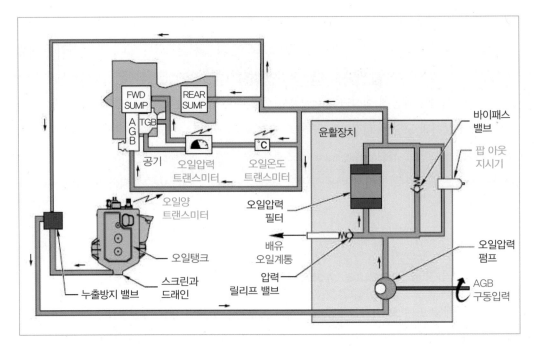

[그림 18-7] 오일 압력(공급) 계통

　뜨거운 배유오일(scavenge oil)이 직접 오일탱크로 귀환하는 핫 탱크(hot tank)의 경우에는 오일 냉각기(oil cooler)가 오일 압력계통에 포함되지만, 그림과 같이 오일 냉각기를 거쳐 오일탱크로 귀환하는 콜드 탱크(cold tank) 형식인 경우에는 오일 냉각기는 배유오일 계통에 포함된다.

2.2.1 압력 조절 윤활계통(Pressure Regulated Lubrication System)

　[그림 18-8]은 가스터빈엔진의 압력 조절 윤활계통의 기본이라고 할 수 있는 P&W JT8D 엔진의 오일 계통을 보여주고 있다. 이러한 압력 조절 윤활계통은 B-727, B-737, DC-9 및 MD-80 항공기 등의 중형 항공기와 대형 항공기로는 JT9D 엔진을 장착한 B-747(클래식 점보)에 적용되고 있다.

　JT8D 터보팬 엔진의 윤활계통은 고압설계구조로 압력 펌프로부터 주 엔진 베어링과 보기 구동 부분에 오일을 공급하는 계통과 베어링 섬프와 보기구동부분으로부터 배유(scavenge)시키는 계통이 엔진 자체에 포함된 계통으로 구성되어 있다. 브리더계통(breather system)은 각각의 베어링 섬프, 오일탱크와 보기구동부분에 별도로 설치되어 있다.

　오일은 탱크로부터 자중(중력)에 따라 기어박스에 있는 오일 압력 펌프로 보내진다. 펌프로부

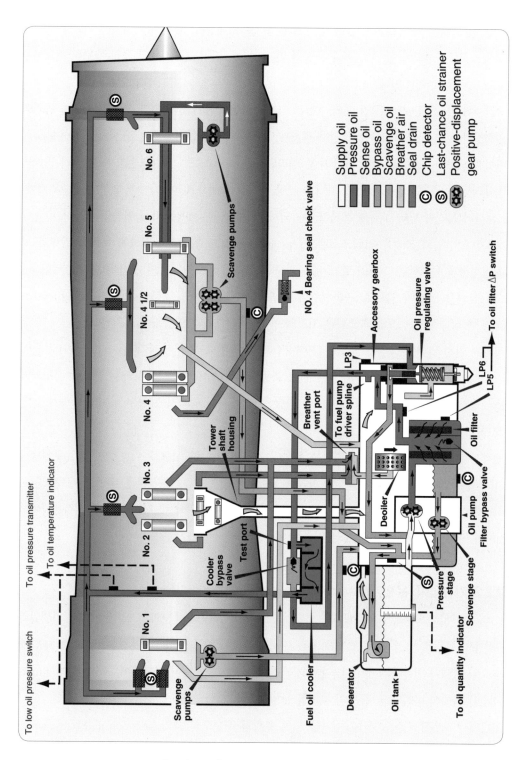

[그림 18-8] JT8D 엔진 압력 조절 윤활계통

터 가압 된 오일은 펌프 출구 하류에 있는 오일필터로 보내진다. 필터 카트리지는 여과용 엘리먼트(elements)로 구성되어 있으며, 여과 물질의 입자크기가 46미크론 이상의 물질은 모두 여과시킬 수 있는 능력을 갖추고 있다.

오일 온도가 150°F(65.56℃)일 때의 흐름은 약 15gal/min(56ℓ/min)이고, 깨끗한 필터를 통과할 때 압력강하는 약 6psi(41.4㎪)이며, 만약 필터가 막혔을 때 최대압력강하는 23psi(158.6㎪)이다.

바이패스밸브(bypass valve)가 필터 내부 엘리먼트(elements)중앙 상부에 있으며, 필터가 막히면 필터 엘리먼트 입구와 출구의 압력 차이가 규정치 이상 발생하고, 이 차압에 의하여 밸브의 시트(seat)로부터 움직여 필터 주위를 통과한 여과되지 않은 오일이 계통으로 들어가도록 한다.

오일펌프의 압력 조절은 압력조절밸브(pressure regulating valve)에 의하여 특정한 압력과 흐름을 일정하게 유지한다. 계통으로 들어가는 오일 압력이 과도하게 높아지면 밸브가 열려(open) 과도한 압력을 펌프의 입구로 귀환시킨다. 오일의 압력은 엔진 내부의 브리더 압력(breather pressure)에 상대적이고, 오일의 흐름은 고도와 엔진 속도에 따라 일정하게 유지된다.

필터를 거친 압력이 조절된 오일은 기어박스를 떠나 연료-오일 냉각기(fuel-oil cooler)로 들어간다. 이 오일 냉각기에서 오일의 열은 연료 조종 장치(FCU)로 흐르는 차가운 연료로 전도되어 오일은 냉각된다. 오일 냉각기가 내부에서 막혔을 때는 오일 냉각기에 있는 바이패스 밸브가 열려 오일을 계속 흐르게 한다.

냉각기를 떠난 오일은 오일 압력관을 통하여 각각의 베어링 섬프로 이송된다. 연료오일냉각기 바로 뒤쪽과 압력조절기와 연결된 핑크로 표시되어있는 압력 감지 관은 베어링 제트노즐(jet nozzle)에 정량의 오일 압력을 유지하고, 연료-오일 냉각기에서의 압력 강화와 같은 비정상상태를 감지하여 항상 정량의 오일 압력을 유지하는 역할을 한다.

2.2.2 가변압력 윤활계통(Variable Pressure Lubrication System)

[그림 18-9]는 가변압력 윤활계통을 사용하고 있는 PW4000 엔진의 오일 계통이다. 가변압력 윤활계통의 특징은 오일 압력 조절(oil pressure regulating) 기능이 없이 엔진 회전수(N2 RPM)에 따라 오일 압력이 변한다는 것이다. 이에 대한 장점으로는 시스템이 간단하며, 오일 튜브(oil tube)의 직경을 가늘게 하여 오일 튜브의 무게를 줄일 수 있다.

그림에서 오일탱크는 약 6psi로 가압 되어 윤활과 배유오일펌프(lubrication and scavenge oil pump)내의 압력 단(pressure stage)으로 오일이 잘 흐르도록 해준다.

오일펌프는 오일을 가압하여 일차 오일필터(primary filter)로 보내주는데 이때, 오일 압력이 540psi 이상일 경우에는 릴리프밸브(relief valve)가 열려서 과도한 오일 압력을 오일탱크로 되돌려 보낸다. 또한, 필터가 막혔을 때는 바이패스 밸브(bypass valve)를 통해 오일이 흐르도록 하고, 오일필터 차압 스위치(oil filter differential pressure switch)에 의해 조종실에 경고등(warning light)을 작동시킨다.

필터를 통과한 가압된 오일은 공기/오일 열 교환기(air/oil heat exchanger)로 보내진다. 공기/오일 열 교환기는 내부에 바이패스 밸브를 가지고 있는데, 오일 압력이 60psid 이상에서 열려서 오일이 차갑거나 열교환기 코어가 막혔을 때 공기/오일 열교환기를 바이패스 시킨다.

FEDEC/EEC는 공기/오일 열교환기 밸브(air/oil heat exchanger valve)를 통해서 냉각 공기의 흐름을 조절한다. 연료 온도가 특정 값 이상일 경우에는 냉각 공기 흐름을 증가시켜서 연료/오일 냉각기(fuel/oil cooler)의 연료에 덜 뜨거운 오일을 준다.

오일은 공기/오일 열교환기에서 연료/오일 냉각기 바이패스 밸브(fuel/oil cooler bypass valve)로 간다. 이 바이패스 밸브는 연료 온도가 특정 값 이상일 경우 FADEC/EEC의 조절로 오일을 바이패스 시키며, 기계적인 밸브 작동을 통하여 오일이 차갑고 냉각기 코어가 막혔을 때도 바이패스 시킨다. 바이패스 밸브가 바이패스 위치가 아닐 때 오일은 연료/오일 냉각기를 통해서 흐르게 되어 연료 온도를 증가시킨다.

연료/오일 냉각기를 거친 오일 중 일부는 분류된 오일 압력 트림 오리피스(classified oil pressure trim orifice)를 통해서 흐름 비율(flow rate)을 조절하기 위하여 오일탱크로 돌아가며, 나머지 오일은 라스트 찬스 오일 여과기(last chance oil strainer)로 간다. 이 여과기는 오일필터가 바이패스 되고 있을 때 이물질을 걸러내어 오일 노즐(oil nozzle)의 막힘을 방지한다.

가압된 오일은 라스트 찬스필터를 거쳐서 다음의 계통으로 흘러 들어가서 냉각과 윤활을 수행한다.

- 인터미디어트 케이스(intermediate case)의 No.1, 1.5, & 2 베어링 컴파트먼트(compartment)
- 디퓨저 케이스의 No.3 베어링 컴파트먼트
- 배기 케이스의 No.4 베어링 컴파트먼트
- 앵글 기어박스
- 메인 기어박스

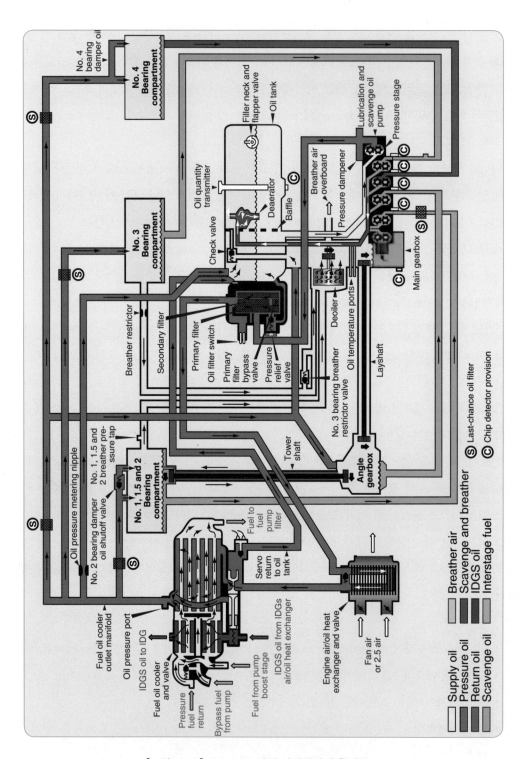

[그림 18-9] PW4000 엔진 가변압력 윤활계통

주 베어링 컴파트먼트들과 기어박스의 노즐들은 오일을 정확한 흐름 비율로 각기 다른 베어링, 씨일 및 보기 구동 스플라인에 보내준다.

2.3 배유계통(Scavenge System)

배유계통(scavenge system)은 인체의 혈액 계통에서 정맥에 해당하는 계통으로 베어링의 윤활과 냉각을 끝낸 오일을 탱크로 되돌리는 작용을 한다. [그림 18-10]은 CFM56-7엔진의 배유계통을 보여주고 있다.

베어링과 기어들을 윤활한 오일을 배출시켜 오일탱크로 이송하는 3개의 배유 펌프(scavenge pump)들과 배유되는 오일에서 불순물을 걸러주는 배유 오일필터 어셈블리(scavenge oil filter assembly), 오일탱크가 콜드 탱크이므로 뜨거운 오일로 연료를 데워주는 서보 연료 히터(servo fuel heater)와 차가운 연료로 오일을 식혀주는 오일/연료 열교환기(oil/fuel heat exchanger)를 통해 식혀진 오일이 탱크로 귀환할 수 있도록 설계되어 있다.

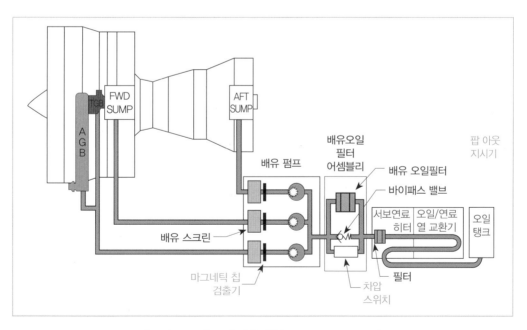

[그림 18-10] 오일 배유계통(scavenge system)

2.4 브리더 계통(Breather System)

비행 중의 고도 변화에 대응해서 엔진오일계통의 적절한 오일 흐름양과 완전한 배유 펌프 기능을 유지하기 위한 브리더 계통(breather system)은 베어링 부의 압력을 대기압에 대해서 항상 일정한 차압으로 유지하는 작용을 하고 있다.

브리더 계통은 보통 각 베어링 부의 대기로 벤트(vent)되는 통로와 오일이 대기 중으로 방출하는 것을 방지하고 압력만 빠지게 하는 오일 분리기(oil separator)로 구성되어 있다.

[그림 18-11]은 CFM56-7엔진의 벤트 계통(venting system)으로서 오일탱크, 섬프와 기어박스가 연결되어 배유 펌프에서 공기를 배출한다. 센터 벤트 튜브가 압력 균형과 벤트(venting)를 위하여 전방과 후방섬프를 연결해주고, 엔진 후방의 터빈 배기 플러그를 통하여 대기 중으로 배출한다.

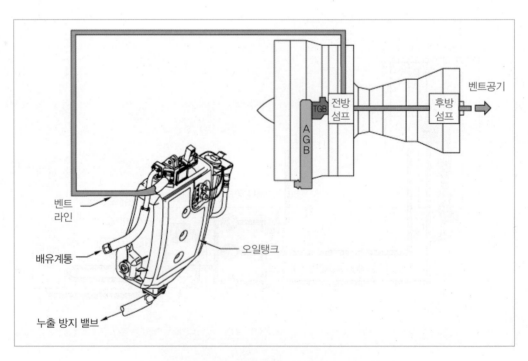

[그림 18-11] 엔진 벤트 계통(venting system)

2.5 엔진오일 지시계통(Engine Oil Indicating System)

엔진오일 지시계통은 오일 계통의 작동 상황을 지시하는 계기로 일반적으로 오일 압력계(oil pressure indicator), 오일 온도계(oil temperature indicator), 오일 유량계(oil quantity indicator) 저 오일 압력 경고등(oil low pressure warning light), 오일필터 막힘 경고등(oil filter clogging warning light) 또는 오일필터가 막혔음을 알려주는 오일필터 바이패스 등(oil filter bypass light)등이 있다.

최근의 항공기들은 엔진오일계통의 데이터를 각각의 계기에 지시하는 것이 아니라, [그림 18-12]와 같이 오일양 트랜스미터(oil quantity transmitter), 오일 압력 트랜스미터(oil pressure transmitter), 오일 온도 센서(oil temperature sensor) 및 배유오일 필터 막힘 트랜스미터(scavenge oil filter clogging transmitter)등에서 감지된 데이터를 EEC를 통해 디지털 신호로 변환하여 1차 엔진 디스플레이와 2차 엔진 디스플레이에 지시해준다.

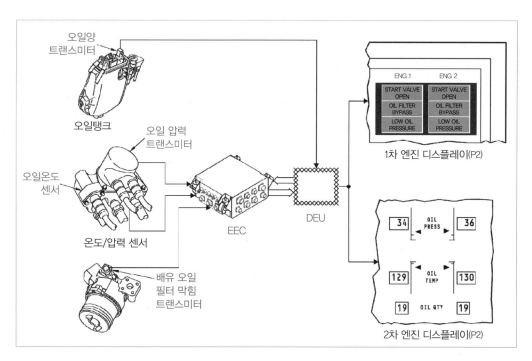

[그림 18-12] 엔진오일 지시계통(engine oil indicating system)

윤활계통의 주요 구성부품

　[그림 18-13]은 PW4000 엔진의 윤활계통의 주요 부품들로서 엔진 오일탱크(engine oil tank), 오일 압력 릴리프 밸브(oil pressure relief valve), 오일 필터(oil filter), 서보 연료 가열기(servo fuel heater), 엔진 공기/오일 열교환기와 밸브(engine air/oil heat exchanger&valve), 연료/오일 냉각기와 바이패스 밸브(fuel/oil cooler&bypass valve), 연료/오일 냉각기 출구 매니폴드(fuel/oil cooler outlet manifold), 라스트 찬스 필터(last chance filter), 오일 분리기(deoiler) 등으로 구성되어 있다.
　여기서 설명되는 구성부품들은 모든 엔진에 적용되는 것은 아니고, 일부 엔진에 사용되는 것들로서 엔진 모델과 제작사에 따라 다소 차이가 있으므로 일반적인 공통 부품에 관해서 설명하고자 한다.

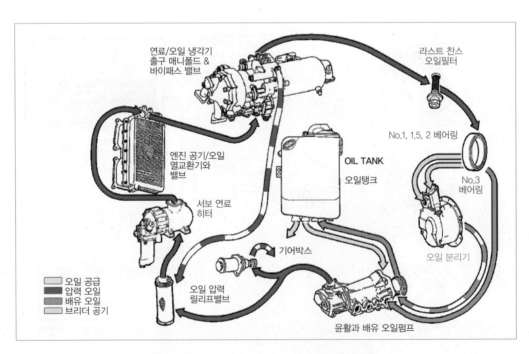

[그림 18-13] PW4000 엔진오일계통 구성부품

3.1 오일탱크(Oil Tank)

대부분의 가스터빈 엔진은 오일을 저장하기 위해 독립된 오일탱크를 가지고 있다. 이러한 형태를 건식섬프 시스템이라고 하며, 오일탱크가 별도로 장치되어 있지 않고, 기어박스나 베어링 공동(bearing cavity)에 오일이 저장되고 각 베어링과 기어들은 오일에 잠겨 있거나, 끼얹는(splash) 방식에 의해 윤활 되는 오일 계통을 습식섬프(wet sump)라 한다.

오일탱크는 엔진오일을 저장하고, 배유오일(scavenge oil)에서 공기를 분리해내며, 오일 수준(oil level)을 점검하여 오일을 보충할 수 있도록 설계되어 있다.

[그림 18-14]는 CFM56-7엔진의 오일탱크로서 저장된 오일을 오일 누출 방지 밸브를 거쳐서 엔진 윤활계통에 오일을 공급하고, 윤활을 마친 오일은 배유계통을 통하여 탱크로 귀환한다.

탱크 안에 내장된 공기 분리기(de-aerator)는 귀환하는 오일을 원심력을 이용하여 오일로부터 공기 방울(거품)을 분리하고, 분리된 공기는 벤트 튜브를 통하여 전방섬프를 거쳐 외부로 배출시킨다.

오일 보급은 일반적으로 중력 보급 포트를 사용하지만, [그림 18-15]와 같이 압력식 보급 포

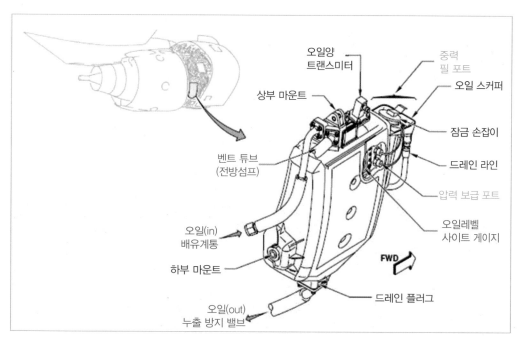

[그림 18-14] 오일탱크(oil tank)

트(pressure servicing fill ports)를 이용하여 오일탱크에 오일을 보급할 수도 있으며, 오일 필러 캡 (oil filler cap)은 잠금 손잡이(locking handle)로 되어 있다. 오일 보급 중에 흘린 오일은 오일 스커 퍼(oil scupper)에 모여지고 오일 스커퍼는 드레인 라인(drain line)으로 연결되며, 오일탱크 바닥의 드레인 플러그(drain plug)로 오일탱크의 오일을 드레인 시킬 수 있다.

오일탱크의 용량은 약 21쿼터(20.2ℓ) 정도이며, 날개의 상반각(dihedral) 때문에 좌측 엔진 오 일탱크가 우측엔진 오일탱크보다 더 많은 오일을 저장할 수 있다.

엔진 시동과 작동 상태 사이에서 걸핑 효과(gulping effect)로 인해 오일레벨이 떨어진다. 시동 시 에는 오일레벨이 1갤런(4ℓ) 정도 줄어들고, 이륙 파워에서는 0.5 갤런 정도가 더 줄어든다. 엔진 이 감속할 때 부분적으로 복원되고, 엔진을 정지하면 완전하게 복원된다.

오일레벨 점검은 오일 체적이 변화하므로 엔진정지 후 5~15분 이내에 수행하여야 하며, 오 일필러 캡은 엔진정지 후 최소 5분 이상이 지난 후에 열어야 화상 등의 심각한 부상을 피할 수 있다.

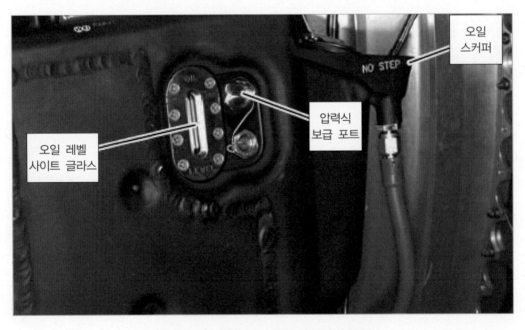

[그림 18-15] CFM56-7 엔진오일 압력보급 포트

3.2 오일펌프(Oil Pump)

오일펌프 또는 윤활장치(lubrication unit)의 기능은 높은 압력을 만들어 엔진 베어링 부분, 보기 구동 부분과 그 밖의 엔진에 의해 구동되는 부품에 윤활유를 공급한다.

건식섬프 계통에 사용되는 대부분의 오일펌프는 압력을 공급하는 것뿐만 아니라 배유기능을 함께 가지고 있다. 즉, 압력 펌프(pressure pump)와 배유 펌프(scavenge pump)가 하나의 하우징 (housing)안에 구성되어 있다.

오일펌프의 형식에는 여러 가지가 있는데 각각의 장단점이 있지만, 일반적으로 기어와 제로터 형(gerotor type) 두 가지가 사용되며, 가장 많이 사용되고 있는 형태는 기어 형(gear type)이다.

[그림 18-16]은 기어형 압력 펌프(pressure pump)와 배유 펌프(scavenge pump)가 하나의 어셈 블리로 되어 있는 2중 오일펌프를 보여준다.

오일의 압력은 엔진에 의해 구동되는 쌍으로 맞물려 회전하는 기어와 펌프의 케이스 사

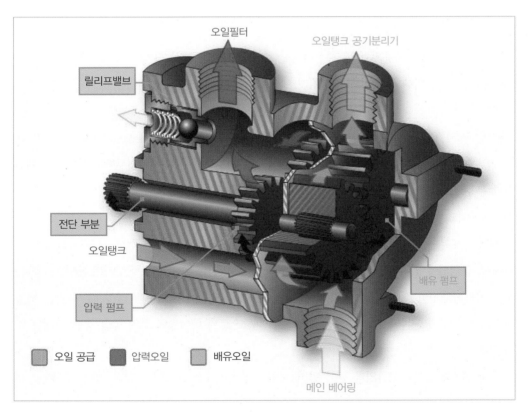

[그림 18-16] 기어 타입 오일펌프(gear type oil pump)

이로 오일이 흡입되어 이송되면서 압력이 만들어진다. 이러한 형태를 용적형 펌프(positive displacement pump)로 분류되는데 [그림 18-16]과 같이 펌프 출구 쪽에 조절밸브(regulating valve) 또는 릴리프밸브(relief valve)를 설치하여 오일 압력이 과도할 때는 오일 압력을 펌프 입구로 바이패스 시켜서 펌프의 출구 압력을 제한하여야 한다.

또한 그림에서 보이는 축 전단 부분(shaft shear section)은 펌프의 기어가 고착되어 돌지 않을 때는 보기 구동 기어박스를 보호하기 위해서 축이 절단되게 설계되어 있다.

오일이 베어링과 기어들을 윤활하고 탱크로 귀환할 때는 오일 온도가 높아지고, 공기가 섞여 있어 체적이 증가하므로 배유 펌프 용량이 압력 펌프보다 1.5~2배 정도 크게 설계되어 있다.

3.3 오일 필터(Oil Filter)

필터는 오일 속에 들어 있는 이 물질을 제거하기 때문에 매우 중요한 부분이다. 특히 가스 터빈 엔진은 고속으로 회전하기 때문에 오일 속에 이물질 침투 시 베어링이 아주 빨리 손상되므로 엔진의 심각한 손상을 초래한다.

오일을 거르는 데 사용되는 필터는 다양한 종류의 모양과 메시 크기(mesh size)를 갖고 있다. 메시는 미크론 단위로 측정하며, 직선거리로 1m의 1/1,000,000(micron: μ)과 같은 값(아주 작은 구멍)이다.

[그림 18-17]은 주 오일 여과기 필터 엘리먼트(main oil strainer filter element)를 보여주고 있다. 오일은 보통 필터 엘리먼트 바깥쪽에서 필터 몸체 안쪽을 통하여 흐르면서 여과되어 엔진 윤활 부분으로 간다. 오일필터는 교환 가능한 합판지(laminated paper) 엘리먼트를 사용하거나 25~35마이크론 정도의 매우 고운 스테인리스 스틸 망을 사용하고 있다.

필터 대부분은 필터 몸체(filter body) 혹은 하우징(housing), 바이패스 밸브 및 체크밸브(check valve)로 구성되어 있다. 필터 바이패스 밸브는 필터 엘리먼트가 막혔을 때 오일흐름이 중단되는 것을 방지한다. 필터에 특정한 압력이 걸리면 바이패스 밸브가 열리는데 이럴 때, 여과는 되지 않지만, 베어링에 여과되지 않은 오일 압력을 보내줌으로써 베어링의 오일 공급 중단 상태를 방지한다.

많은 엔진이 [그림 18-18]과 같이 필터가 막혀서 바이패스 모드인지 엔진 검사 시 육안으로 확인할 수 있는 기계적인 팝 아웃 지시기(pop out indicator)를 가지고 있다. 팝 아웃 지시기가 작동되었을 때는 필터를 교환해주어야 한다.

[그림 18-17] 오일필터 엘리먼트

[그림 18-19] 라스트 찬스 필터(last chance filter)

[그림 18-19]와 같이 베어링 표면에 오일을 분사해주는 오일 노즐을 통과하기 직전에 오일을 걸러주는 라스트 찬스 필터라고 부르는 고운-망(fine mesh) 여과기도 있다. 라스트 찬스필터(last chance filter)는 이물질에 의하여 노즐이 막히는 것을 방지하고, 베어링으로 이물질이 들어가지 못 하게 한다.

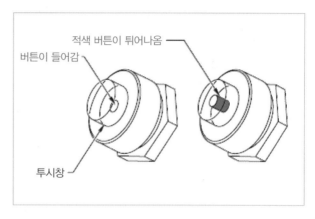

[그림 18-18] 팝 아웃 지시기(pop out indicator)

3.4 오일 압력 조절 밸브(Oil Pressure Regulating Valve)

대부분의 터빈엔진 오일 계통들은 압력을 항상 일정하게 유지하기 위하여 압력 조절형 시스템(pressure regulating type system)을 가지고 있다.

오일 압력 조절 밸브(oil pressure regulating valve)는 오일 계통의 오일 압력을 정해진 압력으로 유지하는 기능을 한다. 오일 압력이 낮거나 높을 때 이를 조정하기 위해 압력조절기(pressure

---

2 가스터빈 엔진 윤활계통의 오일제트부근에 장착되어 있는 오일필터. 주 오일필터를 거칠 때 걸러지지 못한 어떠한 오물이라도 걸러내 오일 제트의 막힘을 방지한다. 이 필터는 일반적인 엔진 점검시에는 교환이 불가능하고 엔진 오버홀이나 분해작업을 할 때에만 가능함.

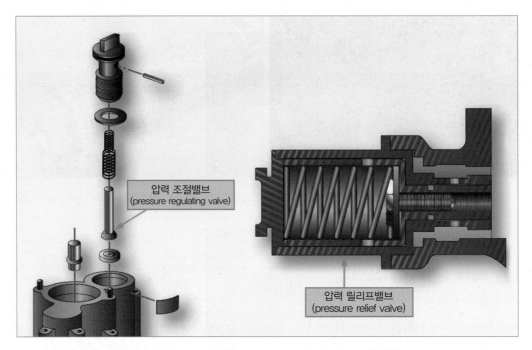

[그림 18-20] 오일 압력 조절 밸브와 오일 압력 릴리프 밸브

regulator)의 압력 조정 나사를 돌려 내부의 스프링(spring) 힘을 변화시켜 설정된 압력을 증감할 수 있다[그림 18-20 참조].

3.5 오일 압력 릴리프 밸브(Oil Pressure Relief Valve)

대형 터보팬 엔진 중 일부는 조절밸브가 없고, 엔진 회전(rpm)과 펌프 속도에 따라서 압력이 가변적으로 압력의 변화가 광범위하다. 릴리프밸브는 계통 내의 최대한계를 초과하는 압력을 완화해 준다.

실제의 릴리프밸브 계통은 압력을 미리 설정하여 설정한 값보다 초과하면 오일펌프 입구로 오일을 돌려보낸다. 이러한 릴리프밸브는 박막 구조로 되어 과도한 오일 압력에 의해 파열되기 쉬운 오일 냉각기(oil cooler)에서는 특히 중요하다[그림 18-20].

PART 3 가스터빈엔진 계통

3.6 오일 냉각기(Oil Cooler)

오일을 냉각하고 오일 온도를 일정하게 유지하기 위한 장치가 오일 냉각기(oil cooler)이다. 오일 냉각기에는 공기 오일 냉각기(air oil cooler)와 연료 오일 냉각기(fuel-oil cooler)가 있다. 두 가지의 구조와 기능은 매우 비슷한데, 주요한 차이점은 냉각용으로 공기와 연료를 사용하는 점이 서로 다르다.

3.6.1 연료 오일 냉각기(Fuel-Oil Cooler)

연료 오일 냉각기는 [그림 18-21]과 같이 차가운 연료를 이용하여 오일을 냉각시키는 장치로 많은 종류의 엔진에서 사용되고 있다.

작동 방법은 엔진 연료 계통의 연료조절장치로부터 조절된 연료가 냉각기 코어의 내부에 미세한 튜브를 통과하고, 윤활을 마치고 귀환하는 뜨거운 오일은 냉각기의 오일 입구(oil inlet)로 들어와 냉각 튜브 주위를 그림에서의 화살표 방향과 같이 돌아 나갈 때 오일의 뜨거운 열은 차가운 연료로 전도되어 오일은 냉각되고 연료는 더워지는 열 교환 방식을 이용하여 오일을 냉각시킨다.

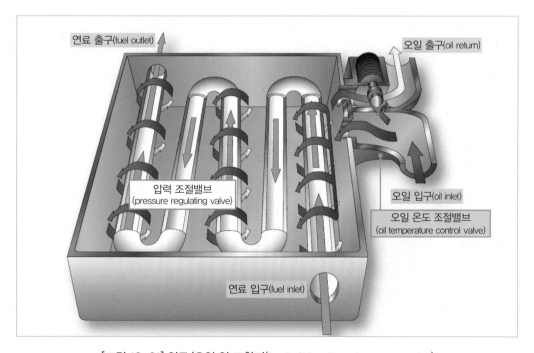

[그림 18-21] 연료/오일 열 교환기(fuel oil heat exchanger cooler)

이러한 냉각기를 연료/오일 열 교환기(fuel/oil heat exchanger)라 한다. 이때 연료와 오일은 절대 희석되지 않으며, 만약에 냉각기가 내부에서 파손되었다면 바이패스 밸브가 작동하여 오일을 냉각 튜브를 거치지 않고 직접 출구로 빠져나가도록 한다.

오일 온도가 낮을 때는 오일 온도 조절밸브(oil temperature control valve)의 서모스탯(thermostat)의 수축으로 압력 바이패스 밸브가 열리고 오일은 냉각기를 바이패스해서 오일 입구에서 직접 오일 출구로 흐른다.

오일 온도가 상승하면 서모스탯의 팽창으로 압력 바이패스 밸브가 닫히고 오일은 냉각기를 통과하기 때문에 연료로 냉각된다. 또 냉각기가 이 물질로 막힌 경우는 압력 바이패스 밸브를 열고 오일을 바이패스 시킨다.

3.6.2 공기 오일 냉각기(Air-Oil Cooler)

공기 오일 냉각기는 공기를 이용하여 오일을 냉각하는 장치로써 널리 사용되지는 않고, 핫 탱크(hot-tank) 계통이 장착된 일부 엔진에서 유용하게 사용하고 있다[그림 18-22].

일반적으로 공기 오일 냉각기는 엔진의 전방 끝에 장착되어 있는데, 구조와 작동은 왕복엔진의 냉각기와 유사하다. 공기 오일 냉각기는 드라이 섬프 오일계통에 포함되어 있으며, 많은 엔진이 연료 오일 냉각기와 함께 사용하고 있다.

드라이 섬프 윤활계통은 여러 가지 이유로 냉각기가 요구된다. 첫째, 압축기 블리드 공기를 이

[그림 18-22] 공기 오일 냉각기(air oil cooler)

용한 베어링의 공기냉각은 터빈 쪽에 있는 베어링을 냉각시키기에는 터빈 베어링의 주변 열로 인하여 부족하다. 둘째, 대형 터보팬 엔진들은 일반적으로 좀 더 뜨거운 오일의 이송을 의미하는 많은 수의 베어링을 가지고 있다. 결론적으로 오일 냉각기는 오일의 열을 소멸시키는 것이다.

3.7 오일 분리기(Deoiler)

브리더 공기(breather air)로부터 공기와 오일을 분리하기 위하여 오일 분리기(deoiler)가 기어박스(gear box) 내에 설치되어 구동된다.

[그림 18-23]은 PW4000 엔진의 윤활계통에서 사용하고 있는 오일 분리기이다. 브리더 공기는 오일 분리기의 임펠러(impeller)로 들어가고, 임펠러 회전에 의한 원심력은 오일을 임펠러 바깥쪽으로 밀어낸다. 오일은 분리기로부터 드레인되어 기어박스로 떨어진다.

원심력은 공기가 오일보다 가볍기 때문에 공기를 밀지 못하므로 공기는 임펠러의 중앙을 타고 외부로 배출된다.

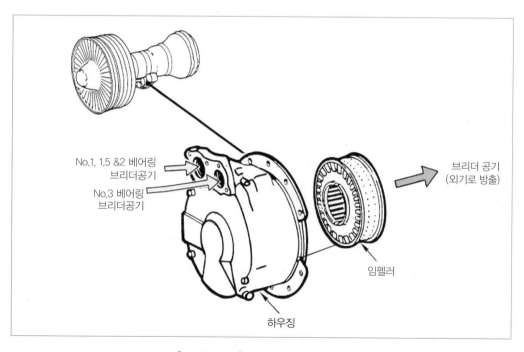

[그림 18-23] 오일 분리기(deoiler)

3.8 자석식 금속조각 검출기(Magnetic Chip Detector)

자석식 금속조각 검출기는 대부분 오일 배유계통(oil scavenge system)에 장착되어 있으며, 각종 베어링 상태 및 구동 기어 상태를 해당 배유계통의 자성 금속조각을 영구 자석으로 검출하여 점검한다.

자석식 금속검출기는 배유관(scavenge line), 오일탱크 하부, 보기 구동 기어박스 섬프 부분 등에 장착되어 있으며, 엔진의 각각의 요소에 설치할 수도 있다.

자석식 금속검출기는 [그림 18-24]에 도해 되어 있으며, 기어의 마모 또는 엔진 베어링 부분의 마모 등으로 자성체 금속 가루가 발생하면 영구 자석(permanent magnet)에 붙게 된다.

엔진에서 금속조각 검출기를 장탈하여 검사를 수행했을 때, 검출기에서 금속조각이 발견되지 않았다면, 세척해서 재장착하고, 안전결선(safety wire)을 해주면 되지만, 금속이 검출기에서 발견되었을 때는 금속조각의 금속이 어디서 마모된 것인지를 조사를 통하여 규명하여야 한다.

일부의 항공기에는 검출기의 중심부인 영구 자석에 감지 선을 연결하여 금속이 붙으면 접지되게 되어 있다. 이때 전기회로가 연결되어 검출기를 분해하지 않고도 조종석에서 조종사에게 상태를 지시하도록 하는 계통이 마련되어 있기도 하다.

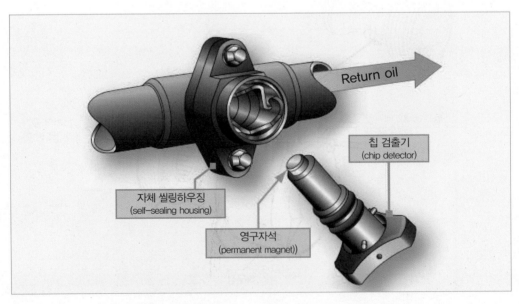

[그림 18-24] 자석식 금속조각 검출기(magnetic chip detector)

[그림 18-25]는 CFM56-7엔진의 데브리스 모니터링시스템(Debris Monitoring System: DMS)을 보여주고 있다.

DMS 검출기(detectors)는 배유계통의 오일에서 이물질을 검출하여 엔진 베어링 또는 기어의 기계적 고장이 있는지를 알려준다.

전방 섬프(forward sump), 후방 섬프(rear sump) 및 기어박스(gearbox)의 배유계통에 각각 하나씩 3개의 DMS 검출기가 있다.

DMS 검출기 자석(DMS detector magnets)은 금속 물질을 검출하여 제어 디스플레이 장치(CDU)에 메시지를 표시해준다. 각 검출기의 스크린은 800마이크론보다 큰 비금속 물질을 검출한다.

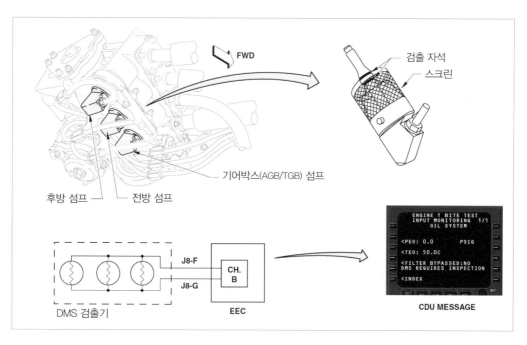

[그림 18-25] CFM56-7엔진 DMS

제19장 터빈엔진 시동계통 (Turbine Engine Starting System)

1 시동계통 일반

왕복엔진은 시동이 이루어지면 즉시 시동장치를 정지해도 계속 운전이 가능하지만, 가스터빈엔진은 시동이 이루어져도 엔진이 자립회전속도(self sustaining speed)에 도달될 때까지 압축기 회전속도를 높여주어야 한다.

가스터빈엔진은 일반적으로 시동기(starter) 출력이 보기 구동 기어박스로 전해져 압축기를 회전시킴으로써 연소에 필요한 공기를 연소실로 보내서 연소가 시작되고, 엔진이 자립회전속도에 도달될 때까지 압축기 회전속도를 높여준다.

시동기에 의한 압축기 회전은 연소를 위한 충분한 공기를 연소실에 제공하고, 연소가 일어난 후 아이들 속도(idle speed)까지 자체가속(self-accelerating)을 돕는다. 시동기 자체만으로는 엔진이 정지된 상태에서 아이들 속도까지 낼 수 있는 충분한 출력을 갖고 있지 않다.

터보프롭과 터보 샤프트 엔진은 로터 항력을 줄이고 속도와 공기 흐름을 증가시키기 위해 저피치로 시동하거나 프로펠러를 구동하는 자유 터빈(free turbine)[1]의 구조를 갖는다. 이것은 압축기 로터 계통만 시동기에 의해 작동되게 하므로 낮은 항력의 가속을 얻을 수 있다.

---

1 가스터빈 엔진에서 압축기를 구동시키지 않는 터빈. 자유터빈은 터보프롭 엔진에서 프로펠러를 위한 감속 기어들을 구동시키는데 또는 헬리콥터의 회전익과 트랜스미션을 구동시키는데 사용된다.

1.1 터빈엔진 시동순서

2중 압축기(dual spool compressor) 가스 터빈 엔진에서 시동기는 고압압축기(N2 shaft) 계통만 회전시킨다. 단일 압축기를 가진 자유 터빈, 터보프롭, 터보 샤프트 엔진에서는 시동기가 압축기만 구동시킨다. 자유 터빈(free turbine)은 시동기 구동과 연결되어 있지 않다.

[그림 19-1]은 전형적인 단일 압축기 가스터빈 엔진의 시동순서를 보여주고 있다. EGT 곡선과 RPM 곡선상에서 곡선이 수평으로 되기 시작하는 부분이 압축기 속도와 엔진 가스 온도가 안정되어 가는 것을 나타낸다.

[그림 19-2]는 시동 사이클에서 이중 압축기의 N1과 N2 속도 관계를 보여주고 있다.

N2 압축기는 직접 시동기에서 파워를 받기 때문에, 시동기가 연결(engage)된 바로 후부터 회전을 시작하지만, N1 팬 속도는 엔진 내부의 공기 순환 때문에 충분한 압력이 형성되어 N1을 회전시킬 때까지 시간이 걸린다. 이 곡선(curve)은 하이 바이패스 팬 엔진용이다. 시동기는 대략 4,500 RPM에서 차단되는데, 이때 N2 속도는 약 45%이다.

엔진은 FCU 가버너 플라이 웨이트가 연료 스케줄을 시작하면서 약간 오버부스트(over-boost)된 후 N2 속도 58%(5,800 RPM)에서 안정된다.

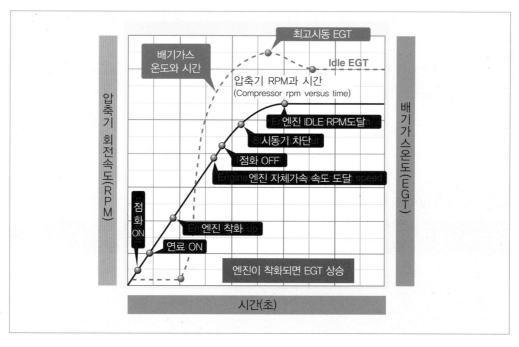

[그림 19-1] 전형적인 가스터빈 엔진 시동순서

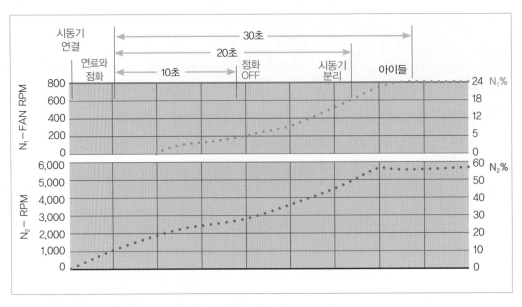

[그림 19-2] 이중 압축기 엔진의 시동 중 RPM과 EGT

아이들(idle)에서 N1 압축기와 팬은 N1 24% 속도이며, N2 속도가 안정되면 N1 속도 곡선도 안정된다.

〈표 19-1〉은 PW4000 엔진의 정상 시동 후 아이들 상태에서의 파라미터로서 외기온도와 엔진 작동시간에 따라 약간의 차이가 발생할 수 있다.

참고로 PW4000 엔진 계열의 94″, 100″, 112″는 엔진의 팬 직경(fan diameter)의 크기로서 PW4000-94″ 엔진은 B747-400을 비롯한 A300-600, MD-11 항공기 등에 사용되고 있으며, PW4000-100″ 엔진은 A330 항공기에 PW4000-112″ 엔진은 B777 항공기에 장착되어 운용 중이다.

〈표 19-1〉 PW4000 엔진 아이들 파라미터

PW4000	EPR	N1	N2	FF	EGT	EGT Red Line
94″	1.01 2,150lbs	21% 725rpm	62% 6,100rpm	1,288pph	320℃	
100″	1.007 2,100lbs	19.2% 707rpm	57.4% 6,000rpm	1,090pph	349℃	535℃ @GRD Start
112″	1.007 2,800lbs	20% 580rpm	60% 6,480rpm	1,450pph	350℃	

1.2 엔진 모터링(Engine Motoring)

가스 터빈 엔진의 모터링은 추력을 얻기 위한 시동이 아니고, 시동기로 압축기와 터빈을 단순 회전시키는 과정을 말한다.

모터링은 시동기를 작동하여 엔진 코어를 회전시켜서 회전력으로 인해 발생한 동력을 이용하여 기어박스(gear box)에 장착된 보기 구성품(accessory component)을 작동시켜서 기능 및 누설 점검 등을 위한 각종 정비작업 및 검사를 위해 사용된다.

모터링은 건식 모터링(dry motoring)과 습식 모터링(wet motoring) 방식이 있다.

1.2.1 건식 모터링(Dry Motoring)

엔진에 연료공급과 점화 없이 엔진을 공회전시키는 작동으로서 엔진의 과열로 인한 냉각이 필요할 경우나 엔진 시동 실패(start failure)로 인하여 엔진 내에 남아 있는 연료를 배출(blow-out)할 경우 실시한다. 연료를 배출하지 않고 재시동하면 잔류연료로 인하여 과열 시동이 발생할 수 있다.

또한 항공기 시스템 정비를 위해 유압펌프(hydraulic pump)를 비롯한 엔진 외부에 장착된 보기품(external component)의 구동이 필요할 경우와 보기품의 장착 후 누설 점검(leak check) 및 기능 점검(functional check)이 필요할 때 건식 모터링을 실시한다.

1.2.2 습식 모터링(Wet Motoring)

점화 없이 연료만 공급하면서 엔진을 공회전시키는 작동으로서 엔진 연료 계통 작업 후, 연료 뒤짐(fuel-lag) 현상으로 인한 펌프 공동현상(pump cavitation)을 방지하고, 연료 보기품 작동점검 및 누설 점검을 위하여 실시한다.

습식 모터링 후에는 반드시 건식 모터링(dry motoring) 실시하여 엔진 내의 잔류연료를 배출하여야 한다.

1.3 비정상 시동(Abnormal Start)

엔진 시동 중에 압축기를 충분히 회전시키지 못하여 연소에 필요한 압축공기가 불충분하거나, 엔진이 자립회전속도에 도달될 때까지 압축기 회전속도를 높여주지 못할 때 비정상적인 시동상황이 발생한다.

비정상적인 시동은 과열 시동(hot start), 결핍 시동(hung start) 그리고 시동 불능(no start 또는 not start) 상태가 있다.

1.3.1 과열 시동(Hot Start)

과열 시동이란 시동 시 연료가 연소하기 시작한 후 배기가스 온도(Exhaust Gas Temperature: EGT)가 제한치(redline) 이상 증가하는 현상이다.

일반적인 과열 시동의 원인은 다음과 같다.

- 압축기 입구의 결빙 등으로 인하여 엔진으로 유입되는 공기 흐름이 원활하지 못할 경우
- 시동기 밸브(starter valve)의 부분적 열림 등의 조절 불량으로 N2 속도가 너무 낮은 경우
- 시동기가 너무 빨리 분리된 경우(매우 짧은 시간 동안만 연결됨)
- 엔진 시동 전에 연소실에 잔류연료가 남아 있는 경우
- 외부 이물질(F.O.D)로 인해 로터 블레이드가 손상된 경우
- 흡입구 안내 베인(IGV)과 가변 스테이터 베인(VSV)의 부적절한 스케줄이 발생한 경우
- EGT 마진이 낮고 외기온도가 너무 높은 경우
- 측풍이 심할 때 시동하는 경우(60°head wind/25knot 초과 시)
- 엔진 내부 이탈물에 의한 손상(I.O.D) 등

엔진 시동 시 과열 시동이 발생하였다고 판단될 때는 엔진을 냉기 운전(cool down)시킨 후 정상 절차에 따라 엔진을 정지하고, 고온 부분(hot section)의 내시경검사(borescope inspection)와 테일 파이프(tail pipe) 부분에 금속조각 유무 등의 육안검사를 실시하여야 한다.

1.3.2 결핍 시동(Hung Start)

결핍 시동 결함이란 시동 시 연소가 시작되었으나 정상적인 가속이 이루어지지 않는 경우로써, 정상 아이들 회전속도에 도달하지 못하고 머물러 있는 상태의 결함을 말한다.

결핍 시동은 N2 속도가 정상보다 천천히 증가하거나 N2 속도가 아이들 회전속도에 미치지 못하면서 EGT 한계가 갑자기 증가하는 증상 등으로 징후를 예단할 수 있다.

결핍 시동의 일반적인 원인으로는 다음과 같다.

- 시동기에 공급되는 공기압력이 낮아서 시동기 동력이 불충분할 경우
- 시동기가 너무 빨리 분리된 경우(매우 짧은 시간 동안만 연결됨)
- 외부물질 유입으로 압축기 손상이 발생한 경우
- 시동기 밸브에 공기압력이 불충분하게 공급된 경우
- 흡입구 안내 베인(IGV) 과 가변 스테이터 베인(VSV)의 부적절한 스케줄이 발생한 경우
- 압축기/터빈 부분이 손상된 경우
- N1 로터가 고정되어 돌지 않는 경우
- 엔진이 너무 뜨거운 상태에서 시동이 된 경우(엔진이 뜨거운 상태에서는 FADEC은 연료 흐름을 낮게 조절)

결핍 시동이 발생하면 고장탐구를 위하여 시동 시의 덕트 공기압력(duct air pressure), 연료 유량, 최대 N2 속도 및 EGT 값을 기록하여야 한다.

1.3.3 시동 불능(Not Start Or No Start)

시동 불능은 시동이 되지 않는 현상으로서 원인으로는 시동기 구동 커플링(starter drive coupling)이 끊기었거나, 시동밸브가 닫힌 상태로 고정되어 시동기에 동력이 공급되지 않는 경우와 연료 흐름이 막혀서 연료가 공급되지 않거나 점화계통의 이상으로 점화가 되지 않는 경우 등이다.

조종실에서의 시동 불능의 판단은 N2 계기가 지시하지 않는 것으로서 판단 할 수 있으며, 엔진의 팬 블레이드가 회전하지 않는 것으로도 확인할 수 있다.

많은 형식의 터빈 시동기는 시동을 위한 몇 가지 다른 방법을 사용해 왔지만, 대부분은 전기 모터 또는 공기터빈 시동기이다.

소형엔진에 사용되는 압축공기 시동계통(air-impingement starting system)은 압축기나 터빈 블레이드에 압축공기를 직접 분사하여 회전시키는 방식으로, 압축기나 터빈 케이스 안쪽에 압축된 공기분사 도관이 구성되어 있다. 일반적으로 공기터빈 시동기는 공압을 공급하는 지상 장비 또는 인접 엔진(다발 엔진 항공기 경우)에서 나오는 공압에 의해 시동기를 작동시킨다.

[그림 19-3]은 고온 가스 발생기를 가진 카트리지 시동기(cartridge starter)이다. 카트리지 시동을 위해, 카트리지는 우선 브리츠 캡(breech cap) 안에 장착된다. 그때 브리츠(breech)는 브리츠 핸들(breech handle)에 의해 브리츠 챔버(breech chamber)에 결합하고 2개의 브리츠 섹션(breech section) 사이에 러그를 맞물리게 하도록 부분적인 회전을 시켜 준다. 카트리지는 브리츠 핸들의 끝에 연결된 커넥터를 통해 전압을 가하면 점화된다. 카트리지의 점화로 발생한 가스는 고온 가스 노즐(hot gas nozzle)을 통해 터빈의 버킷(bucket) 쪽으로 나가게 되고 외부 배기 컬렉터(exhaust

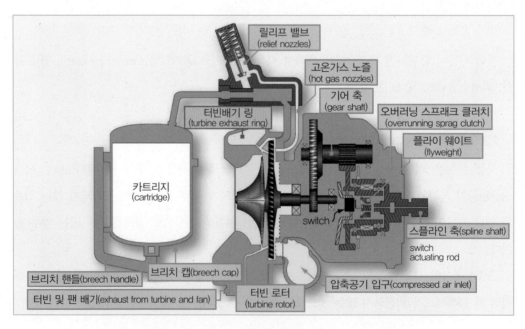

[그림 19-3] 카트리지 시동기 개략도(cartridge-pneumatic starter schematic)

collector)를 경유하여 회전이 일어나게 된다.

초기에는 릴리프 밸브(relief valve) 출구를 통과하여 고온 가스 노즐에 도달하게 되어 있으나, 고온 가스 압력이 높아지면서 압력이 미리 조절된 최댓값 이상이 되면, 릴리프 밸브는 고온 가스 노즐을 우회하여 터빈으로 고온 가스를 보내어 회전력을 높인다. 그 이후 고온 가스 회로 내의 가스의 압력은 적정 수준으로 유지된다.

2.1 전기시동계통과 시동기 발전기 시동계통

가스터빈 엔진에 사용되는 전기시동 계통(electric starting system)은 전기적으로 직접 엔진을 돌려주는 전기식 시동기와 시동 후에는 발전기로 전환되는 시동기 발전기 방식의 두 가지 형태가 있다.

직접 엔진을 돌려주는 전기식 시동기는 비행용 엔진에는 무거우므로 널리 사용되진 않으며, 보조동력장치(Auxiliary Power Units: APU)와 소형 터보 샤프트 엔진과 같은 일부 경량 터빈엔진에 사용되고 있다. 대부분 소형엔진은 시동기 발전기(starter generator)로 무게를 줄여서 사용하고 있다.

시동기-발전기의 결합은 보기류 두 개를 장착할 공간에 하나만 장착하여 무게를 절감시킬 수

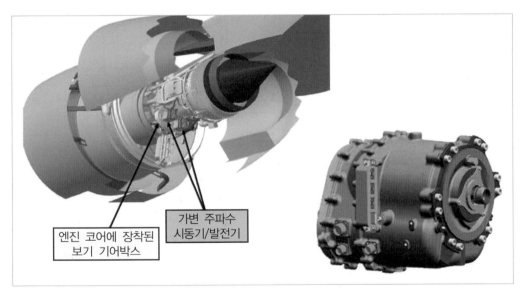

[그림 19-4] B-787(GEnx-1B 엔진) 시동기-발전기

있는 특성 때문에 소형 제트 항공기에 널리 사용되고 있으며, 최근에는 [그림 19-4]와 같이 장거리 중대형 항공기로 개발되어 운용 중인 B787 항공기에도 가변 주파수 시동기/발전기(Variable Frequency Starter/Generator: VFSG)를 사용하고 있다.

시동기-발전기의 두 가지 목적 때문에, 구동장치가 전기 시동기와는 달리 엔진과 영구적으로 연결된 구동 스플라인(spline)을 가지고 있다.

[그림 19-5]의 시동기-발전기 회로를 추적해봄으로써 더 쉽게 이해할 수 있을 것이다.

① 마스터(Master) 스위치를 'ON' 하면 축전지(battery) 동력이나 외부동력이 연료 밸브 스로틀 릴레이(throttle relay) 코일, 연료 펌프 그리고 점화 릴레이 접촉기(contactor)에 전해진다.

② 조종실의 시동 스위치를 'ON' 하면, 항공기 버스 전원(bus power)이 조종실 등을 켜게 하고, 점화 릴레이(ignition relay)와 모터 릴레이(motor relay)를 닫히게 한다. 이때 점화가 일어난다.

③ 모터 릴레이가 닫히므로 써, 언더커런트(undercurrent) 릴레이가 닫히고 시동기가 작동한다.

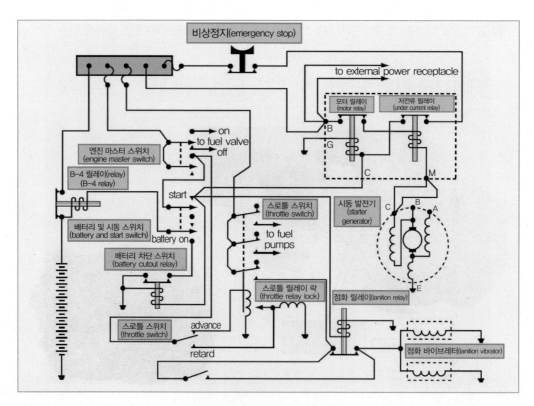

[그림 19-5] 시동기-발전기 회로

④ 조종실 시동 스위치는 풀어지고, 전류는 비상정지(emergency stop) 스위치를 통해 릴레이로 계속 흐른다. 그러나 엔진 속도가 증가하고 전류가 200A(암페어) 미만이 되었을 때, 언더커런트 릴레이가 열려서 시동기를 정지시키고 점화 회로 작동도 중지시킨다.

⑤ 비상정지 버튼(emergency stop)을 누름으로써 언더커런트 릴레이를 통해 점화 회로가 열린다. 이 버튼은 고장이 일어나서 릴레이 접속기가 닫혀 있거나 잘못된 시동으로 높은 전류의 흐름이 흘러 정상적인 정지를 방해할 때 사용된다.

⑥ 외부동력 리셉터클 도어(external power receptacle door) 마이크로 스위치는 외부동력과 축전지 동력이 동시에 항공기 버스에 공급되는 것을 방지한다.

일부 항공기는 배터리 시동 능력이 없거나, 비상시에만 배터리 시동을 사용하여 배터리 수명을 늘린다.

2.2 공압식 시동기(Pneumatic Starter)

공압식(혹은 공기 터빈) 시동기는 저압 공기 모터 형식으로써 높은 시동 토크(starting torque)를 발생시키도록 설계되었다. 전형적인 공기터빈시동기는 같은 엔진 조건에서의 전기 시동기의 1/4~1/2 무게로서 거의 모든 대형 상업용 항공기에 사용되며 일부 소형 항공기에도 선택적으로 사용되고 있다.

[그림 19-6]과 같이 공기터빈 시동기를 작동시키는 공기는 지상 장비인 압축공기 공급장치(ground-operated air cart), 보조동력장치(APU), 또는 작동하고 있는 인접 엔진에서 나오는 고압 공기(cross-bleed air)로부터 공급된다.

공압식 시동기(pneumatic starter)를 구동하기 위한 공기압은 대략 30~50psi의 공기압이 필요하며, 덕트(duct) 내의 공기압이 최소 30psi 이상이 되어야 시동할 수 있으므로 공기식 터빈 시동기로 엔진을 시동할 때 시동 전에 덕트 압력이 충분한지, 점검하여야 한다.

---

2 다발 제트엔진이 상착된 항공기에서 하나의 엔진이 시동된 후에 시동된 엔진으로부터 압축 공기를 축출히여 다른 엔진의 시동기를 작동시켜 엔진을 시동하는 방법.

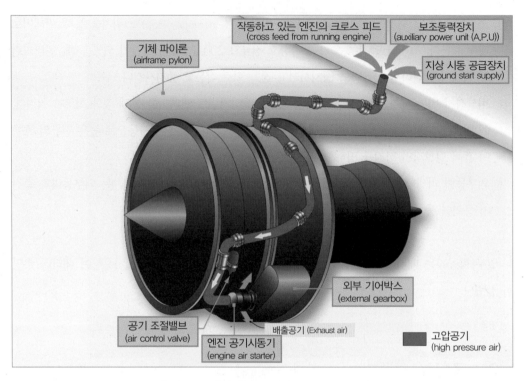

[그림 19-6] 공압식 시동기의 공기 공급원

2.2.1 공압식 시동기 작동(Starter Operation)

공압식 시동기(pneumatic starter)는 공기 입구(air inlet)와 스테이터 하우징 어셈블리(stator housing assembly)로 구성되어 있으며, 스테이터 하우징은 터빈 휠 스테이터와 로터(turbine wheel stator&rotor), 감속기어 장치(reduction gear set), 클러치 어셈블리(clutch assembly), 엔진 구동축(engine drive shaft)을 포함하고 있다.

[그림 19-7]과 같이 시동기로 들어 온 압축공기는 터빈 로터(turbine rotor)를 거치면서 공기의 운동 에너지는 기계적인 동력으로 전환되고, 고속의 동력 출력은 감속기어를 거치면서 저속의 높은 회전력으로 변환된다.

감속기어와 출력축 사이에 장착된 클러치는 엔진 시동 중에 터빈 휠의 변속 동력을 엔진 구동축(output shaft)으로 전달해 주고, 엔진(N2)에 의해서 역으로 출력축이 구동될 때는 엔진으로부터 분리한다.

[그림 19-8]은 좀 더 자세한 B-737NG 항공기의 CFM56-7엔진에 사용하고 있는 공압식 시동

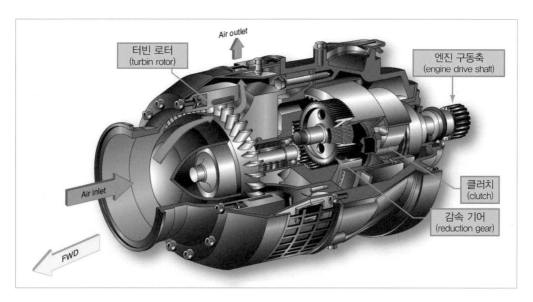

[그림 19-7] 공압식 시동기 절개도(cutaway view)

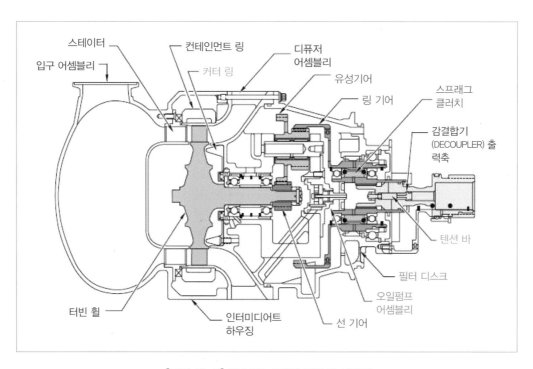

[그림 19-8] CFM56-7엔진 공압식 시동기

기의 내부구조를 보여주고 있다.

시동기 입구 공기 플리넘 덕트(inlet air plenum duct)로 들어온 압축공기는 스테이터를 통해서 터빈 휠(turbine wheel)의 블레이드로 흐르게 되면 터빈이 회전하면서 고속과 낮은 회전력을 발생한다.

터빈 배출 공기(turbine exhaust air)는 배기 하우징(exhaust housing)과 디퓨저 어셈블리(diffuser assembly)를 통해서 배출되고, 선 기어(sun gear)는 링 기어(ring gear)를 구동하는 3개의 유성기어(planetary gear)와 접속되어 속도를 줄이고, 회전력을 증가시킨다.

스프래그 클러치(sprag clutch)는 시동기와 엔진이 분리 차단되는 속도(56% N2)에 도달될 때까지 엔진과 연결해 주는 역할을 하는데, 시동 중에 스프래그(sprag)가 각 위치로 고정되는 동안에는 바깥쪽 레이스(outer race)가 안쪽 레이스(inner race)를 돌려주다가 N2가 55% 이상이 되면, 안쪽 레이스는 바깥쪽 레이스보다 더 빨리 회전하게 되어서 플래그는 분리된다.

스프래그 클러치가 분리되지 않을 때는 텐션 바(tension bar)가 부러져서 역 구동(back drive)으로 부터 보호한다.

시동기 하우징(starter housing) 안쪽에 있는 오일펌프(oil pump)는 엔진 시동 및 작동 중에 스프링 클러치(spring clutch), 기어(gear) 및 오버런 베어링(overrun bearing)에 윤활유를 공급해 주며, 윤활유 수준 측정 포트(lubricant leveling port)에 장착된 필터 디스크(filter disc)는 이물질이 엔진으로 들어가는 것을 방지해 준다.

시동기는 베어링이 손상되었을 때 터빈 휠 허브(turbine wheel hub)의 테두리(rim)를 절단할 수 있도록 3개의 얇은 조각으로 되어 있는 커터 링(cutter ring)이 조합되어 있다. 추력 베어링(thrust bearing)이 파손되면 터빈 휠은 축 방향으로 움직이게 되는데, 이때 링(ring)은 터빈 휠 허브로부터 림(rim)을 절단하고, 컨테인먼트 링(containment ring)은 고에너지 터빈 휠 림(high-energy turbine wheel rim)과 블레이드(blade) 조각들을 저장한다.

2.2.2 시동기 윤활유 보급 절차

시동기의 주요 부품들은 보기 구동 기어박스의 오일에 의해 냉각되고 윤활 되며, 드레인 필/포트(drain fill/port)는 마그네틱 플러그(magnetic plug)로 되어 있어 윤활유 내에 금속 이물질들을 수집한다.

새로운 시동기를 장착할 때는 약간의 오일을 보급해야 하며, 오일 보급 절차는 다음과 같다.

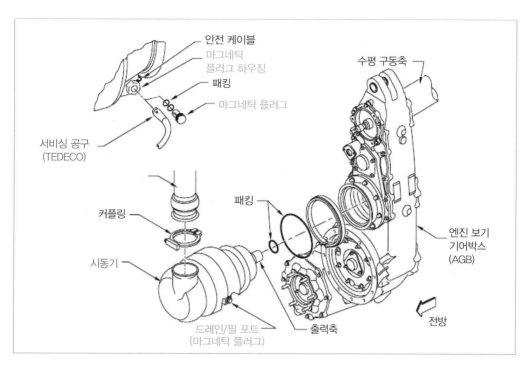

안전 케이블
마그네틱
플러그 하우징
패킹
마그네틱 플러그
서비싱 공구
(TEDECO)
수평 구동축
커플링
패킹
시동기
엔진 보기
기어박스
(AGB)
드레인/필 포트
(마그네틱 플러그)
출력축
전방

[그림 19-9] 시동기 오일 보급

- 시동기 아래쪽에 있는 마그네틱 플러그 하우징(magnetic plug housing)으로부터 삽입형 플러그(bayonet-type plug)를 장탈하고 플러그 씰(plug seal)을 폐기한다.
- 장비를 연결하고, 보기 구동기어 박스에 사용되는 것과 같은 엔진오일을 시동기에 강제 공급(pressure service)을 실시한다.
- 연결된 장비를 장탈하고, 새로운 씰(seal)로 교체된 마그네틱 플러그를 장착한다.

현용의 터보팬 엔진 시동계통은 조종실 스위치(flight compartment switch), 디스플레이 전자 장치(Display Electronic Unit: DEU), 전자식 엔진 제어장치(Electronic Engine Control: EEC)에 의해 제어된다.

[그림 19-10]은 CFM56-7엔진의 시동계통으로서 엔진 좌측에 상부 공기덕트(upper air duct), 시동밸브(start valve), 하부 공기덕트(lower air duct), 시동기(starter)로 구성되어 있다.

가압된 블리드 공기는 상부 공기덕트를 통해 시동밸브로 들어오면 시동밸브는 시동기로의 공기 흐름을 제어해주는데 수동으로 여닫을 수 있다.

시동 공기압 센서는 시동밸브 위치 신호를 EEC에 보내주는데 이 신호는 시동밸브 위치 감지 및 오류 감시에 사용된다.

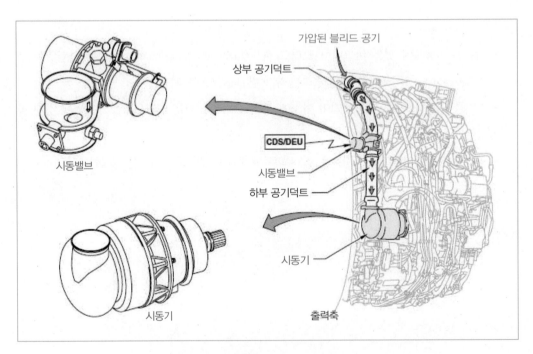

가압된 블리드 공기
상부 공기덕트
CDS/DEU
시동밸브
시동밸브
하부 공기덕트
시동기
시동기
출력축

[그림 19-10] CFM56-7엔진 시동계통

3.1 시동계통 인터페이스(Interface)

엔진 시동은 [그림 19-11]과 같이 조종실의 인터페이스에 의해 제어된다.

- 오버헤드 패널(over head panel: P5)에 있는 엔진 시동 패널(start panel)상의 각 엔진별 한 개씩인 2개의 시동 스위치(start switch)와 점화 선택 스위치(ignition selector switch)
- 컨트럴 스탠드(control stand)의 추력 레버(thrust lever) 아래쪽에 있는 2개의 시동 레버(start lever)—엔진당 1개씩
- 커먼 디스플레이 시스템(Common Display System: CDS) 디스플레이 장치

엔진 시동계통의 제어를 위한 전력(electrical power)은 트랜스퍼 버스(transfer bus)로부터 받는다.

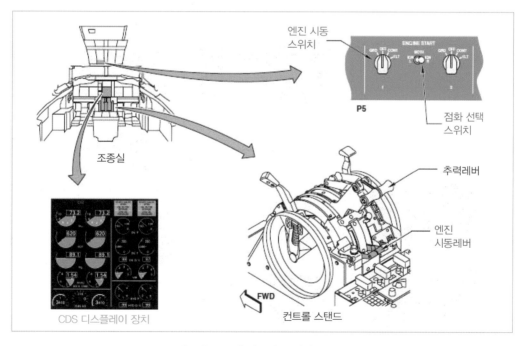

[그림 19-11] 시동계통 인터페이스

3.2 엔진 시동 절차

최신 모델의 항공기 엔진은 자동시동(automatic start)과 수동시동(manual start) 등 두 가지 계통을 사용하고 있으나, 다음은 CFM56-7엔진의 수동시동 절차이다[그림 19-12 참조].

① 점화 선택 스위치(ignition selector switch)를 사용하고자 하는 점화(ignition)에 따라 'IGN L', 혹은 'IGN R'에 놓는다.
② 시동스위치(start switch)를 'GRD'위치에 놓는다.
③ 부스트 신호(boost signal)가 APU로 보내지고, 시동밸브 솔레노이드가 자화되어 시동밸브는 열리고, 'START VLV OPEN'등이 들어온다.
④ N2가 서서히 회전하기 시작한다.
⑤ 오일 압력(oil pressure)이 증가하기 시작하면서 N1이 돌기 시작한다.
⑥ 지상 감시자는 엔진 정면에서 N1이 반시계 방향으로 회전하기 시작하면 조종실에 신호를 보낸다.

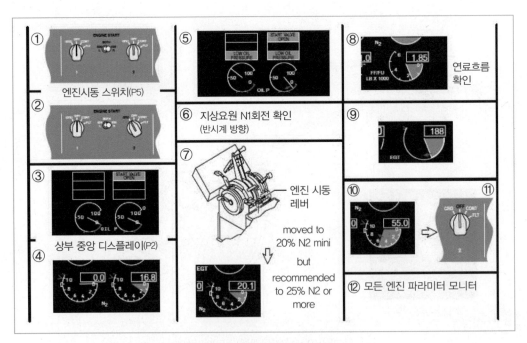

[그림 19-12] B737NG 엔진 시동 절차

⑦ 엔진 시동을 위해서는 최소 N2, 20% 이상이 요구되지만, N2, 25% 이상에서 엔진 시동 레버(start lever)를 아이들 위치(idle position)로 이동한다.

⑧ 선택된 점화기에 따라 점화가 시작되고, 연료가 공급되면서 'ENG VALVE CLOSED'등이 꺼지고, 연료 흐름(fuel flow)이 한계 내에서 흐르는지 확인한다.

⑨ 배기가스 온도(EGT)가 증가하는지 확인한다.

⑩ N2, 55%에 도달하면,

⑪ 엔진시동 스위치는 자동으로 off 위치로 돌아가고, 'START VLV OPEN' 등은 꺼진다.

⑫ 엔진 속도가 아이들(idle)에 도달될 때까지 엔진 파라미터(parameter)들을 모니터한다.

➜ N2, 오일 압력(oil pressure), N1, 연료 흐름(fuel flow), 배기가스 온도(EGT)

3.3 지상 시동 보호 장치(Ground Starting Protection)

지상에서 엔진을 시동할 때는 EEC는 과열시동(hot start)을 감지하여 엔진을 보호(protection)하며, 습식시동(wet start)과 롤백 초과 온도(rollback over-temperature)에 대해서도 보호기능을 가지고 있다.

3.3.1 엔진 과열시동(Engine Hot Start)

EEC는 과열 시동 감지 세팅(hot-start detected signal setting)에 의해서 엔진 지상 시동 중에 비정상적인 높은 배기가스 온도에 반응한다.

과열시동 감지는 시동 초과 온도(start over-temperature) 징후를 발견하기 위해서 EGT가 증가하는 특성곡선을 사용하는데, 이 곡선은 정상 시동 시에 초과하지 않는 것과는 다른 시동 EGT 한계(725℃) 이내인 과열시동 배기가스 온도(hot-start EGT) 한계를 생성한다.

이 곡선은 코어 스피드(core speed: N2)와 잔여 EGT의 함수관계로서 EGT가 360ms 동안 곡선을 초과하면 EEC는 '과열시동 감지(hot-start-detected)'신호를 세트하고, CDS는 조종사에게 경고를 주기 위해 [그림 19-13]과 같이 배기가스 온도 디지털 판독(EGT digital readout)의 서라운드 박스(surround box)를 '플래싱(flashing)'시켜서 이 신호에 반응한다.

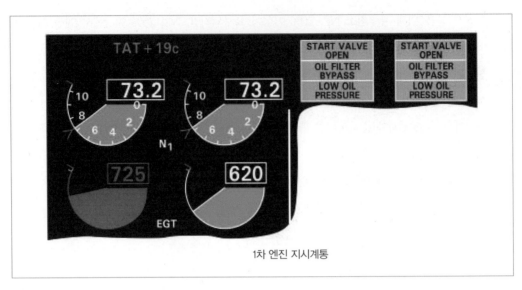

1차 엔진 지시계통

[그림 19-13] CFM56-7엔진 지상 시동 시 과열시동 프로텍션

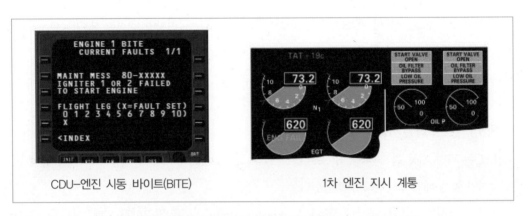

CDU-엔진 시동 바이트(BITE)   1차 엔진 지시 계통

[그림 19-14] 습식시동(wet starting)과 롤백(rollback) 프로텍션

3.3.2 엔진 습식시동(Engine Wet Start)

엔진 시동 레버가 아이들(idle) 위치로 놓은 후, 배기가스 온도(EGT)가 15초(외기온도가 2℃ 이하일 때는 20초) 이내에 42℃ 이상 올라가지 않으면, EEC는 엔진 시동을 중단한다.

EEC는 연료 흐름(fuel flow)을 차단하고, 점화(ignition)를 꺼서 엔진 시동을 종결하고, CDU(Control Display Unit)에 결함 내용을 나타내기 위한 메시지를 저장한다[그림 19-14 참조].

3.3.3 롤백 과온 보호(Rollback Over-Temperature Protection)

항공기가 지상에서 엔진이 아이들(idle)에 도달했다가 50% N2 이하로 떨어지고, 시동 배기가스 온도(starting-EGT) 한계를 초과하면 EEC는 점화를 중단하고, 연료 흐름(fuel flow)의 차단을 위해 연료조절밸브(Fuel Metering Valve: FMV)를 최대 닫힘 위치로 명령한다.

이때, CDS는 일차 엔진 지시 계통(primary engine display)에 있는 해당 엔진의 EGT 디스플레이에 'ENG FAIL'메시지를 표시해 준다[그림 19-14 참조].

3.4 비행 중 시동(In-Flight Starting)

비행 중 윈드밀[3] 시동(windmill start)을 위해서는 시동 스위치(start switch)를 'FLT' 위치에 놓으면 되는데, 만약 엔진이 윈드밀 시동한계를 벗어났을 때는 엔진의 N2 디지털 계기(digital indicator) 상에 [그림 19-15]와 같이 'X-BLEED START'메시지가 나타난다.

이때 조종사는 시동밸브(start valve)를 열어서 시동기(starter)로 블리드 공기(bleed air)를 공급할 수 있도록 시동스위치(start switch)를 'GRD' 위치로 세트(set) 하여만 한다.

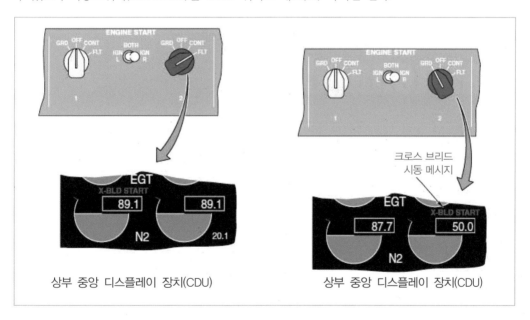

[그림 19-15] 비행 중 시동(in flight starting)

---

3 항공기 가스터빈엔진의 압축기 깃 또는 프로펠러가 공기의 흐르는 힘만으로 회전하는 상태.

Engine Testing and
Maintenance

엔진 시운전과 정비

제20장 터빈엔진 정비 및 오버홀 절차
(Maintenance and Overhaul Procedures)

오버홀 주기(Time Between Overhauls: TBO)는 1945년 제조된 독일 주모(jumo) 109-004B의 경우 10시간에 불과했지만, 프랫 앤드 휘트니(P&W) JT3D 엔진의 경우 6,000시간 이상으로 늘어났다. 이러한 주요 오버홀 주기 중에 엔진 대부분은 중간에 '핫 섹션(hot section)' 검사를 거쳐야 한다는 점을 유념해야 한다. 이러한 TBO의 큰 개선은 엔진 설계, 금속공학, 제조, 오버홀, 검사와 정비 절차의 상당한 개선을 통해 달성되었다.

1 | 오버홀(Overhaul)

오버홀의 목적은 엔진이 성능과 신뢰성 요건을 충족하도록 엔진을 복원하는 것이다. 이 경우, 엔진을 분해하여 부품을 검사해서 수리 또는 교체의 필요성을 판단할 수 있다.

오버홀 주기(Time Between Overhauls: TBO)는 엔진 형식에 따라 상당히 다르다. 일반적으로 민간 항공기는 항공기 운영자와 엔진 제조업체가 감항당국의 인가를 통하여 제정한다. 그러나, 군용항공기의 경우에는 감항당국의 인가를 제외하고, 오버홀 주기는 본질에서 같은 방식으로 설정된다.

엔진의 형식에 따라 작동 시간이 사용한계 시간에 도달되면, 오버홀 공장으로 보내져서 엔진을 구성하고 있는 부품의 마모 상태 또는 결함징후 등을 검사한다. 중요 부품의 마모 상태가 양호할 경우 오버홀 주기(TBO) 연장을 감항당국에 승인을 요청할 수 있다.

오버홀 주기를 결정하는 데 있어 가장 중요한 요인 중 하나는 엔진을 어떤 항공기에 장착하여 운용하는가이다. 단거리 항공기에 장착 운용되면 빈번한 시동과 정지 또는 이륙출력 등으로 인한 사이클 변화는 급격한 온도 변화를 초래하여 오버홀 주기에 영향을 미치게 된다.

엔진의 실제 오버홀 단계는 분해(disassembly), 세척(cleaning), 검사(inspection), 수리(repair), 재조립(reassembly), 시험(testing) 및 저장(storage) 등으로 구분할 수 있다.

1.1 분해(Disassembly)

분해는 수직 또는 수평 분해 스탠드에서 수행할 수 있다. 일부 엔진은 두 방법 중 하나를 사용하여 분해 할 수 있지만 어떤 엔진은 특정 절차를 따르기도 한다. 엔진이 주요 구성 요소로 분해된 후 추가 작업을 위해 많은 하위 어셈블리가 개별 스탠드에 장착되기도 한다. [그림 20-1]은 수직 스탠드의 형태를 보여주고 있다.

정밀하게 가공되고 응력을 많이 받는 부품을 손상 없이 분해하려면 많은 특수 공구가 필요하다. 이러한 공구 세트는 때로는 엔진만큼의 비용이 들 수 있다.

[그림 20-1] 수직 분해 및 조립 스탠드

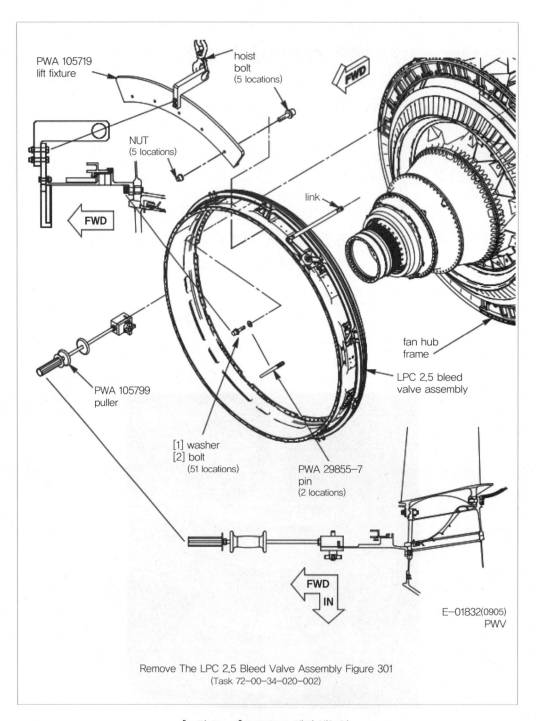

PWA 105719
lift fixture

hoist
bolt
(5 locations)

FWD

NUT
(5 locations)

link

FWD

PWA 105799
puller

fan hub
frame

LPC 2.5 bleed
valve assembly

[1] washer
[2] bolt
(51 locations)

PWA 29855-7
pin
(2 locations)

FWD
IN

E-01832(0905)
PWV

Remove The LPC 2.5 Bleed Valve Assembly Figure 301
(Task 72-00-34-020-002)

[그림 20-2] GP7000 엔진 매뉴얼

모든 제조업체는 반드시 준수해야 하는 완전하고 상세한 오버홀 매뉴얼을 발행한다. 이 매뉴얼은 [그림 20-2]와 같이 단계별 분해 절차를 제공하고 특수 공구를 사용하는 위치와 방법도 보여준다.

작업자의 부상이나 엔진 손상을 최소화하는 데 필요한 적절한 경고 및 주의사항이 포함되어있다. 베어링 및 탄소 씰(carbon seal)과 같은 특수 취급이 필요한 부품에 대해서는 특별한 지침이 제공된다.

장탈된 부품은 원래의 위치에 재조립해야 하므로 그에 따라 태그를 붙이거나 표시를 해두어야한다. 부품을 분해하거나 조립할 때 임의의 표식을 위해 사용되는 재료는 제작사의 권고사항을 따라야 하며, 터빈 블레이드와 디스크, 터빈 베인, 그리고 연소실 라이너와 같이 엔진의 가스 경로(gas path)에 직접 노출되는 부품 표식에는 표시용 염료(dye) 또는 분필(chalk)을 사용한다. 한편 가스 경로에 직접 노출되지 않은 부품 표식에는 흑색 연필(wax marking pencil)을 사용한다. 그러나 카본 함유 연필(carbon alloy or metallic pencil)은 재료 강도의 감소와 균열을 유발하는 입자간 부식을 유발할 수 있으므로 사용이 금지되어 있다.

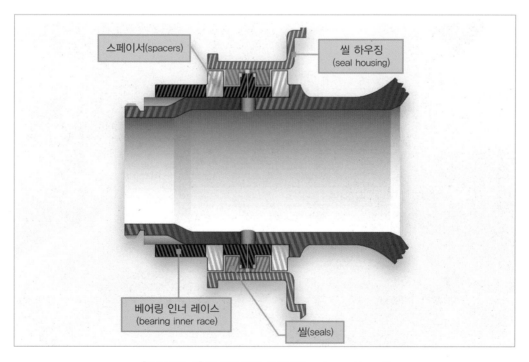

[그림 20-3] 베어링 카본 오일 씰(carbon oil seal)

[그림 20-3]과 같이 베어링 회전 표면과 접촉되는 탄소 마찰 유형(carbon-rubbing types)이 아닌 씰(seals)은 재사용할 수 없다. 금속 형태의 씰(metal-type seals)은 찌그러지고 많은 고무 형태의 씰(rubber-type seals)은 연료 또는 오일과 접촉하여 팽창됨에 따라 장탈된 고무 씰을 재사용하면 원래 홈에 다시 맞지 않는다.

1.2 세척(Cleaning)

엔진 세척은 가스 터빈의 오버홀과 수리에 필수적인 단계로서, 엔진 부품의 성능과 품질을 유지하고, 결함을 쉽게 발견하기 위한 것으로서 운용 중에 생성된 흠집, 균열, 마멸 등을 쉽게 발견하도록 부품을 감싸고 있는 오염물을 제거하는 것으로 사전 검사 절차라고 할 수 있다. 또한 세척은 부품의 표면을 깨끗이 세척함으로써 도금, 용접, 페인트 등의 작업을 쉽게 하고, 부식을 제거하여 부품의 수명과 질을 보장할 수 있다.

또한 엔진을 장탈하지 않고 운용 중에도 엔진 성능을 향상하기 위해 엔진 세척을 하기도 한다. 예를 들어 적절한 세제와 장비로 압축기 부분을 세척하면 블레이드 표면의 먼지와 이물질을 제거

[그림 20-4] 일반세척(pre-cleaning)

하여 효율적인 공기 흐름을 복원할 수 있다.

엔진 부품의 세척 방법에는 일반세척(pre-cleaning), 기계적 세척(mechanical cleaning) 화학적 세척(chemical cleaning) 방법 등으로 분류할 수 있다.

일반세척(pre-cleaning)은 기계 세척이나 약품 세척을 수행하기 위해서 [그림 20-4]와 같이 부품에 묻어 있는 먼지, 그리스, 윤활유, 탄소 퇴적물 등을 솔벤트나 증기 세척기로 세척하는 방법이다.

기계적 세척(mechanical cleaning)은 부품에 응고된 탄소 퇴적물이나 산화물을 제거할 때 사용되는 것으로 강철 혹은 구리 와이어 등의 솔을 이용한 세척을 의미하기도 하지만, 주로 고압의 공기나 전동기를 이용한 세척 방법을 말한다. 연마재를 공기압으로 분사시켜 오염 물질을 제거하는 브라스트 세척과 전동기로 연마재를 진동시켜 세척하는 진동 세척(vibratory cleaning)도 기계적 세척 방법에 포함된다.

화학적 세척(chemical cleaning)은 부품에 고착된 오염 물질을 산이나 알칼리 용액을 사용하여 무르게 만든 다음 세척하는 방법이다. 세척할 때 강한 산이나 알칼리성 약품을 사용하기 때문에 세척 용액의 농도, 온도, 용액에 담그는 시간 등에 유의하여 부품에 손상이 발생하지 않도록 해

[그림 20-5] 세척장의 화학약품 탱크

야 한다.

세척재의 선택과 각 부품에 사용되는 공정은 오염 물질의 특성, 표면처리 및 코팅의 형태, 정밀 검사 및 후속 수리 과정에 필요한 세척정도에 따라 결정된다. 모든 부품을 주재료까지 벗겨내거나 도금된 부품에서 모든 얼룩을 제거할 필요는 없다. 또한 일부 세척액이나 절차는 도금된 부품을 벗겨 내거나 손상 시키거나 주재료와 바람직하지 않은 반응을 유발한다. 예를 들어 티타늄은 응력 부식 가능성을 피하고자 트라이클로로에틸렌 또는 그 밖의 염소 기반 화합물로 세척해서는 안 된다.

핫 섹션(hot-section) 세척에는 일련의 제어된 산(acid) 또는 알칼리(alkali) 수조와 다양한 조합의 물 헹굼이 포함된 공정이 필요하다.

[그림 2-6]과 같은 건식 또는 습식의 그릿 블라스팅(grit blasting)은 엔진의 고온 및 저온 부분에서 일반적으로 사용되는 또 다른 방법이다.

볼 및 롤러 베어링과 같은 일부 부품은 특별한 취급이 필요하다. 베어링은 사용 중에 자화될 수 있으며 자성 입자를 적절하게 세척하기 위해 자기를 제거해야만 할 수도 있다. 세척 중에는 베어링이 회전하지 않도록 해야 하며 분할 베어링(split bearing)은 한 세트(units)로 보관해야 한다.

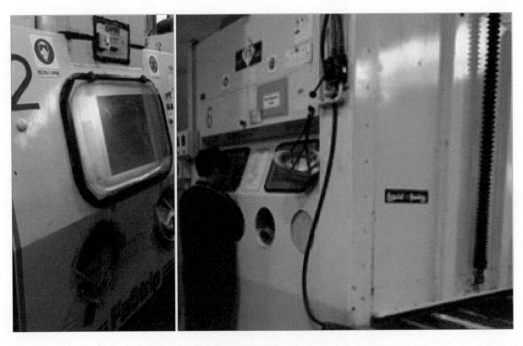

[그림 20-6] 건식 브라스트와 습식 브라스트 세척기

대부분 용액은 세척하는 부분만큼 피부를 쉽게 공격할 수 있으므로 이러한 제품을 사용하는 동안 보안경, 장갑, 앞치마, 핸드크림 등과 같은 보호복과 기기를 사용해야 한다. 모든 경우 가스 터빈 부품을 세척할 때 사용되는 재료 및 절차에 대해 제조업체의 권장 사항을 반드시 준수해야 한다.

환경 문제로 인해 최근 몇 년 동안 많은 세척 과정 및 방법 등이 재구성되거나 교체되고 있다. 예를 들어, 한때 널리 사용되던 염소화 솔벤트(chlorinated solvents)는 세정제로 사실상 사용하지 않고 있으며, 드라이아이스(dry ice) 및 유기 매체 블라스팅(organic media blasting)과 같은 그 밖의 환경친화적인 방법으로 변화하고 있다.

1.3 검사(Inspection)

엔진을 제작할 때와 오버홀 과정에서는 다양한 부품의 품질을 확인하는 것이 필요하다. 오버홀 매뉴얼의 검사섹션에는 작동 경험을 통해 얻은 구체적이고 상세한 정보, 부품 수리 가능 여부 및 범위, 각 부품이 준수해야 하는 최소 및 최대 치수 한계표가 수록되어 있다. 특별히 중요한 부분은 오버홀을 수행하는 작업자의 주의를 끌도록 별도로 표기된다.

시간 또는 주기 제한은 압축기, 터빈 블레이드 및 디스크와 같은 부품의 수명 제한과 비교되며, 수행된 모든 작업에 대한 정확한 기록이 보관된다.

알루미늄 부품과 같은 비(非)자성체에 대해서는 자분탐상검사를 제외하고 자성체에 적용 가능한 모든 검사 방법을 활용할 수 있다.

검사 프로세스는 치수검사(dimensional inspection)와 무차원 검사(nondimensional inspection)의 두 가지 광범위한 그룹으로 나눌 수 있다.

치수 검사는 마이크로미터, 다이얼게이지, 기타 특수 게이지 및 플러그와 같은 기계식 측정 공구와 빛, 소리 또는 공기압을 측정 매체로 사용하는 도구가 포함된다.

무차원 검사는 염색침투탐상검사(dye penetrant inspection), 와전류검사(eddy current inspection), 초음파검사(ultrasonic inspection), 자분탐상검사(magnetic particle inspection), 그리고 엑스레이검사(X-ray inspection)와 같은 비파괴검사(NDT, Non-destructive Testing)들이 있다.

1.3.1 염색침투탐상검사(Dye Penetrant Inspection)

염색침투탐상검사는 비(非) 다공성 재질(nonporous material)의 부품 표면에 나타나는 결함을 검출하기 위한 비파괴시험의 한 가지 방법으로 알루미늄, 마그네슘, 황동, 구리, 주철, 스테인리스강, 그리고 티타늄과 같은 금속에서 신뢰성 있는 검사 방법으로 사용된다.

이는 부품 표면의 갈라진 공간에 유입되어 잔류하는 침투액을 사용하는 검사 방법으로 검사 결과를 명확하게 확인하는 방법이다. 염색침투탐상검사는 침투 재료로 염색제를 사용하며, 형광침투탐상검사(fluorescent penetrant inspection)는 침투 재료로 형광염료(fluorescent dye)를 사용하여 가시도를 증대시킬 수 있다. 형광염료 사용 시, 자외선 원(UV, Ultraviolet Light), 즉 블랙라이트(black light)를 사용하여 검사한다.

침투탐상검사의 절차를 요약하면 다음과 같다.

① 금속 표면을 철저하게 세척한다.

② 침투 검사액(penetrant)을 도포한다.

③ 제거 유화제(emulsifier) 또는 세척제(cleaner)를 이용하여 여분의 침투 검사액을 제거한다.

④ 부품을 건조한다.

⑤ 현상액(developer)을 균일하게 도포한다.

⑥ 검사 진행 과정 및 검사 결과를 해석한다.

⑦ 검사 완료 후 검사 대상물 부위에 남아 있는 검사액 및 현상액을 세척한다.

표시의 크기, 또는 침투액의 축적은 결함의 크기로 나타난다. 명도는 그것의 깊이 값이다. 깊이 갈라진 균열은 더 많은 침투액이 들어가므로 넓고, 크게 빛나게 된다. 아주 미세한 열린 구멍은 적은 양의 침투액으로 가는 선과 같이 나타나게 될 것이다.

[그림 20-7] 염색침투탐상검사

[그림 20-8] 와전류 탐상검사

1.3.2 와전류검사(Eddy Current Inspection)

코일에 교류전류를 흘려주면 자기장이 발생하게 되는데, 코일을 도체에 가까이 가져갈 때 전자유도에 의해 도체 내부에 생기는 맴돌이 전류를 와전류라 한다. 와전류탐상 검사는 시험체에 접촉하지 않는 비접촉식 검사법으로 다른 비파괴검사법에 비해 자동 및 고속 탐상이 가능하며 각종 도체의 물리적 성질을 측정하고 표면 결함을 검출한다. 와류탐상검사는 프라이머(primer), 페인트, 그리고 아노다이징 필름(anodized film)과 같은 표면처리가 된 부품 표면을 제거하지 않고도 수행할 수 있어 부품 판정에 대해 신속하고 빠른 의사결정을 하는 데 효과적이다.

1.3.3 초음파검사(Ultrasonic Inspection)

초음파검사는 모든 종류의 재료에 적용할 수 있으며 소모품이 거의 없으므로 경제적인 검사 방법이다. 이를 위해서 검사 표준 시험편이 필요하며 검사 대상물의 한쪽 면만 노출되면 검사할 수 있으며 판독이 객관적이다.

초음파검사는 탐상 원리에 따라 다음과 같이 분류된다.

[그림 20-9] 초음파검사

① 펄스 반사법(pulse-echo method): 부품 내부로 초음파펄스를 송신하여, 내부나 저면에서의 반사파를 탐지하는 방법으로 내부의 결함이나 재질 등을 조사하는 검사 방법이다.

② 투과탐상법(through transmission method): 검사 대상물의 양면에 2개의 탐촉자(transducer)를 한쪽은 초음파펄스를 송신하고, 다른 한쪽에서 받은 투과 신호의 변화(결함 부위 투과 시 echo 변함) 정도로 판정하는 검사 방법이다. pulse-echo 방법보다 감도가 덜하다.

③ 공진법(resonance method): 공진 원리를 이용하여 양면이 매끈하고 평행한 대상물의 두께를 측정하는 방법.

1.3.4 자분탐상검사(Magnetic Particle Inspection)

자분탐상검사는 강자성체로 된 시험체의 표면 및 표면 바로 밑의 불연속을 검출하기 위하여 시험체에 자장을 걸어 자화시킨 후 자분(ferromagnetic particles)을 적용하고, 누설자장으로 인해 형성된 자분의 배열 상태를 관찰하여 불연속의 크기, 위치 및 형상 등을 검사하는 방법이다.

부품 표면에 존재하는 결함을 검출하는 방법으로, 침투탐상검사와 더불어 자분탐상검사가 널리 적용되며 강자성체의 표면 결함 탐상에는 일반적으로 침투탐상검사보다 감도가 우수하다.

자속이 누설된 부분(magnetic field discontinuity)에서는 N극과 S극이 생겨서 국부적인 자석이 형성되고 여기에 강자성체의 분말을 산포하면 자분은 결함 부분(interruption)에 흡착되며 흡착된 자분 모양을 관찰하여 결함을 검출한다.

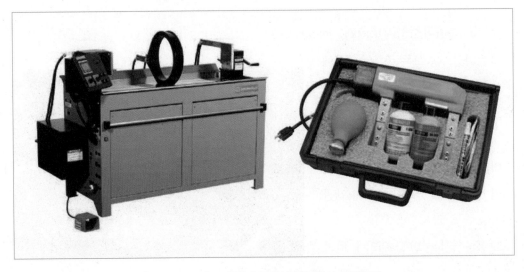

[그림 20-10] 고정식과 이동식 자분탐사 검사장비

1.3.5 엑스레이검사(X-ray)

엔진 구성 부분의 구조적 짜임새(structure integrity)에 관한 판단이 필요할 때 활용되는 검사 방법으로, 사용되는 엑스레이는 금속 또는 비금속에 대해 불연속점(discontinuity)을 검출하여 결함을 판단한다. 투과성 방사선을 검사하고자 하는 부품에 투영시켜 필름에 잔상(invisible or latent image)을 생기게 하여 물체의 방사선사진(radiograph), 또는 엑스레이사진(shadow picture)을 생성한다. 운반이 자유로운 장점이 있으며, 엔진 구성 부분의 거의 모든 결함의 검출에 활용되고, 빠르고 신뢰도 있는 검사 방법으로 활용된다. 그러나 이 검사 방법은 검사 비용이 많이 들며 방사선 안전 등의 해결해야 할 문제점도 있다.

1.3.6 육안검사결함 유형

육안검사는 엔진 부품이 정상적인가를 육안으로 확인하는 검사로서 허용 한계치를 측정하지 않으며 불량 상태를 찾아내는 것이 목적이다. 아래에 기술된 사항들은 엔진 운영 중 일반적으로 많이 발생하며, 육안검사의 기본이 되는 결함 유형들이다.

① 굽음(bend): 구조의 일반적인 변형현상이며 열의 불규칙한 전달, 과도한 열 또는 압력 또는 압축, 인장, 전단력에 의해 원래의 구조에 변형이 생긴 현상

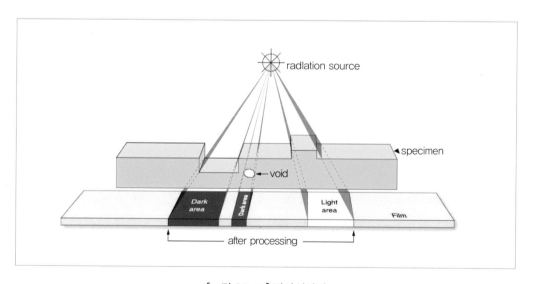

[그림 20-11] 방사선사진

② 부풀음(blistering): 모재(base metal)와의 불완전한 접착, 습기, 가스(gas), 열 또는 압력의 과중으로 인해 모재에서 표면이 박리하여 돌출된 형태를 의미하며 대개 도금(plating) 또는 페인팅(painting) 된 표면에서 발생한다.

③ 열 손상(burning): 불충분한 윤활, 적절치 못한 틈새(clearance) 또는 비정상적인 화염 패턴(flame pattern)으로 인한 과도한 열 때문에 발생하는 현상이며 특징적인 변색이 발견되거나 여러 경우 원재료의 손실이 발견된다.

④ 쓸림(chafing): 적절하지 못한 틈새로 인해 맞닿은 부품(part)들이 표면을 따라 압력과 마찰을 가지고 움직이는 현상이며 이것으로 인해 재료의 손상이 유발됨. 손상의 개념을 표현하기보다는 표면의 상태를 나타내는 어떤 움직임으로 설명된다.

⑤ 깎임(chipping): 베임(nick), 패임(dent), 긁힘(scratch), 부주의한 취급 등이 원인이 되어 스트레스(stress)가 집중되면서 기계적인 작용 때문에 코팅(coating)의 입자가 떨어져 나가는 현상.

⑥ 부식(corrosion): 불필요한 화학, 전기적 작용으로 인해 금속의 표면에 부식(pitting)이 발생하거나 금속의 표면이 눈에 띄게 변질하는 현상이며 대개 부식 유발 물질로 인한 산화가 원인이 된다. 일반적으로 이야기하는 '녹'이 Corrosion의 대표적인 예이다.

⑦ 균열(crack): 내부 스트레스(internal stress), 외부 스트레스(external stress) 또는 피로 현상이 독립적 혹은 조합되어, 가는 선형의 틈을 만들며 재료의 분리가 발생한 부분적인 파손 현상이며 대개의 원인은 갑작스러운 과부하(overloading), 베임(nick) 또는 긁힘(scratch)의 진행 또는 과열(overheating)로 인한 과도한 스트레스 때문이다.

⑧ 박리(delamination): 층을 이루며 접합된 재료의 층이 분리되는 현상 즉, 두 재료의 접합선(bonding line) 또는 그 근처에서 재료가 서로 분리되는 현상 혹은 유리섬유(fiber glass)의 경계층이 분리되는 현상을 일컫는다.

⑨ 패임(dent): 어떠한 물체에 의해 충격을 받았으나 날이 서거나(raised edge), 예리한 코너(sharp corner)를 형성하지 않는 일반적으로 둥근 형태의 재료 함몰 결함을 의미하며, 칼로 벤 듯한 자국 또는 v자 형태의 표면 손상이 없는 형태

⑩ 일그러짐(distortion): 물체의 충격, 구조적 피로도의 증가, 과도한 열에 국부적인 노출로 인한 part의 원래 형상이 과도하게 변형되는 현상

⑪ 침식(erosion): 고온의 가스, 모래(grit) 또는 화학물질에 의해 재료 일부가 침식되어 떨어져 나가는 현상이며 부식을 유발하는 액체, 고온의 가스 또는 불순물이 포함된 오일의 흐름 등에 의해 발생한다.

⑫ 박편(flaking): 얇은 층의 형태를 이루면서 모재 또는 도금된 표면에서 떨어져 나간 박편을 의미하며, 모재의 노출이 없는 코팅의 손실 등을 나타내는 용어이다. 대부분 불완전한 코팅, 과대하중(excessive loading), 부풀음(blistering) 등에 의해 발생한다.

⑬ 마찰 부식(fretting corrosion): 과도한 압력으로 서로 볼트 조임(bolting) 또는 결합한 표면에서 발생할 수 있는 변색현상으로 강 부품(steel part)에서는 붉은 갈색을 띠며 때때로 코코아(cocoa) 또는 블루드(blood)라 부른다. 알루미늄(aluminium) 또는 마그네슘(magnesium)에서는 산화물이 검은색을 띤다. 일반적인 원인은 금속의 가는 입자가 부품 사이에서 미세한 움직임(slight movement)을 일으키고 이러한 입자들의 연속적인 산화에 의해 발생한다.

⑭ 마손(galling): 사용 중 과도한 마찰로 인해 균열(crack) 혹은 울퉁불퉁하게 거칠어진 표면 손상의 한 형태로서, 대부분 중부하(heavy loading) 상황에서 열 내지는 기계적 작용 때문에 손상되는 것이며, 서로 맞붙어 있는 표면의 한쪽에서 다른 한쪽으로 재질(material)의 전이가 발생하는 기계적 부식(fretting corrosion)의 발전된 형태이며 대부분은 양쪽 표면 모두를 훼손한다. 엔진 작동 중에 일어나는 기계적 마찰(fretting action) 또는 심한 쓸림(chafing)이 원인이 된다.

⑮ 그루빙(grooving): 부드럽고 둥근 고랑 형태의 결함. 대부분 부품의 비정상적인 상대적 운동, 부품의 정렬 불량(mis-alignment)에 의해 발생하며 날카로운 모서리(edge)가 닳아서 없어진 형태의 결함.

⑯ 베임(nick): 다른 금속 물질에 부딪혀서 생긴 작고 날카로운 공간으로서, 일반적으로 날카로운 날(edge), 모서리(corner)를 가지고 칼로 벤 듯한 자국 또는 v자 형태의 함몰이 특징이며 이 nick은 재료의 두께를 감소시키고 돌출된 날(raised edge) 또는 모재의 손상을 유발한다. 일반적으로 부품 또는 공구의 부주의한 취급으로 인해 발생하며 엔진 작동 중에 부적절한 가는 입자의 충돌 또는 모래에 의해서도 발생할 수 있다.

⑰ 픽업(pick-up): 금속이 말려 올라간 것 또는 금속의 한 표면에서 다른 한쪽의 금속 표면으로 전이되는 현상이며 대부분 충분하게 윤활 되지 않은 표면이 서로 마찰을 일으키면서 생긴다.

⑱ 피팅(pitting): 부식(corrosion) 또는 치핑(chipping)에 의해 모재가 표면으로부터 떨어져 작고 불규칙한 모양의 빈공을 만들며 떨어져 나가는 현상
  • 기계적 피팅(mechanical pitting): 과하중(overloading) 또는 부적절한 틈새 또는 불순물의 잔존 때문에 하중을 받은 표면이 치핑(chipping)되는 현상

- 부식성 피팅(corrosive pitting): 모재 위에 부식 물질로 인해 형성된 퇴적물을 대개 동반하며 산화 또는 다른 화학, 전기적 작용으로 표면이 손상된 형태
⑲ 긁힘(scratch): 모재의 표면을 가로질러 날카로운 물체나 입자의 운동으로 예리한 찌꺼기를 남기는 좁고 얕은 선형의 표면 긁힘, 함몰 현상이며 대부분 부주의한 취급 또는 엔진 작동 중 얇은 불순물 또는 모래에 의해서도 발생한다.

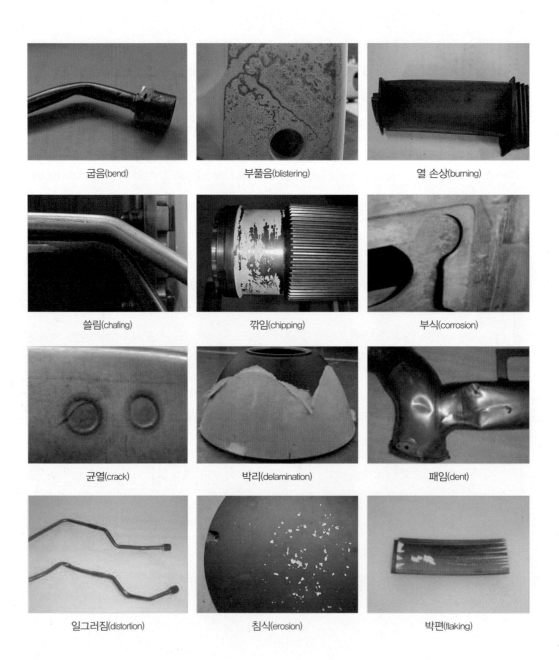

굽음(bend)

부풀음(blistering)

열 손상(burning)

쓸림(chafing)

깎임(chipping)

부식(corrosion)

균열(crack)

박리(delamination)

패임(dent)

일그러짐(distortion)

침식(erosion)

박편(flaking)

마찰 부식(fretting corrosion)-강 부품

마찰 부식(fretting corrosion)-
알루미늄 부품

마손(galling)

그루빙(grooving)

베임(nick)

픽업(pick-up)

기계적 피팅(mechanical pitting)

부식성 피팅(corrosive pitting)

[그림 20-12] 육안검사를 통한 결함 유형

1.4 수리(Repair)

수리가 가능한 엔진 부품은 제조업체에서 승인한 다양한 방법을 사용하여 수리해야 한다. 수리 방법 중에서 용접은 연소실과 엔진의 다른 많은 부분에 대한 수리 방법으로 광범위하게 사용된다. 용접 후에는 용접을 통해 유발되는 응력을 제거하고 금속의 원래 특성을 복원하기 위해 부품을 열처리가 필요할 때도 있다.

일부 엔진 부품은 도금을 통해 원래 크기로 복원할 수 있다. 전기화학적(electrochemical) 방법 또는 증착(hard), 플라스마 분사 코팅(plasma-sprayed coatings) 또는 폭발 화염 코팅(detonation flame coatings)으로 재도금하는 것은 허브(hubs)와 디스크(disks)를 구축하고 서로 마찰하는 엔진의 부품을 수리하고 보호하는 데 사용된다. 예를 들어, 많은 엔진의 연소실 출구 덕트는 엔진 온도 변화에 따른 엔진 팽창을 보상하기 위해 제한된 움직임이 허용된다. 수리 방법에는 연마, 혼합 및 기타 연마 공정, 선반 작업, 보링, 면 고르기, 도장 등 모든 종류의 작업이 포함된다[그림 20-13].

엔진에 리벳이 들어 있는 경우 필요에 따라 리벳을 수리하거나 교체한다. 액세서리 섹션 및 엔진의 다른 부품에 있는 부싱은 필요한 경우 교체된다.

나사산 구멍(threaded holes)이 손상된 경우, 나사 구멍을 뚫어서 탭핑하고 나사 구멍이 있는 부싱, 오버사이즈 스터드 또는 헬리 코일 인서트를 박아서 수리한다.

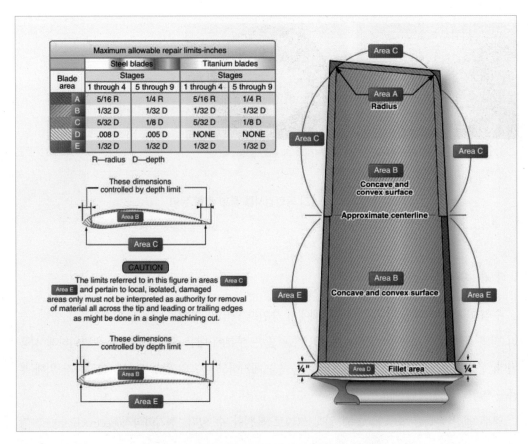

[그림 20-13] 전형적인 압축기 블레이드의 수리한계

1.5 재조립(Reassembly)

재조립은 분해에 사용된 것과 같은 수평 또는 수직 스탠드에서 수행된다. 이때 모든 개스킷, 패킹 및 고무 부품은 신품으로 교체된다. 회전 터빈(rotating turbine) 및 압축기 어셈블리(compressor assemblies)의 반경 방향 및 축 방향 위치, 블레이드 팁(blade-tip) 유격 또는 기어 톱니의 마모 패턴 등과 같은 특정 간격과 한계는 재조립을 진행하면서 계속 점검하여야 한다.

오물, 하드웨어, 고정 와이어(lockwire) 또는 기타 이물질이 엔진에 들어가지 않도록 특히 주의해야 한다. 떨어뜨린 물건이 있으면 이물질을 찾아서 제거할 수 있을 때까지 모든 작업을 중지해야 한다. 모든 부품은 어떤 방식으로든 안전하게 보호되어야 한다. 표준 안전장치에는 평와셔 및 특수 고정와셔, 캐슬너트와 함께 사용되는 코터 핀, 섬유, 나일론 또는 금속 고정너트와 같은 고정장치와 안전결선 등이 포함된다[그림 20-14].

고정 와이어, 고정와셔 및 코터 핀은 절대 재사용하지 않지만, 고정너트는 손으로 끝까지 돌릴 수 없는 경우 재사용할 수 있다. 표준 및 특수 토크 값은 오버홀 매뉴얼에서 확인할 수 있으며 반드시 준수해야 한다.

베어링은 특별한 취급이 필요하다. 손의 염분 등으로 인한 오염을 방지하기 위해 장갑을 착용해야 한다. 고무 또는 보풀이 없는 장갑을 사용하는 것이 좋다. 카본 씰(carbon rubbing seals)은 매우 취약하므로 취급에 주의하여야 한다. 합성 윤활유는 피부에 악영향을 미칠 수 있으므로 필

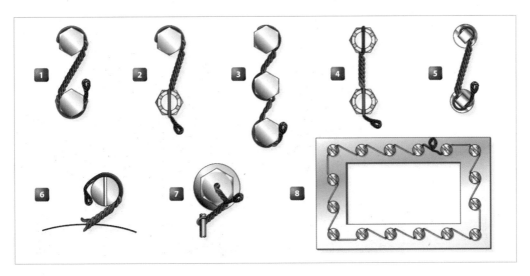

[그림 20-14] 다양한 안전결선(safety wire) 방법

요한 경우 보호 장갑이나 핸드크림을 사용해야 한다.

높은 회전 속도와 관련된 회전 어셈블리(rotating assemblies)의 정확한 균형 조정이 가장 중요하다. 불균형 여부를 확인하는 두 가지 방법은 정적 균형(static balancing)과 동적 균형(dynamic balancing)이다. 이름에서 알 수 있듯이 정적 균형 조정은 부품이 정지된 상태에서 수행된다. 그러나 부품이 정적 균형을 이루고 있지만, 회전하는 상태에서는 상당한 불균형 상태를 경험할 수 있다. 어셈블리가 회전하는 상태에서 동적 균형 작업을 수행한다. [그림 20-15] 압축기와 터빈의 개별 단계는 개별적으로 균형을 맞춘 다음 조립된 구성품으로 균형을 다시 맞추는 경우가 많다. 축, 커플링 등과 같은 다른 회전 부품도 균형을 이루어야 한다.

균형 조정은 다음과 같이 이루어진다.

[그림 20-15] 동적 균형(dynamic balancing) 작업

- 압축기 또는 터빈 로터의 림(rim) 부위에 웨이트(weights)를 추가하거나 이동
- 균형 볼트(balancing bolts)
- 지정된 구역의 세심한 연삭 또는 드릴링
- 팬 압축기 또는 터빈 블레이드의 이동(각 블레이드에는 블레이드가 지정된 무게 범위 내에 있음을 나타내는 코드화된 문자 또는 번호가 있음)

[그림 20-16]과 같이 많은 제조업체는 조립 시 균형을 미리 조정할 수 있도록 터빈 블레이드에 모멘트 중량 번호를 표시한다. 터빈 블레이드는 재조립 시 무게를 측정하여 설명된 방식으로 디스크에 조립할 수도 있다.

엔진의 성능은 터빈 노즐 베인(turbine nozzle vanes)의 배열과 구조 형상에 따라 커다란 영향을 받는다. 터빈 노즐 베인의 조립은 열팽창을 고려하여야 하며, 그렇지 않으면 급격한 온도 변화 때문에 금속 성분에 심한 뒤틀림과 휨이 생길 수 있다.

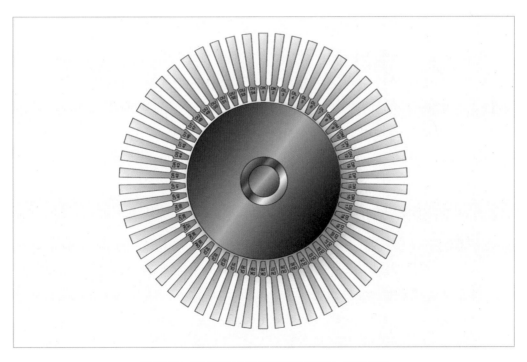

[그림 20-16] 터빈 로터 블레이드 모멘트-중량 배분

1.6 시험(Testing)

엔진의 성능이 고객에게 보장된 성능을 충족하는지 확인하기 위해 모든 엔진은 선적, 보관 또는 항공기에 사용되기 전에 정해진 일정에 따라 테스트를 실행하여야 한다. 연료와 오일 소비량을 확인하고 압력 및 온도를 여러 지점에서 측정하며, 추력 또는 마력을 정확하게 측정한다.

엔진 테스트에 대한 자세한 내용은 21장에서 확인할 수 있다.

1.7 저장(Storage)

엔진 저장 관리에는 단기 저장(active storage), 중기 저장(temporary storage) 그리고 장기 저장(indefinite storage)의 세 가지 방법이 있다. 단기 저장은 엔진오일계통을 온도 165~200°F로 1시간 연속 유지한 후 보관 기간이 30일을 넘지 않는 경우를 말하며, 30일 이상 90일 기간의 보관은 중기 저장, 90일 이상을 장기 저장으로 분류한다. 30일 이상 저장하기 위해서는 엔진 오일을 배출하고 저장용 오일(MIL-C-6529 specifications)로 교체하고 오입 압력을 관리한다. 그 어떤 경우에도 저장의 핵심은 덮개를 하고 습기가 적은(30% 이하) 장소에 두고 지속해서 습도를 관리하는 일이다.

일반적으로 장기 저장이 예상되면 미리 엔진 장탈 전에 엔진 오일을 저장용 오일로 교체한 후 오일 압력을 유지 관리한다. 수리 후 성능 시험을 끝낸 엔진도 장기 저장이 예상될 경우도 같은 방법으로 관리한다.

다음은 장기저장할 때 엔진을 보호하기 위한 일반적인 절차이다.

① 엔진의 모든 외부 구멍은 플러그와 커버 플레이트로 밀봉한다.
② 일반적인 실리카 겔(silica-gel) 탈수제(dehydrating agents)를 엔진 입구 및 배기 덕트에 배치한다.
③ 오일 시스템을 배출하고, 방부제 오일(MIL-C-8188)로 플러싱(flushing)하거나, 매뉴얼에 따라 플러싱을 생략할 수도 있다.
④ 연료 계통이 배출하고, 엔진을 구동하여 방부제 오일로 플러싱 한다.
⑤ 일부 제조업체는 엔진을 구동하는 동안 압축기와 터빈 끝단에 오일을 분사할 것을 권장

하는 반면, 일부 제조업체는 블레이드에 쌓인 먼지 입자가 블레이드 에어포일 형상을 변형시켜서 압축기 효율에 부정적인 영향을 미칠 수 있다는 이유로 권장하지 않는다.

⑥ 엔진은 [그림 20-17]과 같이 금속 운송 컨테이너에 넣을 수 있으며 제습제 봉지 여러 개를 운송 캔 안에 있는 와이어 바스켓에 넣고, 용기를 밀봉하고 약 5psi[34kPa]의 건조 공기 또는 질소로 가압하여 수분을 제거한다. 캔의 관찰 포트를 통해 내부 습도 표시기를 사용할 수 있다. 안전한 습도 수준은 파란색으로 표시되며, 안전하지 않은 색상은 분홍색으로 나타난다.

⑦ 운송용 캔을 사용하지 않는 경우, 엔진은 일반적으로 호일, 천이나 플라스틱으로 만든 방습용 보관 백에 포장하고 습기를 차단할 수 있도록 조심스럽게 밀봉한다.

일반적으로 저장 정비 오일을 채운 터보팬 엔진의 경우는 엔진 스탠드(stand) 또는 돌리(dolly)¹ 위에 고정된 상태에서 다음과 같이 하여 지붕 있고 통풍이 잘되는 장소에 두고, 매일 상태를 관리한다.

① 외부에 노출되지 않게 엔진 전체를 덮는다.
② 방습제가 든 자루는 엔진의 여러 군데에 분산, 배치한다.
③ 오일과 연료 압력을 관리 유지한다.

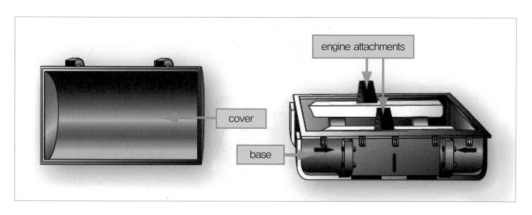

[그림 20-17] 터빈엔진 저장 컨테이너

---

1 바퀴 달린 플랫폼으로 엔진을 이송할 때 사용하는 장비.

2 정비기법(Maintenance Techniques)

엔진의 수명은 실제로 제작사 품질, 항공기의 운영 여건, 정비 품질과 같은 운영 조건에 따라 많은 차이가 발생한다. 그래서 감항당국의 정책에 따라 초기에는 제작사가 오버-홀(overhaul) 주기를 설정하고 그 후 운영 조건과 실적에 따라 부분적으로 연장하는 방식을 적용해 왔다.

터보팬 엔진 시대가 도래하고 엔진 운영상태를 관리할 수 있게 되면서 오버-홀대신 온 컨디션(On Condition: OC) 개념을 적용하고 있다.

OC 개념은 운영 중인 엔진의 주요 지표들을 지속적인 관리를 통하여 엔진별 성능 감쇄 정도를 판단해서 적절한 주기에 장탈하여 경제적인 정비를 수행하게 하는 것이다.

이러한 온 컨디션 정비방식이 가능한 것은 [그림 20-18]과 같은 방법들을 이용하여 지속적인 엔진 상태 감시가 가능하기 때문이다.

엔진성능추세감시

진동감시

내시경 검사

윤활 미립자 분석

S. O. A. P

[그림 20-18] 엔진 상태 감시(condition monitoring)

2.1 엔진 성능추세감시(Engine Performance Trend Monitoring)

엔진 배기가스온도(Exhaust Gas Temperature: EGT)와 같은 엔진의 주요 파라미터(parameter)들을 지속 관찰 기록하여 엔진이 항공기에 처음 장착되었을 때의 상태와 비교 분석하여 엔진 사용한계에 도달되었는지를 평가하는 것이다.

대부분의 가스 터빈 엔진은 운영되는 동안 엔진 상태진단 프로그램(engine condition monitoring programs)으로 건강 상태를 감시하고 있다. 이것은 경향 분석 성능감시(trend analysis performance monitoring)라고도 부를 수 있으며 엔진의 배기가스온도, 연료량, 회전수, 진동수, 오일 소모량 등 주요 파라미터를 매일 점검하여 엔진의 성능 변화 및 경향을 정밀 모니터하는 프로그램이다.

특히 중요한 엔진 파라미터의 변화는 엔진 내부의 상태 악화나 성능 저하의 징후로 해석할 수 있으므로 파라미터가 허용한계에 이르기 전에 엔진이 수리되도록 세심하게 관찰하여 장탈 계획을 수립해야 한다.

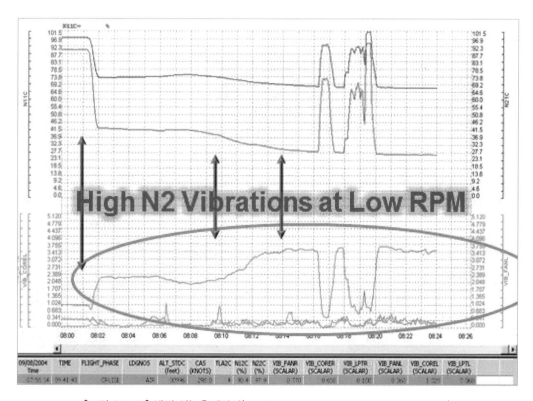

[그림 20-19] 엔진 성능추세감시(engine performance trend monitoring)

2.2 내시경 검사(Borescope Inspection)

접근이 불가한 엔진 내부를 엔진 외부 케이스(case) 포트(ports)를 통해 보어 스코프 프로브 (borescope probes)를 삽입하여 엔진을 분해하지 않고 항공기에 장착된 상태로 엔진 내부의 상태 검사가 가능하다. 이 검사도 근본적으로는 육안 검사(visual inspection)의 일종이다.

내시경은 정밀한 광학 기계로 광원을 가지고 있다. 내시경의 종류는 다양하며, 직접 눈으로 확인할 수 없는 기체의 구조부나 엔진의 내부 등을 검사하는 데 효과적이다. 이 장치는 렌즈의 초점 거리를 조절하여 상을 선명하게 볼 수 있고, 조절 핸들을 이용, 대물렌즈의 방향을 상하좌우로 조절함으로써 검사 구역의 모든 곳을 검사할 수 있다.

내시경으로서 검사될 수 있는 예로서는 터빈엔진의 경우 점화 플러그 장착 구멍과 검사용 플러그 구멍을 경유하여 터빈엔진의 연소실이나 압축기와 터빈 내부를 검사할 수 있다.

내시경은 두 가지 기본적인 형태가 있는데 구석진 곳 주위를 볼 수 있게 끝이 조그만 거울로 된 작은 직경의 리지드(rigid) 형태와 유연한 파이버 옵틱(flexible fiber optic) 형태가 있다. 대부분 내시경 장비는 조명이 내장되어 있고, 검사 영상을 녹화할 수 있는 컴퓨터 또는 비디오 모니터를

[그림 20-20] 가스터빈엔진 내시경 검사(borescope inspection)

구비하고 있다.

미래에는 엔진 제작과정에서 하드웨어에 내장된 프로브를 사용하는 원격 검사로 전환될 것이다. 이 기술을 사용하면 엔진에서 가장 접근하기 어려운 부분의 정보를 모니터링하여 엔진 작동시간에 따른 중요한 변화를 확인할 수 있으며, 항공기가 비행 중에 문제가 진단되면, 항공기가 착륙하기 전에 부품을 미리 준비하여 정비시간을 크게 줄일 수 있다.

내시경 검사는 정기(scheduled), 특별(special) 및 불시(unscheduled) 등 세 가지 유형이 있다.

2.2.1 정기 검사(Scheduled Inspections)

정기 검사는 승인된 정비 일정의 일부로 수행되며, 그 빈도는 엔진 사이클 또는 비행시간에 따라 다르다.

연소실과 터빈은 높은 응력과 온도로 인해 우려되는 영역이다. 검사에서 발견되는 결함을 빠짐없이 기록해야 하며 심각한 결함이 발견되면 다음과 같은 결정을 내리기 위한 평가를 하여야 한다.

- 검사 주기를 단축하여 다음 검사 주기까지 계속 사용
- 지정된 시간 내에 엔진 장탈
- 즉시 엔진 장탈

2.2.2 특별 검사(Special Inspections)

항공기에서 운영 중이나 작업장 검사를 통해 결함이 드러날 수 있다. 특별 검사를 하면 엔진이 작동하는 동안 이러한 특정 결함을 모니터링할 수 있다.

2.2.3 불시검사(Unscheduled Inspections)

내시경 검사는 이물질 흡입, 엔진서지, 배기가스온도 또는 rpm 제한 초과와 같은 사건 발생 시 엔진의 서비스 가능성을 평가하는 데 매우 유용하다.

2.3 윤활계통 미립자 분석(Lubrication Particle Analysis)

엔진 윤활계통에서 오일이 엔진 내부를 순환하면서 손상된 엔진 부품으로부터 떨어져 나온 조각 중 10마이크론 이상의 조각들은 오일 필터에 걸러지거나 마그네틱 칩 검출기(Magnetic Chip Detector: MCD)에 수집되는데 이러한 이물질들을 육안 검사를 통하여 분석을 하는 것이다.

엔진 오일 필터 또는 MCD(Magnetic Chip Detector)에서 금속 입자가 검출되었다면 이는 엔진 내부에 부분적인 손상이 있는 것으로 여길 수 있다.

카본 씨일(carbon seal)은 엔진 내부에서 회전체와 닿기 때문에 닳거나 조각으로 떨어져 나오며 그 조각은 금속 모습으로 보일 수 있다. 그러므로 엔진 오일 필터 또는 MCD에서 이물질이 검출되었다면, 엔진 내부 손상이라고 속단하여 엔진 장탈을 결정하기 전에, 자석을 이용해서 검출된 물질이 철 금속 입자(ferrous metal)인지 여부를 판단할 필요가 있다.

철 금속 입자가 오일 필터에서 검출되면 신중하게 판단해야 하나, 오버 홀 등의 엔진 중정비 후에 장착된 엔진에서 검출되는 소량의 비철금속 입자(non-ferrous metal)는 때때로 정상적인 것으로 볼 수 있다. 예를 들어, 줄 밥(filing)과 유사한 이물질이 소량 발견되었다면, 오일을 모두 배유한 후 재보급한다. 그리고 엔진을 시동 후 오일 필터와 MCD를 다시 검사하여 이물질이 더는 발견되지 않는다면, 엔진을 계속해서 사용할(제작사 정비 교범을 적용한다) 수 있으나 그 후에도 당분간은 어떤 비정상 징후가 발생하는지를 관찰해야 한다.

[그림 20-21] 마그네틱 칩 검출기(magnetic chip detector)

2.4 분광 오일분석 프로그램
(Spectrometric Oil Analysis Program: S.O.A.P)

오일 탱크에서 오일을 채취하여 오일에 함유된 10마이크론 미만의 미세한 이물질들을 분석하는 것으로서 발견된 금속 물질의 성분을 분석하여 부품의 초기 손상 정도를 파악할 수 있다.

분광식 오일분석 프로그램(SOAP)은 오일샘플을 채취하고 분석하여 소량일지라도 오일 내에 존재하는 금속 성분을 탐색하는 오일분석 기법이다.

오일은 엔진 전체를 순환하면서 윤활하는 동안 오일은 마모금속(wear metal)이라고 불리는 미량의 금속입자(microscopic particles of metallic elements)를 함유하게 되는데, 엔진 사용 시간이 늘어남에 따라 오일 속에는 이러한 미세한 입자는 누적된다.

SOAP 분석을 통해 이런 입자를 판별하고 무게를 백만분율(PPM: Parts Per Million)로 알아낸다. 분석된 입자들을 마모 금속(wear metals)이나 첨가제(additives)와 같이 범주로 나누고, 각 범주

[그림 20-22] 분광식 오일분석 장비

의 PPM 수치를 제공하면 분석 전문가는 이 자료를 엔진의 상태를 알아내는 많은 수단 중 하나로 사용한다.

시료를 채취할 때마다 마모 금속의 양은 기록된다. 마모 금속의 양이 통상적인 범위를 넘어 증가했다면, 운영자에게 즉시 알려 수리나 권고된 특정 정비를 하거나 점검이 이루어지도록 한다. SOAP는 엔진이 고장 나기 전에 문제를 알아내므로 안전성을 높일 수 있다. 또한 엔진이 더 큰 결함이나 작동 불능이 되기 전에 문제점을 미리 알려 줌으로써 비용 절감에도 이바지한다. 이러한 절차는 터빈엔진, 왕복엔진을 막론하고, 당면하고 있는 엔진의 결함 상태를 진단하는 방법으로 사용되고 있다.

특정 물질의 PPM이 증가한다면 부분품의 마모나 엔진의 고장이 임박했다는 징조일 수 있다. 아래 예는 마모 금속이 엔진의 어느 부분과 연관되었는지 보여주어, 그 출처를 알려 준다. 마모 금속을 판별하게 되면 어느 구성품이 마모되고 있고 고장 나고 있는지 알아내는 데 도움을 준다.

- 철(Fe): 엔진의 링, 축, 기어, 밸브 트레인(valve train), 실린더 벽, 피스톤의 마모
- 크롬(Cr): 크롬 부분품(링, 라이너 등)의 일차적 출처와 냉각첨가제
- 니켈(Ni): 베어링, 축, 밸브, 밸브 가이드 등 마모의 이차적 지표
- 알루미늄(Al): 피스톤, 로드 베어링(rod bearing), 부싱(bushing)의 마모 지표
- 납(Pb): 테트라에틸납(tetraethyl lead contamination)의 오염
- 구리(Cu): 베어링, 로커암 부싱, 리스트 핀 부싱(wrist pin bushing), 추력 와셔(thrust washer), 청동이나 황동 부품, 오일 첨가제, 고착방지제(anti-seize compound)의 마모
- 주석(Sn): 베어링 마모
- 은(Ag): 은을 포함한 베어링의 마모, 오일냉각기의 이차적 지표
- 티타늄(Ti): 고품질 합금강으로 만든 기어나 베어링
- 몰리브덴(Mo): 기어, 링의 마모 그리고 오일 첨가제
- 인(P): 녹 방지제(antirust agent), 점화 플러그, 연소실 침전물

2.5 엔진 진동 감시시스템(Engine Vibration Monitoring System)

엔진에 장착된 바이브레이션 센서에 의해 엔진 진동이 감지되고, 감지된 진동 값(vibration value)은 항공기의 감시시스템(monitoring system)에 보내지는데, 진동 값이 한계를 초과하면 데이터를 저장하여 진동 교정 작업 시 활용할 수 있게 되어있다.

최근의 신형 엔진 일부는 진동 감시 시스템(VMS)이 EEC에 내장되어 AVM(Airborne Vibration Monitor)이 진동 센서의 신호를 ARINC 429 데이터 버스로 전송되는 형식으로 변환하는 진보된 진동 처리 소프트웨어로 되어있으며, 엔진 작동 중에 조종실에 엔진 진동 수준을 실시간으로 지시해줄 뿐만 아니라 진동 데이터는 네트워크 파일 시스템(NFS) 및 디지털 비행 자료수집 장치(DFDAU)에도 저장해준다. 비행 이력에 저장된 진동 데이터는 정비사가 트림 균형 솔루션을 계산하는 데 사용된다.

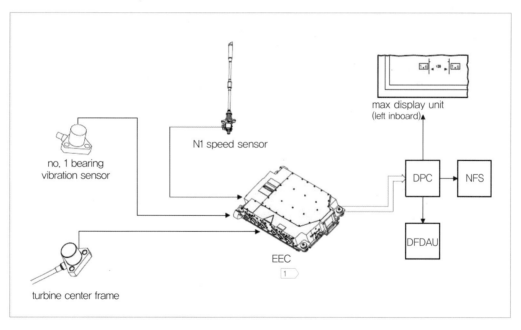

[그림 20-23] 엔진 진동 감시시스템(engine vibration monitoring system)

제**21**장 엔진 시운전 및 작동 (Engine Testing and Operation)

제작사에서 엔진이 신규 생산되거나 엔진 정비공장에서 오버홀 수행 등으로 엔진조립이 완료되면 지상 시운전실에서 테스트 해야 한다.

엔진 시운전은 제작사 매뉴얼에 따라 성능 및 기능점검수행을 비롯하여 항공기에서 신뢰성 및 안전성 확보를 위하여 운항 중에 발생할 수 있는 극한 상황에 대하여 테스트를 하여야 한다.

1 시운전실(Test Cell)

엔진 시운전은 엔진 작동 시 성능분석을 위해 필요로 하는 여러 가지 파라미터를 측정하기 위한 시설인 시운전실에서 수행된다. 과거에는 시운전실이 외부환경에 노출된 개방형(open type)으로 소음과 배기가스로 인한 환경오염 및 풍속, 풍향 등의 외부 영향으로 제약사항이 많았으나, 최근에는 최적화된 밀폐형(closed type)의 엔진실(engine cell)에서 테스트가 수행된다.

[그림 21-1]은 우리나라 대형항공사의 밀폐형 엔진 시운전실의 형태와 구성 요소를 보여주고 있다.

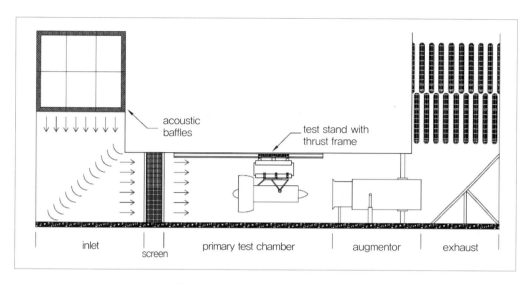

[그림 21-1] 시운전실 형태(U-type)

1.1 시운전실 구조

일반적인 시운전실은 철근 콘크리트로 구조로 되어있으며, 철근 콘크리트 또는 콘크리트 블록(block)으로 구성된 제어실(control room)과 함께 기본 지지구조를 형성한다.

시운전실은 시험 운전 중 엔진 성능에 영향을 주는 돌풍, 난류 및 엔진 주변의 온도와 압력의 급격한 변화를 최소화하고 공기의 안정적인 흐름을 유지하기 위한 형태를 가져야 한다. 또한 배기가스(exhaust gas)가 시운전실의 흡입구(cell inlet)로 재흡입되지 않도록 해야 한다.

1.1.1 흡입구 계통(Inlet System)

시운전실의 흡입구는 시운전실로 유입되는 공기를 조절하는 부분으로 유입 공기의 속도, 방향 및 온도 등을 조절해주며, 유량 정류장치(flow straighteners), 히터(heaters), 스크린(screens) 그리고 소음방지 장치(noise suppressers)로 구성된다.

- 흐름 유도관(turning vane): 유동 에너지 손실을 적게 하면서 유동의 방향을 전환하는 역할을 한다.

- 배플(baffle): 엔진에서 발생하는 소음을 흡수하여 차단하는 역할을 한다. 소음을 흡수하도록 표면에 흡음재를 사용하며, 음파가 일직선으로 통과할 수 없도록 3단계에 걸쳐 서로 엇갈려 설치되어 음파가 반사되면서 점점 약화 되도록 설계된다.
- 스크린(screen): 외부 이물질이 시운전실내 유입을 방지하는 역할 외에 공기역학적 측면에서 볼 때 유동의 성질에 여러 가지 영향을 미친다.

1.1.2 엔진 마운트(Engine Mounts)

엔진 마운트는 테스트하는 동안 엔진을 지지하고 추력을 측정하게 해준다. 엔진 추력은 일반적으로 엔진 중심에서 발생하여 마운트를 통해서 추력 프레임(thrust frame)으로 전달되며 추력 프레임이 로드 셀(load cell)을 밀거나 당김의 작용으로 추력을 측정한다.

1.1.3 배기 계통(Exhaust System)

시운전실의 배기 계통은 엔진 테스트 영역에서 배기가스를 제거하고, 냉각(cooling)을 위한 2차 공기의 흐름을 유도하고 소음을 감소시킨다. 오그멘터(augmentor)를 통해 들어가는 배기가스의 혼합물과 이차 공기 흐름은 배기관(exhaust stack)을 통해 시설 밖으로 나간다.

1.2 계측계통(Measurement System)

엔진의 성능 및 기능을 점검하기 위해서는 여러 가지의 측정계기가 필요하며, 계기로 측정되는 주요한 값은 다음과 같다.

1.2.1 온도측정계기
- 연료 및 오일 입구 온도(fuel and oil inlet temperature)
- 시동기 공기 온도(starter air temperature)
- 배유 오일 온도(scavenge oil temperature)
- 압축기 입구 온도(compressor inlet temperature)
- 배기가스 또는 터빈 입구 온도(exhaust gas or turbine inlet temperature)

- 습구 및 건구온도(wet and dry bulb temperature)
- 외기 온도(ambient air temperature)

1.2.2 압력측정계기

- 연료 입구 압력(fuel inlet pressure)
- 윤활계통 압력(lubrication-system pressure)
- 연료펌프 압력(main and afterburner fuel-pump pressure)
- 시동기 공기압력(starter air pressure)
- 기압 또는 대기압력(barometric or ambient air pressure)
- 섬프 또는 브리더 압력(sump or breather pressure)
- 터빈 압력 또는 엔진 압력비(turbine pressure or engine pressure ratio(EPR))
- 수압(water pressure)
- 터빈 냉각 공기압력(turbine cooling air pressure)

1.2.3 기타 측정계기

- 동력 레버 및 다양한 제어 스위치(power lever and various control switches)
- 진동 픽업과 계기(vibration pickup and gage
- 시계와 스톱워치(clock and stopwatch)
- 회전계-발전기 및 판독 장치(tachometer-generator and readout device)

[그림 21-2] 시운전실의 제어실과 엔진실

- 연료 흐름 트랜스미터와 계기(fuel-flow transmitter and meter)
- 추력(thrust)-전자식 측정(measuring electronic) 또는 유압 로드 셀(hydraulic load cell) 및 판독(readout), 또는 토크 판독(torque readout)

1.3. 엔진 시운전(Engine Test)

1.3.1 엔진 시운전 시 안전 주의사항

① 엔진 작동 중 엔진의 전방과 옆면의 위험 지역에서 벗어나 있어야 한다. 엔진 입구(engine inlet) 부분은 사람을 흡입할 수 있을 정도로 위험하다.

② 엔진이 완속 운전(idle power) 이상에서 작동 중 시운전실(test cell) 내로 들어가면 안 된다.

③ 엔진 작동 중 근처에서 작업하는 사람은 귀마개 등 안전 보호 장구를 착용하여야 한다.

④ 엔진 작동 중 밸브(valve) 및 작동기(actuator) 등에서 떨어져 있어야 한다. 작동 중 밸브가 열리면서 고압의 공기가 나올 수 있으며 사람을 다치게 할 수도 있다.

1.3.2 엔진 시운전 절차(Engine Test Procedure)

엔진 시운전은 정비작업 범위에 따라 다르며, 제작사 매뉴얼에 근거한 엔진 시운전 스케줄 (engine test run schedule) 따라 테스트가 수행되며, 일반적인 시운전 절차는 다음과 같다.

(1) 시운전 준비
- 흡입구(intake), 배기관(exhaust stack) 및 연료 공급계통(fuel supply system) 등 각종 시설점검
- 벨 마우스(bellmouth), 노즐과 플러그(nozzle&plug), 어댑터(adapter)[1] 및 각종 장비를 연결하고, 오일 보급(oil servicing)

(2) 습식 및 건식 모터링(wet&dry motoring)
- 엔진 누설점검은 시동기(starter)만 작동시켜 연료 계통(fuel system), 오일 계통(oil system)의 누설(leak) 및 외부 연료와 오일 계통 튜브의 육안누설점검(visual leak check)을 수행

---

1 하나의 구성품과 다른 구성품과의 연결장치.

[그림 21-3] 육안 누설점검

(3) 완속 출력 테스트(idle power test)

- 엔진을 완속 출력(idle power)으로 작동시켜 전자식 엔진제어장치(EEC)의 작동점검 (operational check)과 연료와 오일 계통의 육안누설점검을 수행

(4) 기능시험(functional test): 엔진의 각종 기능시험을 수행

- 압축기와 터빈의 진동관찰(vibration survey)
- 오일 계통의 윤활을 위한 주 오일 압력점검(main oil pressure check)
- 엔진 위기 상황 시 대처 능력을 위한 가속/감속 점검(acceleration/deceleration check)

(5) 합격판정시험(acceptance test): 엔진의 성능이 제작사의 매뉴얼에 명시된 기준에 적합한 성능을 확인 및 보증을 위한 시험

- [그림 21-4]와 같이 엔진 시운전 스케줄(engine test schedule)에 따라 이륙출력(T/O power), 최대 연속출력(max continuous power), 비행 완속(flight idle)[2], 지상 완속(ground idle)[3] 및 역추력(reverse power) 등의 시험을 수행

---

2 비행 완속 속도는 비행중에 비행에 필요한 최하의 출력을 만들어내는 엔진속도. 비행완속은 일반적으로 지상완속보다 높은 70%에서 80% RPM을 유지한다.

3 가스터빈 엔진을 지상에서 정상 작동하였을 때 최소의 추력을 내는 엔진속도. 지상완속은 일반적으로 60에서 70% RPM임.

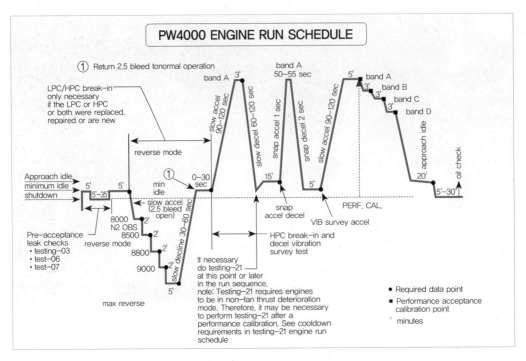

[그림 21-4] 엔진 시운전 스케줄

- 시험자료(test data)는 컴퓨터로 프로그래밍이 되어 합격판정시험 로그(acceptance test log)는 자동으로 생성되어 저장된다.

2 지상 작동 절차(Ground Operating Procedures)

본 장에서 소개하는 터빈엔진 지상 작동 절차는 학습을 위한 일반적인 절차로서 특정 엔진에 대한 시동 절차는 해당 엔진의 제작사 매뉴얼에 따라야 한다.

항공기 엔진 시동 전 준비사항은 다음과 같다.

- 항공기의 위치는 냉각을 위해 엔진 주변으로 공기가 적절하게 흐를 수 있도록 바람이 부는 방향으로 향하게 한다.

[그림 21-5] CO₂ 소화기

- 프로펠러 후류 공기 또는 제트배기가스로 인하여 재산피해 또는 신체적 상해의 가능성은 없는지 확인한다.
- 시동을 위하여 외부전원(external electrical power)이 사용되면 시동 완료 후 안전하게 분리되고, 전체적인 시동단계에 충분한지를 확인한다.

어떠한 경우라도 시동 절차를 수행하는 동안에는 적절한 소화기를 준비하고, 적정한 위치에 화재감시원을 배치하여야 한다. 화재감시원은 항공기 시동에 관련된 사람이어야 하며, 소화기 용량은 최소 5lb 이상의 CO₂ 소화기이어야 한다. 감시원의 적정한 위치는 엔진 외부 측면 부근으로서 조종실의 엔진 작동자와 교감할 수 있고, 시동 중 문제 발생 징조를 감시할 수 있도록 엔진/항공기를 잘 관찰할 수 있는 곳이어야 한다. 터빈엔진 항공기의 경우에는 엔진 입구 부근에 사람, 도구 또는 파편(debris) 등의 FOD가 없도록 해야 한다.

이러한 시동 전 절차는 모든 항공기 동력장치에 적용되며, 자세한 시동 절차와 엔진 정지 절차에 대해서는 제작사의 점검표에 따라야 한다.

2.1 터보팬 엔진 작동

왕복 엔진 항공기와는 달리 터빈으로 구동되는 항공기는 결함이 의심되어 고장탐구를 하는 경우를 제외하고는 비행 전에 작동점검(run-up)이 필요하지 않다.

시동 전에 모든 보호 덮개(protective cover)와 공기 흡입구 덕트 덮개(air intake duct cover)는 제거하여야 한다.

냉각효율을 증가시키고 원활한 시동과 바람직한 엔진 성능을 얻기 위해서 되도록 항공기는 바람 부는 쪽으로 향하게 하여야 한다. 특히 엔진을 트림(trimmed)하는 경우에는 항공기 기수를 바

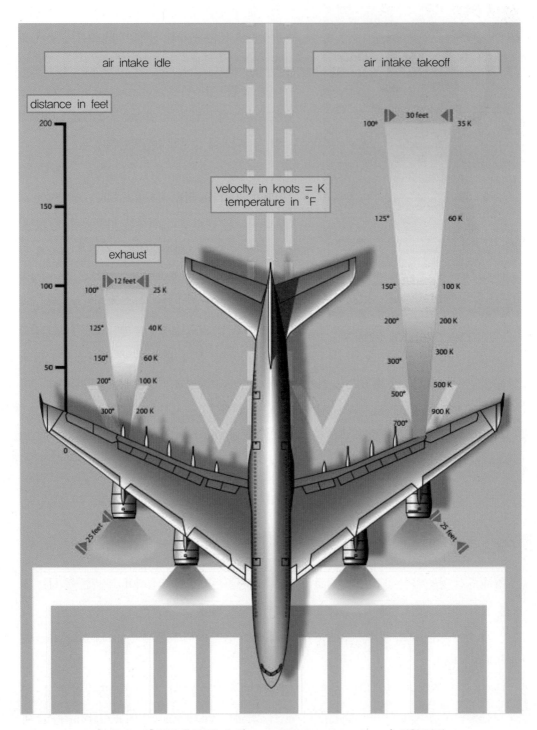

air intake idle

distance in feet

200

150

100

50

0

air intake takeoff

velocity in knots = K
temperature in °F

exhaust

12 feet

100°   25 K
125°   40 K
150°   60 K
200°   100 K
300°   200 K

25 feet

30 feet

100°   35 K
125°   60 K
150°   100 K
200°   200 K
300°   300 K
500°   500 K
700°   900 K

25 feet

[그림 21-6] 엔진 흡입 및 배기(engine intake and exhaust) 위험 영역

람 방향으로 향하게 하는 것이 매우 중요하다.

항공기 주변의 작동점검(run-up)구역은 사람뿐만 아니라 장비들이 깨끗이 치워져야 한다.

[그림 21-6]은 터보팬 엔진의 흡입구(intake)와 배기 부분(exhaust)의 위험 지역을 보여주고 있다.

엔진 작동 지역은 너트(nut), 볼트(bolt), 암석(rock), 걸레(shop towel) 또는 다른 떨어진 조각 등의 FOD와 같은 모든 물건은 깨끗이 치워져야 한다. 대부분 인명에 관련된 중대 사고(serious accident)는 터빈엔진의 공기 흡입구 부근에서 발생한다. 그러므로 터빈 항공기를 시동할 때는 세심한 주의가 필요하다.

항공기 연료섬프(fuel sump)에 물이나 얼음이 있는지 점검하고, 엔진 공기 흡입구의 일반적인 상태와 이물질이 있는지 검사한다.

팬 블레이드(fan blade), 전방 압축기 블레이드(forward compressor blade) 및 압축기 입구 안내 베인(inlet guide vane)에 찍힘(nick)이나 그 밖의 손상이 없는지 육안검사를 실시한다.

되도록 손으로 팬 블레이드를 돌려봐서 걸림이 없이 자유롭게 회전하는지 팬 블레이드를 점검한다. 모든 엔진 조종(engine control)계통을 작동해봐야 하며, 엔진 계기와 경고 등(warning light)도 제대로 작동되는지 점검하여야 한다.

2.1.1 엔진 화재 시 조치사항(Ground Operation Engine Fire)

만약 엔진 시동 시 엔진 화재가 일어나거나 화재 경고등이 켜지면 연료차단 밸브를 off 위치로 이동시킨 후 엔진에서 화재가 소멸할 때까지 엔진 크랭킹(또는 motoring)을 계속한다.

만약 크랭킹으로 화재를 진압할 수 없으면, 엔진이 크랭킹 되는 동안 이산화탄소(CO_2) 소화액을 인렛덕트(inlet duct) 안으로 방출시킬 수는 있으나, 엔진을 손상할 수 있으므로 배출 구역에 적용해서는 안 된다.

그래도 화재가 진압되지 않고 계속 이어진다면 모든 스위치를 안전 위치로 해놓고 항공기를 떠난 후 후속 조처를 해야 한다. 추가로 화재 시 엔진으로부터 연료가 떨어지면 지상으로 화재가 번질 수 있으므로 지상에도 이산화탄소 소화액을 뿌려준다.

2.1.2 엔진 점검(Engine Checks)

터보팬 엔진의 올바른 작동점검은 기본적으로 단순히 엔진 계기의 지시치를 확인하고, 확인한 지시치와 주어진 엔진 운전 조건에서의 상황과 맞는지를 비교할 수 있어야 한다.

엔진 시동 후 계기 지시치가 안정 단계에 이르면, 아이들 회전(idle speed) 상태에서 각종 계기의 정상 작동 여부를 점검해야 한다. 즉 오일 압력계, 회전 속도계, 그리고 배기가스 온도 등의 허용범위를 상호 비교한다.

2.1.3 이륙 추력 점검(Checking Takeoff Thrust)

이륙 추력(takeoff thrust)은 스로틀을 조종실 내의 EPR 계기에 나타나는 예상 추력(predicted thrust)에 맞춤으로써 확인할 수 있다. 주어진 외부 공기 조건에서 이륙 추력을 나타내는 EPR은 이륙 추력 곡선(takeoff thrust setting curve) 혹은 항공기에 탑재된 컴퓨터에 의해 계산된다. [그림 21-7]과 같이, 이 곡선은 정적인 상황에서 산정됐기 때문에 정확한 추력 점검을 위해서는 항공기는 정지된 상태(stationary)에서 엔진 조작은 안정된 상태(stable condition)에서 이루어져야 한다.

엔진 시운전 시 추력 곡선(thrust setting curve)에서 산정된 EPR은 추력을 나타낸다. 통상 추력 점검은 이륙 추력보다 조금 낮은 출력에서 이루어지며 이것을 part power로 부른다. part

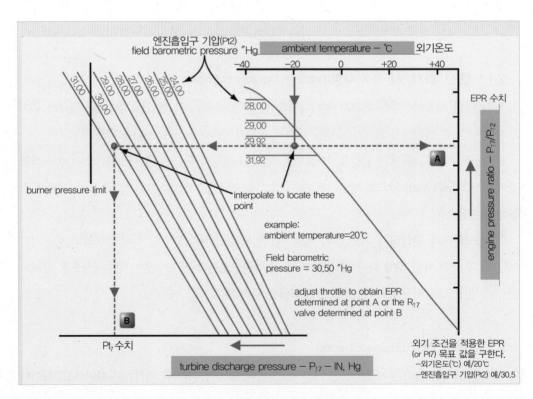

[그림 21-7] 정적상태에서의 이륙출력 설정

power 위치는 항공기의 엔진제어 케이블과 엔진제어장치에 표식(part power stop)이 되어있다. 다른 엔진 계기지시치가 정상일 경우, 이 표식을 서로 연결한 상태에서의 엔진 출력(EPR)을 주어진 외부 공기 조건에서 산정된 예상 수치와 맞도록 조정한다.

최신 항공기에는 전자식 통합엔진제어(FADEC: Full Authority Digital Engine Control)장치가 엔진을 제어하면서, 조종실에 지시된 결과를 이용하여 스스로 이륙 추력을 점검하는 기능도 있다.

2.1.4 주변 환경(Ambient Conditions)

가스 터빈 엔진은 주어진 환경에서 이륙 추력을 계산할 때 압축기 입구(compressor inlet)의 공기 온도(air temperature)와 압력(air pressure)에 민감하므로 정확한 값을 확보하기 위해 상당한 주의가 필요하며 중요한 사항은 다음과 같다.

① 압축기 입구에서 실측된 온도와 압력(true barometric pressure)을 감지한다. 관제소에서 예보하는 고도가 보정된 대기압(corrected barometric pressure)과는 다름에 유의해야 한다. FADEC 구비 엔진은 압축기 입구 공기 온도와 압력을 FADEC 컴퓨터가 감지하여 엔진제어계통으로 전달한다.
② 감지된 전 온도(TAT: Total Air Temperature)는 엔진제어에 반영된다.
③ 왕복 엔진의 출력에 많은 영향을 미치는 상대습도는 터빈엔진의 추력, 연료 유량, 그리고 회전속도에는 거의 영향을 미치지 않으므로 이륙 추력 산정 시 고려되지 않는다.

2.2 엔진 정지(Engine Shutdown)

엔진이 작동되는 동안 터빈 케이스(turbine case)와 터빈 휠(turbine wheel)은 거의 같은 온도에 노출된다. 그러나 터빈 케이스는 상대적으로 얇을 뿐만 아니라 안쪽과 바깥쪽 양쪽에서 냉각되는 반면, 터빈 휠은 육중하므로 엔진 정지 시 냉각 속도가 느리다.

따라서 엔진을 정지하기 전에 냉각 시간이 불충분하면 냉각 속도가 빠른 터빈 케이스는 빨리 수축하고 계속 회전하고 있는 터빈 휠은 수축이 늦어지게 되어 심한 경우 터빈 케이스와 터빈 휠은 고착될 수도 있다. 이를 방지하기 위해 엔진이 일정 시간 높은 추력으로 작동되었다면 엔진 정지 전에 5분 이상 아이들 상태로 운전하여 냉각 과정을 거쳐야 한다.

항공기 연료 가압펌프(aircraft fuel boost pump)는 스로틀 또는 연료차단 레버가 off 위치에 놓인 이후에 정지해야 하는데, 그 이유는 엔진 구동 연료펌프와 연료제어장치에 윤활유 역할을 하는 연료가 결핍(starvation)되지 않도록 하기 위함이다.

엔진마다 차이는 있지만, 일반적으로 오일탱크 내의 오일 레벨 점검은 엔진 정지 후 30분 이내에 이루어져야 정확한 오일 분량을 확인할 수 있다.

2.3 터빈엔진의 고장탐구(Troubleshooting Turbine Engines)

고장탐구는 엔진의 기능 불량을 나타내는 증상에 대한 체계적인 분석으로서, 문제점 대부분은 엔진 계통에 대한 지식과 논리적인 추리를 적용하여 해결한다.

예상되는 모든 고장을 나열하는 것은 비현실적이기 때문에 일반적인 고장 내용과 권고 사항은 〈표 21-1〉과 같으며, 특정한 엔진 모델에 관한 정확한 정보에 관해서는 제작사의 고장탐구 매뉴얼을 참고하여야 한다.

〈표 21-1〉 터빈엔진 고장탐구(troubleshooting turbine engines)

결함 현상	예상 원인	필요 조치사항
목표 EPR 값을 설정했으나, 엔진 RPM/EGT/연료 유량이 낮음	• 엔진 EPR이 실제보다 높게 지시될 수 있음	• 엔진 흡입구 압력(Pt2)의 누설 여부 점검 • 엔진 EPR 감지 및 지시계 계통의 정확성 점검
목표 EPR 값을 설정했으나, 엔진 RPM/EGT/연료 유량이 높음	• 목표 EPR 값을 설정했으나, 엔진 RPM/EGT/연료 유량이 높음 − 터빈 배출부의 감지기(Pt7) 이상 (잘못 연결, 균열 등) − Pt7 압력 라인의 누설 − EPR 지시계통의 부정확 − Pt7 압력 라인에 이물질 유입	 − Pt7 감지기 상태 점검 − Pt7 라인 압력시험 − EPR 지시계통의 정확성 점검
목표 EPR 값 설정에서 엔진 EGT가 높고, 연료 유량 높으나, 엔진 RPM이 낮음	• 터빈의 효율 저하 또는 터빈 부품의 손상 가능성	• 터빈 내부의 손상 여부 확인 − 엔진이 감속될 때 이상한 소리가 나는지, 빨리 감속 여부 − 엔진 후부를 통하여 강한 빛으로 터빈 후부 점검

주) 시동 시 엔진 RPM이 올라가지 않고 걸리는 현상	• EGT는 높으나, 다른 파라미터가 정상이면 EGT 계통 결함일 수 있음	• EGT 열전쌍 저항 및 지시계통 점검
엔진 전 RPM에 걸쳐 진동이 있으나, RPM이 감소하면 진동도 따라 감소함	• 터빈 내부 손상 가능성	• 터빈 내부의 손상 여부 확인
같은 EPR 조건에서 다른 엔진보다 RPM과 연료 유량이 높고, 진동이 있음	• 압축기 내부 손상 가능성	• 압축기 내부의 손상 여부 점검
엔진 전 RPM에 걸쳐 진동이 있으며, 순항 및 Idle 출력에서 더 심함	• 엔진 액세서리 부품의 흔들림	• 액세서리 부품의 장착 상태 점검
어떤 출력에서 다른 파라미터는 정상이나, 오일 온도가 높음	• 엔진 메인 베어링 계통 이상 가능성	• 오일 배유부 필터와 자석식 칩 검출기(MCD) 점검
이륙, 상승 및 순항 출력에서 EGT, 엔진 RPM, 연료 유량이 정상보다 높음	• 엔진 블리드 공기 밸브의 결함 • 터빈 배출부의 감지기(Pt7) 이상 (압력 라인 누설 등)	• 엔진 블리드 밸브를 점검 • Pt7 감지기 상태와 압력 라인 점검
이륙출력 EPR 설정에서 EGT가 높게 지시함	• 엔진 트림(trim) 이상 가능성	• 휴대용 교정 시험장치(jetcal analyzer)로 엔진 점검. 필요에 따라 엔진을 트리밍 실시
엔진 시동 시 및 낮은 순항 출력에서 우르릉 소리가 남	• 연료 여압 및 배출 밸브의 이상 가능성 • 공압덕트의 균열 가능성 • 연료조절장치의 이상	• 연료 여압 및 배출 밸브 교환 • 공압 덕트를 수리 또는 교환 • 연료조절장치 교환
시동 시 엔진 RPM이 걸려서 올라가지 못함(Hang-up)	• 영하의 외부 기온 • 압축기 내부의 손상 가능성 • 터빈 내부의 손상 가능성	• 낮은 외부 기온 때문이라면, 통상 시동 시 연료펌프 또는 연료 레버를 조금 빨리 올리면 해결됨. • 압축기 내부의 손상 여부 점검 • 터빈 내부의 손상 여부 점검
오일 온도가 높음	• 배유 펌프의 결함 가능성 • 연료 가열기의 결함 가능성	• 윤활 시스템 및 배유 펌프 점검 • 연료 가열기 교환
오일 소모량이 많음	• 배유 펌프의 결함 가능성 • 오일 섬프 압력이 높음 • 액세서리로부터의 오일 누설 가능성	• 오일 배유 펌프 점검 • 오일 섬프의 압력점검 • 외부 배출부에 압력을 가하여 누설 여부 점검
외부로 오일 유실이 있음	• 오일탱크 내의 높은 공기 흐름, 오일 거품 또는 오일탱크로의 많은 양의 오일 리턴 가능성	• 과도한 오일 거품 여부 점검 • 섬프에 대한 부압 점검(vacuum check) • 오일 배유 펌프 점검

항공기 가스터빈엔진
테크놀로지

Aircraft Gas Turbine Engine Technology

발행일 2021년 7월 5일

지은이 김천용
펴낸이 박승합
펴낸곳 노드미디어

편 집 박효서
디자인 권정숙

주 소 서울시 용산구 한강대로 341 대한빌딩 206호
전 화 02-754-1867
팩 스 02-753-1867
이메일 nodemedia@daum.net
홈페이지 www.enodemedia.co.kr

등록번호 제302-2008-000043호

ISBN 978-89-8458-345-0 93550
정 가 32,000원